合格テキスト

よくわかる簿記シリーズ

TEXT

建設業経理士 2級

■はしがき

本書は，一般財団法人建設業振興基金が主催する建設業経理士検定試験の受験対策用として刊行したものです。この検定試験は，建設業における簿記会計知識の普及と会計処理能力の向上を図ることを目的として昭和56（1981）年度より実施され，幾度かの改定および試験区分の見直しが行われた後，現在に至っています。

なお，この検定試験は平成６（1994）年度より公共工事の入札に係る経営事項審査の見直しにともない，２級以上の有資格者が審査の評価対象となりました。

本書は，ＴＡＣ建設業経理士検定講座で使用中の通信講座の教材を基に，長年蓄積してきたノウハウを集約したものであり，「合格する」ことを第一の目的において編集したものです。特に，読者の皆さんがこの一冊で高い学習効果を上げられるように，次のような工夫をしています。

１．学習内容を具体的に理解できるようイラストや図表を使って説明しています。

２．学習の論点を明確に把握できるように適宜「ここがPOINT！」を設けてあります。

３．本書のテーマに完全準拠した『合格トレーニング』を用意しました。

４．学習を進めていくうえで必要な関連知識や発展的な内容を「SUPPLEMENT」にまとめました。

＊　詳しくは「本書の使い方」をご覧ください。

本書を活用していただければ，読者の皆さんが検定試験に必ず合格できるだけの実力を身につけられるものと確信しています。また本書は，受験用としてばかりではなく，建設業会計を知識として学習したいと考えている学生，社会人の方にも最適と考えています。

現在，建設業界では，公共工事における入札制度や契約制度の改革，さらにWTO政府調達協定の発効にともなう建設市場の国際化など，新しい競争の時代を迎え，会計知識を身につけた有能な人材を求めています。

読者の皆さんが本書を活用することで，検定試験に合格され，将来，日本の建設業界を担う人材として成長されることを心から願っています。

2020年８月

ＴＡＣ建設業経理士検定講座

Ver.6.0刊行について

本書は，『合格テキスト建設業経理士２級Ver.５.０』につき，本試験の傾向等に対応するため改訂を行ったものです。

■ 本書の使い方

本書は，建設業経理士検定試験に合格することを最大の目的として編纂しました。本書は，ＴＡＣ建設業経理士検定講座の運営を通して構築したノウハウの集大成です。
本書の特徴は次のような点であり，きっと満足のいただけるものと確信しています。

論点を理解するために必要な内容をテーマごとにまとめましたので，無駄のない学習を行うことができます。

各テーマの冒頭にそのテーマで学習する範囲を示してありますので，事前に学習範囲を知ることができます。

本文中の表記については，常用漢字および一般的な表記の方法にしたがっていますが，「基本例題」については検定試験の表記方法に準拠しています。

適宜にイラストやチャート図を示してありますので，一目でその内容をイメージすることができます。

テーマ *8* 工事収益の計上

ここでは，工事の売上高を計上する方法について学習するが，特に工事完成基準，工事進行基準については十分な理解が必要である。

1 工事収益の計上

建設工事にかかる工期は，６カ月で終了するものもあれば，１年超と長期間に及ぶものもある。そこで，工事契約に関して，受注者側が工事売上高を計上する場合，工事の進行途上においても，その進捗部分について成果の確実性が認められる場合には工事進行基準を適用し，この要件を満たさない場合には，工事完成基準を適用する。

(注) 成果の確実性が認められる場合
工事収益総額，工事原価総額，決算日における工事進捗度について，信頼性をもって見積ることができる状況をいう。

2 工事完成基準

工事が完成し発注者に引き渡しが完了した時点で，工事収益および工事原価を認識し，その年度の完成工事高および完成工事原価として計上する基準を**工事完成基準**という。

設　例 8 - 1

次の一連の取引を仕訳しなさい。なお，工事収益の計上方法は，工事完成基準による。
(1) 東京建設では，丸の内物産より大阪支社ビルの新築工事を受注し，請負価額は250,000円，契約金100,000円を契約時に前納の約束で，工事契約を締結した。

なお，より簿記の理解を高めるため，本書に沿って編集されている問題集『合格トレーニング』を同時に解かれることをおすすめします。

TAC建設業経理士検定講座スタッフ一同

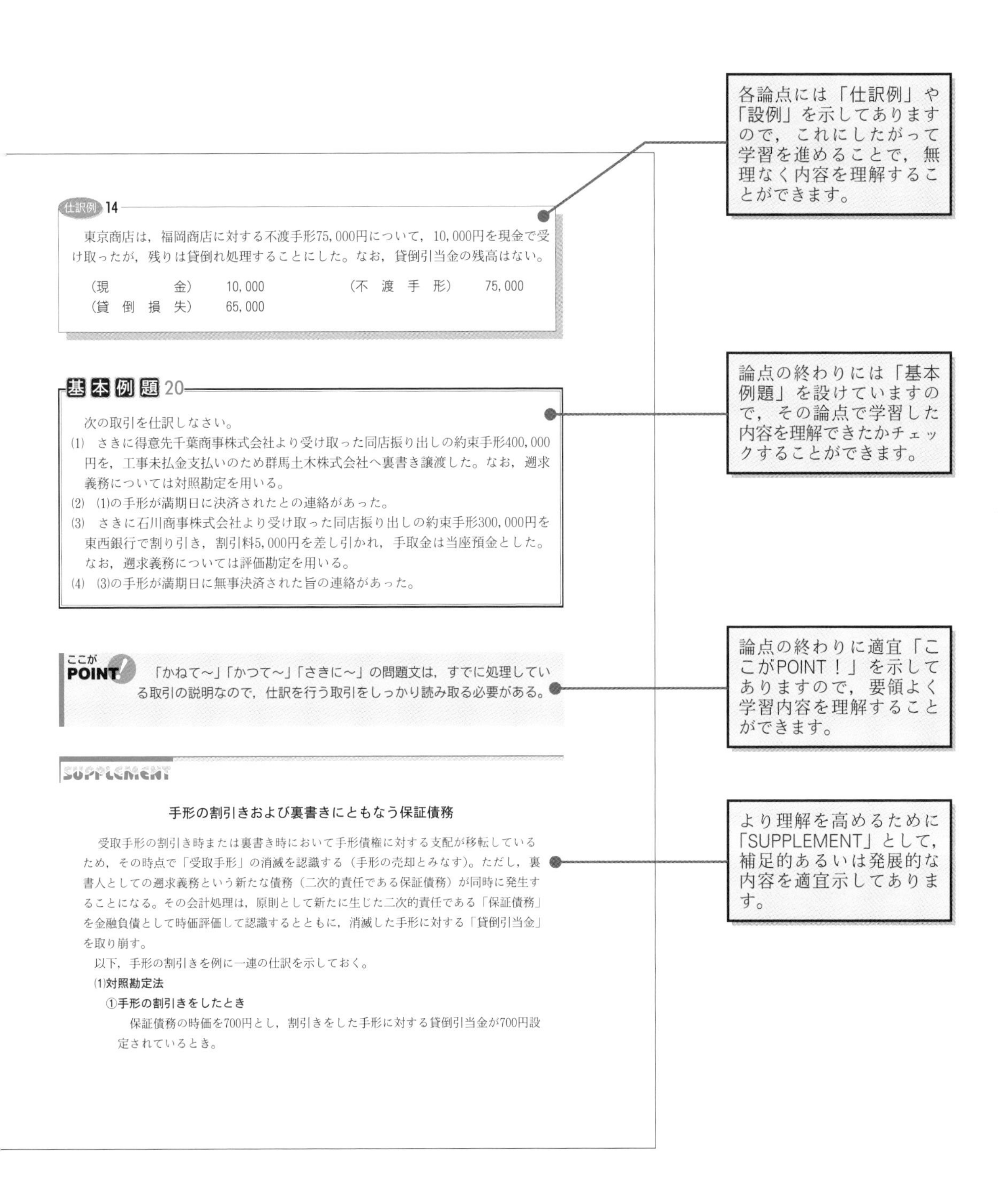

仕訳例 14

東京商店は，福岡商店に対する不渡手形75,000円について，10,000円を現金で受け取ったが，残りは貸倒れ処理することにした。なお，貸倒引当金の残高はない。

（現　　　金）	10,000	（不　渡　手　形）	75,000
（貸　倒　損　失）	65,000		

基本例題 20

次の取引を仕訳しなさい。

(1)　さきに得意先千葉商事株式会社より受け取った同店振り出しの約束手形400,000円を，工事未払金支払いのため群馬土木株式会社へ裏書き譲渡した。なお，遡求義務については対照勘定を用いる。

(2)　(1)の手形が満期日に決済されたとの連絡があった。

(3)　さきに石川商事株式会社より受け取った同店振り出しの約束手形300,000円を東西銀行で割り引き，割引料5,000円を差し引かれ，手取金は当座預金とした。なお，遡求義務については評価勘定を用いる。

(4)　(3)の手形が満期日に無事決済された旨の連絡があった。

ここがPOINT

「かねて～」「かつて～」「さきに～」の問題文は，すでに処理している取引の説明なので，仕訳を行う取引をしっかり読み取る必要がある。

SUPPLEMENT

手形の割引きおよび裏書きにともなう保証債務

受取手形の割引き時または裏書き時において手形債権に対する支配が移転しているため，その時点で「受取手形」の消滅を認識する（手形の売却とみなす）。ただし，裏書人としての遡求義務という新たな債務（二次的責任である保証債務）が同時に発生することになる。その会計処理は，原則として新たに生じた二次的責任である「保証債務」を金融負債として時価評価して認識するとともに，消滅した手形に対する「貸倒引当金」を取り崩す。

以下，手形の割引きを例に一連の仕訳を示しておく。

(1)対照勘定法

①手形の割引きをしたとき

保証債務の時価を700円とし，割引きをした手形に対する貸倒引当金が700円設定されているとき。

■ 合格までのプロセス

本書は，合格することを第一の目的として編集しておりますが，学習にあたっては次の点に注意してください。

1．段階的な学習を意識する

学習方法には個人差がありますが，検定試験における「合格までのプロセス」は，次の3段階に分けることができます。各段階の学習を確実に進めて，合格を勝ち取りましょう。

学習プロセス	学習方法	注意すべきこと
論点学習	『合格テキスト』にしたがって個別論点を学習し，さらにアウトプットとして『合格トレーニング』を解きながら基礎知識を確認します。	一つ一つの論点について，理解することが重要です。時間がなくても『合格テキスト』に収録されている「基本例題」だけは解きましょう。
パターン学習	本試験の形式に慣れるために過去問題を解きます。姉妹品『合格するための過去問題集』をご利用ください。	5～10回分の過去問題を解くようにしましょう。まちがえてもよいので，必ず解くようにしましょう。
直前対策	本試験対策として予想問題*に挑戦しましょう。 ＊　TAC建設業経理士検定講座では本試験の予想に基づいた「的中答練」を実施しています。詳しくはフリーダイヤル0120-509-117までお問い合わせください。	制限時間内に解くようにしましょう。同時に過去問題（一度解いた問題）を解くと効果的です。

合　格

2．簿記は習うより慣れろ

簿記は問題を解くことで理解が深まりますので，読むだけでなく実際にペンを握ってより多くの問題を解くようにしましょう。

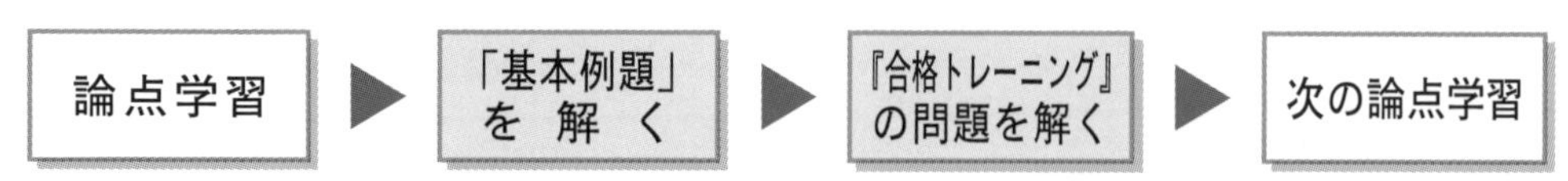

3．学習計画を立てる

検定試験を受験するにあたり，学習計画は事前に立てておく必要があります。日々の積み重ねが合格への近道です。学習日程を作り，一夜漬けにならないように気をつけましょう。（論点学習計画表は（11）ページに掲載していますので，ご利用ください。）

論点学習計画表

学習テーマ	計　画	実　施
テーマ 1　建設業会計の基礎知識	月　日	月　日
テーマ 2　材料費会計	月　日	月　日
テーマ 3　労務費会計	月　日	月　日
テーマ 4　外注費会計と経費会計	月　日	月　日
テーマ 5　工事間接費の計算	月　日	月　日
テーマ 6　部門別計算	月　日	月　日
テーマ 7　完成工事原価	月　日	月　日
テーマ	月　日	月　日

● 学習サポートについて ●

ＴＡＣ建設業経理士検定講座では，皆さんの学習をサポートするために受験相談窓口を開設しております。ご相談は文書にて承っております。住所，氏名，電話番号を明記の上，返信用切手84円を同封し下記の住所までお送りください。なお，返信までは７～10日前後必要となりますので，予めご了承ください。

〒101-8383　東京都千代田区神田三崎町３－２－18

資格の学校ＴＡＣ　建設業経理士検定講座講師室　「受験相談係」宛

（注）受験相談窓口につき書籍に関するご質問はご容赦ください。

【個人情報の取扱いについて】
ご提供いただいた個人情報はTAC㈱にて管理させていただき，学習サポートに利用いたします。お客様の同意なしに業務委託先以外の第三者に開示，提供することはありません（法令等により開示を求められた場合を除く）。その他，個人情報保護管理者，お預かりした個人情報の開示等及びTAC㈱への個人情報の提供の任意性につきましては，当社ホームページ（https://www.tac-school.co.jp）をご覧いただくか，個人情報に関する問い合わせ窓口（E-mail：privacy@tac-school.co.jp）までお問合せください。

■効率的な学習方法

これから学習を始めるにあたり，試験の傾向にあわせた効率的な学習方法について見ることにしましょう。

1．配点基準

検定試験での配点基準は公表されていませんが，問題のボリュームから推定すると，おおむね次のような配点でしょう。

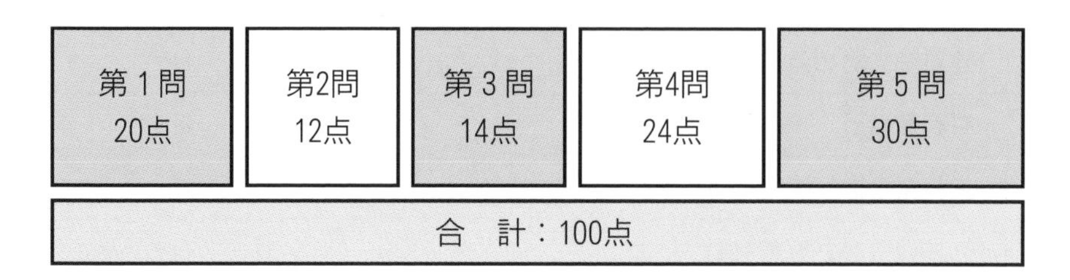

また合格基準も公表されていませんが，他の検定試験を勘案すると，おおむね70点前後と推定されます。

2．出題傾向と対策

ここでは，各問ごとの出題傾向と対策について見ることにしましょう。学習にあたっては，なるべく苦手な論点を作らないようにしましょう。

第１問対策……　ここでは仕訳形式の問題が５問出題されます。多くが一般的な簿記の範囲，特に会社会計の分野からの出題ですので，各論点をむらなく学習する必要があります。

なお，検定試験では使用できる勘定科目が指定されますので，これをひとつのヒントとして解答するとよいでしょう。

第２問対策……　主に計算問題が出題されますが，その出題方法は文章の穴埋め形式ですので，計算力と文章力の両方を身につける必要があります。

また，最近ではパターンも崩れているため，各論点をむらなく学習する必要があります。

第３問対策……　主として建設業会計での部門別計算および工事間接費の問題が出題されていますので，確実に解答できるようにする必要があります。

また，出題内容はある程度パターン化されていますので，学習しやすい内容といえます。

第４問対策……　主として完成工事原価報告書の作成問題が出題されていますが，特に，原価計算表や未成工事支出金勘定，その他の勘定との関係について，十分な理解が必要です。

　また，原価計算の理論問題も出題されていますので，これについての理解も必要です。

第５問対策……　主として精算表の作成問題が出題されていますので，決算整理仕訳について必ず理解しておく必要があります。特に，原価差異の処理について注意してください。

　なお，決算整理事項で，ほぼ毎回のように出題されているものは，次のとおりです。

① 貸倒引当金の見積り
② 有価証券の評価替え
③ 減価償却（予定計算）
④ 棚卸減耗
⑤ 退職給付引当金（予定計算）
⑥ 完成工事補償引当金の計上
⑦ 完成工事原価の振り替え
⑧ 販売費及び一般管理費の見越しと繰延べ
⑨ 法人税，住民税及び事業税の計上（中間納付あり）

■ 建設業経理士試験概要

建設業経理士とは，建設業における簿記会計知識の普及と会計処理能力の向上を図ることを目的として，建設業経理士検定試験に合格した者に与えられる資格です。この検定試験は，昭和59年に建設省（現，国土交通省）より建設業経理に関する知識および処理能力向上を図るうえで奨励すべきものであるとして認定を受けています。なお，平成６年度から改正された公共工事の入札に係る経営事項審査のなかで，２級以上の有資格者数が審査の評価対象となっています。

※　合格判定は，正答率70%を標準としています。

（令和４年２月１日現在）

<table>
<tr><th colspan="2">級</th><th>時　間</th><th>受験料等
（税込）</th><th>程　　度</th></tr>
<tr><td colspan="2">２級</td><td>120分</td><td>7,120円</td><td>実践的な建設業簿記，基礎的な建設業原価計算を修得し，決算等に関する実務を行えること。</td></tr>
<tr><td rowspan="3">１級</td><td>財務諸表</td><td>90分</td><td rowspan="3">（３科目）
14,720円

（２科目）
11,420円

（１科目）
8,120円</td><td rowspan="3">上級の建設業簿記，建設業原価計算及び会計学を修得し，会社法その他会計に関する法規を理解しており，建設業の財務諸表の作成及びそれに基づく経営分析が行えること。</td></tr>
<tr><td>財務分析</td><td>90分</td></tr>
<tr><td>原価計算</td><td>90分</td></tr>
</table>

※１　上記受験料等には，申込書代等320円（消費税込）が含まれています。
※２　入門者向けに，建設業経理事務士３級試験（２時間，５題），４級試験（１時間30分，５題）も年１回（３月）に実施されています。

１級は，１～３科目までの同時受験が可能です。また，３級（建設業経理事務士）と２級の同時受験も可能ですが，１級と２級，および１級と３級（建設業経理事務士）は同時受験できません。

受験資格	特に制限なし
試験日	年２回－上期試験：９月上旬～中旬，下期試験：３月上旬～中旬
試験級	１級・２級
受験申込み	一般財団法人建設業振興基金　https://www.keiri-kentei.jp
合格発表	上期試験：11月中旬・本人あて郵送，下期試験：５月中旬・本人あて郵送

論点学習計画表

学習テーマ	計画	実施
テーマ1　建設業会計（建設業簿記）の基礎知識	月　日	月　日
テーマ2　材料費会計	月　日	月　日
テーマ3　労務費会計	月　日	月　日
テーマ4　外注費会計と経費会計	月　日	月　日
テーマ5　工事間接費の計算	月　日	月　日
テーマ6　部門別計算	月　日	月　日
テーマ7　完成工事原価	月　日	月　日
テーマ8　工事収益の計上	月　日	月　日
テーマ9　建設業会計（建設業簿記）と原価計算	月　日	月　日
テーマ10　現金及び預金	月　日	月　日
テーマ11　有価証券	月　日	月　日
テーマ12　手形取引	月　日	月　日
テーマ13　株式の発行	月　日	月　日
テーマ14　剰余金の配当と処分・合併と事業譲渡	月　日	月　日
テーマ15　固定資産と繰延資産	月　日	月　日
テーマ16　社債・引当金・税金	月　日	月　日
テーマ17　決算と財務諸表	月　日	月　日
テーマ18　本支店会計・帳簿組織	月　日	月　日

※　おおむね2～3カ月程度で論点学習を終えるようにしましょう。

● CONTENTS ●

建設業会計編

テーマ *1* 建設業会計（建設業簿記）の基礎知識

ここでは，建設業会計（建設業簿記）と原価計算について，主な用語とその概要を学習する。

1 建設業会計（建設業簿記）とは

1. 建設業会計（建設業簿記）とは

建設業とは，個人住宅やマンション・アパート，ビルディングなどの建築工事，さらにダムや港湾などの土木工事を行う企業をいう。

建設業では，調達した資金で事務所建物・建設用機械設備などを購入し，さらに建築資材を仕入れ，現場作業員および従業員を雇い入れて工事を行う。そして土木建築工事を完成させて，完成した建物などを発注者に引き渡して利益をあげる。

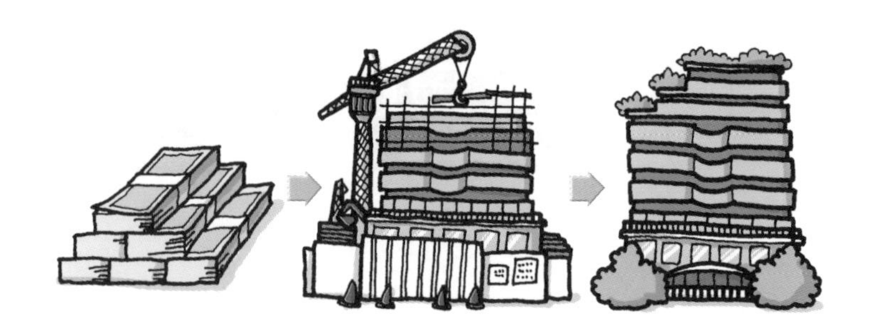

建設業会計（建設業簿記）とは，土木建築工事を行う企業における会計処理，記帳，財務諸表の作成など一連の手続きをいう。

2. 建設業会計（建設業簿記）と原価計算

建設業では，建設工事にいくらお金がかかったのかを自ら計算しなければならない。たとえば，建物を建設するために鉄筋やセメントなどの材料の代金，工事現場で働く人たちの賃金や下請業者に対する外注代金，電力料・水道代・ガス代などがかかる。

このような工事にかかった金額のことを原価といい，建設工事の記録のためには原価の計算が必要となる。この原価を正確に計算するための計算手続を原価計算（げんかけいさん）という。

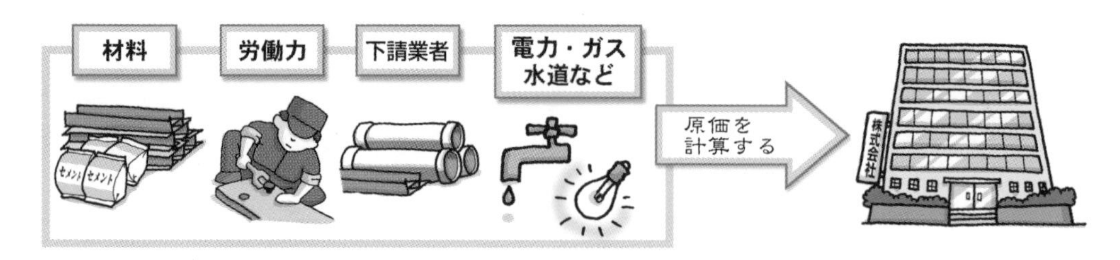

2 原価とは

1. 工事原価と総原価

工企業における原価とは，製品の製造に要した費用をいい，これを**製造原価**という。さらに，製品の販売に要した費用を**販売費**，企業全体の維持・管理のために要した費用を**一般管理費**といい，製造原価に販売費及び一般管理費を加えて**総原価**という。

建設業においては，上記製造原価のことを**工事原価**（プロダクト・コスト）といい，販売費及び一般管理費はピリオド・コストという。

販売費及び一般管理費 （ピリオド・コスト）	総原価
工事原価 （プロダクト・コスト）	

3 工事原価の分類

工事原価は，いろいろな観点から分類されるが，このテキストでは，基本的な工事原価の分類方法として以下の2つについて説明しておく。

1. 形態別による分類（発生形態別分類）

工事原価をその発生の形態によって分類すると，⑴**材料費**，⑵**労務費**，⑶**外注費**，⑷**経費**という4つの最も基礎的な工事原価に分類することができる。

⑴ **材料費**：物品を消費することによって発生する原価
⑵ **労務費**：労働力を消費することによって発生する原価
⑶ **外注費**：電気・水道の配管工事等の外注契約によって外注業者に支払われる原価
⑷ **経　費**：材料費，労務費，外注費以外を消費することによって発生する原価

2. 工事との関連による分類（計算対象との関連性による分類）

工事原価は，生産された複数の工事との関連で，その発生がどの工事現場によるのかが直接的に把握されるか否かにより，**工事直接費**と**工事間接費**に分類することができる。

⑴工事直接費（現場個別費）

各工事現場で個別的に発生し，工事原価として直接集計することのできるものをいう。つまり，工事現場ごとに消費量（消費額）を計算することのできる工事原価をいう。

⑵工事間接費（現場共通費）

各工事現場について共通的に発生し，特定の工事現場に集計できない原価をいう。つまり，工事現場ごとに消費量（消費額）を計算できない原価をいう。なお，直接

的に集計できる原価であっても，重要性の乏しいものもこれに含める。
形態別による分類と工事との関連による分類を組み合わせると，工事原価は次のようになる。

〈原価構成〉

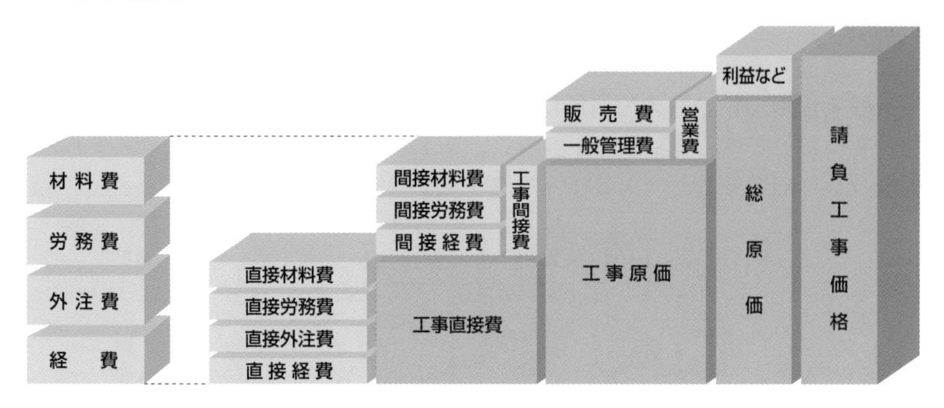

（注）外注費は，厳密には間接費となるものもあるが，ごくまれであるので，このテキストではすべて直接費とする。

4 原価計算とは

1. 原価計算の手続き

原価計算の手続きは原則として，次の3段階を経て行われる。

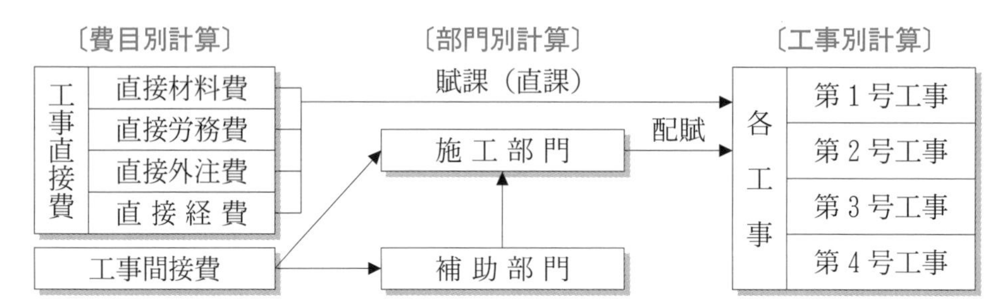

(1)費目別計算

費目別計算とは，完成および引き渡しのために消費した財貨（材料など）および用役（労働力など）の費目別（種類）による分類，集計の手続きをいう。

(2)部門別計算

部門別計算とは，費目別計算で把握された原価要素（主に工事間接費）を，原価部門別（原価の発生場所別）に分類，集計する手続きをいう。なお，中小企業では部門別計算をしない場合もある。

(3)工事別計算

工事別計算とは，原価を工事現場ごとに原価要素別に集計し，完成工事原価を計算する手続きをいう。

2. 原価計算期間

原価計算期間とは，原価計算制度において正規の原価報告を行うための一定の計算期間であって，経営管理に役立つ原価情報を経営者に提供しなければならないので，普通は１カ月である。

この場合の１カ月というのは，暦月の１カ月（毎月１日から末日まで）である。

3. 原価計算の種類

⑴個別原価計算と総合原価計算

①個別原価計算

個別生産，注文生産など少量多品種の製品を生産する工企業に用いられる原価計算の方法をいい，建設業においてはこの計算方法を主に用いる。建設業における個別原価計算では工事現場ごとに生産命令書が発行され，工事原価をその生産命令書ごとに集計する。この生産命令書を**工事指図書**（こうじさしずしょ）といい，工事原価を集計するために**工事台帳**が作成される。

個別原価計算において，直接材料費・直接労務費・直接外注費・直接経費といった**工事直接費**は工事現場ごとの消費額が判明するため，工事現場ごとに個別に原価を集計していく。この工事直接費を工事現場ごとに集計する手続きを**賦課**（または**直課**）という。

これに対して間接材料費・間接労務費・間接経費といった**工事間接費**は工事全体での消費額は知ることができるが，工事現場ごとの消費額が判明しないので，このままでは特定の工事の原価を知ることができない。そこで，ある一定の基準によって，工事間接費を各工事に割り当てる（負担）させる手続きが必要になる。この割り当てる手続きを**配賦**（はいふ）という。

設例 1-1

次の資料により，工事台帳No.1，No.2を完成しなさい。

（資　料）

(1)　材料費
　　工事直接費　2,200円（No.1－1,200円，No.2－1,000円）
　　工事間接費　　150円

(2)　労務費
　　工事直接費　1,700円（No.1－900円，No.2－800円）
　　工事間接費　　200円

(3)　外注費
　　工事直接費　1,000円（No.1－600円，No.2－400円）

(4)　経　費
　　工事直接費　　400円（No.1－300円，No.2－100円）
　　工事間接費　　900円

(5)　工事間接費　1,250円（(1)～(4)の合計）の配賦割合は3（No.1）：2（No.2）である。

(6)　工事台帳No.1の工事が当月中に完成し，引き渡された。なお請負価額は5,000円である。

【解答】

工事台帳　No.1	
直接材料費	1,200円
直接労務費	900
直接外注費	600
直 接 経 費	300
計	3,000円
工事間接費	750
工 事 原 価	3,750円
備　考	完成・引渡済み

工事台帳　No.2	
直接材料費	1,000円
直接労務費	800
直接外注費	400
直 接 経 費	100
計	2,300円
工事間接費	500
工 事 原 価	2,800円
備　考	未完成

【解答への道】

工事原価の流れを示すと次のとおりである。

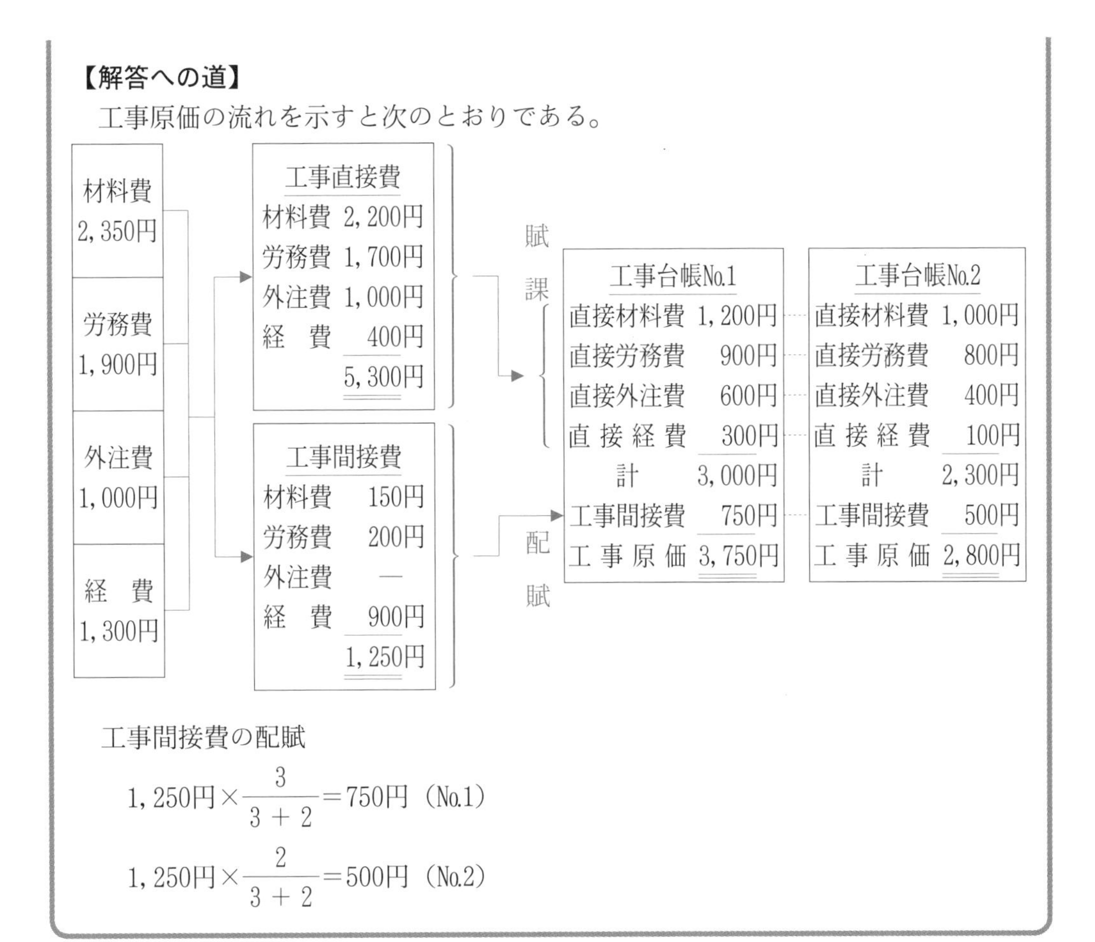

工事間接費の配賦

$1,250円\times\frac{3}{3+2}=750円$（No.1）

$1,250円\times\frac{2}{3+2}=500円$（No.2）

ここがPOINT! 建設業では，個別原価計算により工事原価を計算するが，基本となる手順は次のとおりである。

① 工事直接費（直接材料費，直接労務費，直接外注費，直接経費）を工事指図書（工事台帳）ごとに分類・集計する。

② 工事間接費（間接材料費，間接労務費，間接経費）を集計する。

③ 工事間接費を一定の基準にしたがって各工事指図書（工事台帳）に配賦する。

②総合原価計算

種類，規格などが同一の製品を継続的に大量生産する工企業に用いられる原価計算の方法であり，製品の種類，工程の有無などによりその種類はいくつかに分類することができる。建設業においては，個別受注生産による場合がほとんどなので，総合原価計算については，このテキストでは省略する。

5 建設業における帳簿組織

1. 建設業における帳簿組織

建設業会計においては，工事原価の分類・集計を行うための多くの勘定が設けられる。工事原価の記録・計算は工事の進行にともなって行われるため，この原価の集計では，その勘定間の**振替記入**(ふりかえきにゅう)が頻繁(ひんぱん)に行われる。

また，勘定間の振替記入以外にも，多くの特殊仕訳帳（後述）や補助簿が設けられる。

2. 費目別仕訳法

工事原価を各原価要素（材料，労務費など）別に勘定を設けて処理する方法を**費目別仕訳法**(ひもくべつしわけほう)といい，勘定連絡は次のとおりである。

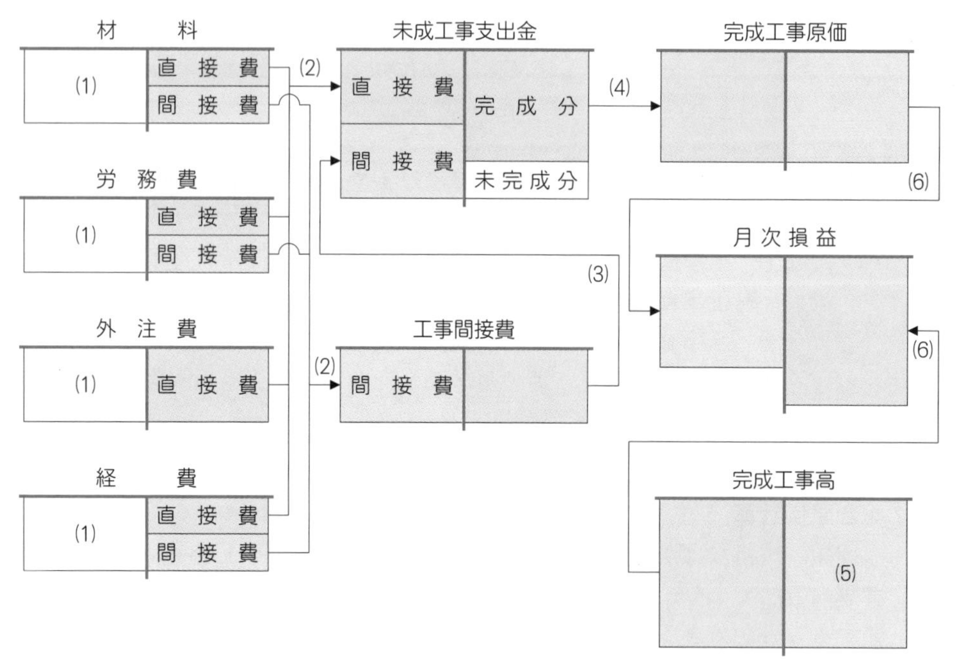

（注）外注費は，厳密には間接費となるものもあるが，ごくまれであるので，このテキストではすべて直接費としている。なお，番号は仕訳の手順を表す。

(1)各費目の購入（支払い）

工事を完成させるための材料の購入，人件費，外注費，諸経費などを支払った場合，各要素別の勘定に記録する。

仕訳例 1

当月の購入および支払額は次のとおりである。

材　料	2,350円	（掛け払い）	外注費	1,000円	（現金払い）
労務費	1,900円	（小切手払い）	経　費	1,300円	（翌月末払い）

借方	金額	貸方	金額
（材　料）	2,350	（工事未払金）	2,350
（労務費）	1,900	（当座預金）	1,900
（外注費）	1,000	（現　金）	1,000
（経　費）	1,300	（工事未払金）	1,300

なお，材料などを掛け払いで購入したときは，**工事未払金勘定**を用いるので注意すること。

(2)工事直接費と工事間接費の消費

企業が購入した経済的資源（材料など）は工事現場に使用されたら（＝消費したら）直接費はただちに**未成工事支出金勘定**へ，間接費は**工事間接費勘定**へ振り替える。

仕訳例 2

当月の工事直接費および工事間接費の消費額は次のとおりである。

①　材料費　2,350円
　　工事直接費　2,200円（No.1－1,200円，No.2－1,000円）工事間接費 150円
②　労務費　1,900円
　　工事直接費　1,700円（No.1－900円，No.2－800円）　工事間接費 200円
③　外注費　1,000円
　　工事直接費　1,000円（No.1－600円，No.2－400円）
④　経　費　1,300円
　　工事直接費　400円（No.1－300円，No.2－100円）　工事間接費 900円

借方	金額	貸方	金額
（未成工事支出金）＊1	5,300	（材　料）	2,350
（工事間接費）＊2	1,250	（労務費）	1,900
		（外注費）	1,000
		（経　費）	1,300

＊1　2,200円＋1,700円＋1,000円＋400円＝5,300円
＊2　150円＋200円＋900円＝1,250円

⑶工事間接費の配賦

工事間接費を適当な基準により各工事台帳ごとに配賦し，その合計額は未成工事支出金勘定に振り替える。

仕訳例 **3**

当月の工事間接費1,250円を配賦（工事台帳No.1－750円，No.2－500円）する。

（未成工事支出金）	1,250	（工事間接費）	1,250

なお，仕訳は合計額で行うが，各工事台帳にはその配賦額が記入される。

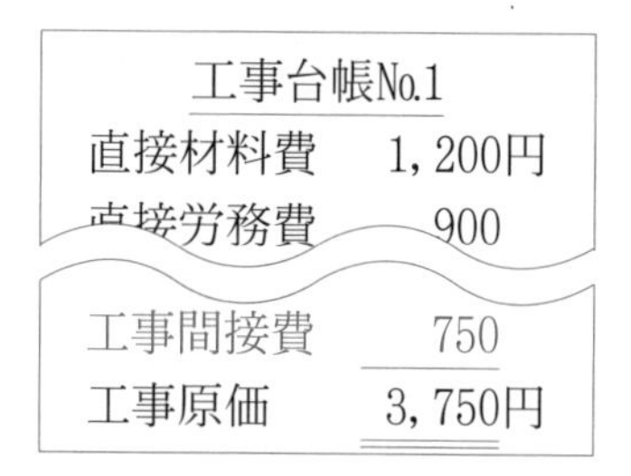

工事台帳No.1	
直接材料費	1,200円
直接労務費	900
工事間接費	750
工事原価	3,750円

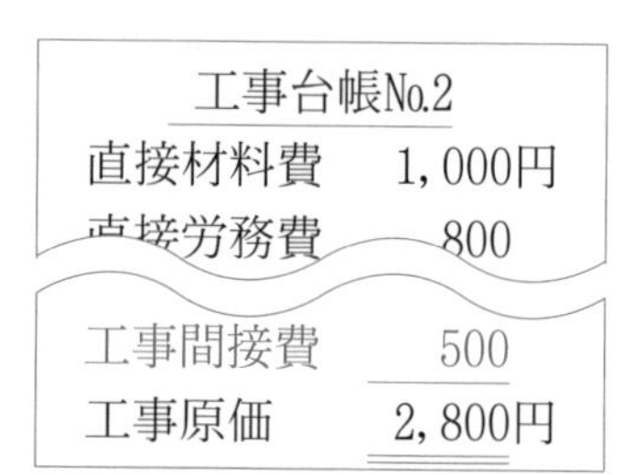

工事台帳No.2	
直接材料費	1,000円
直接労務費	800
工事間接費	500
工事原価	2,800円

⑷完成工事原価の振り替え

工事が完成したらただちに発注者に引き渡されることになるので，完成した工事の原価は，未成工事支出金勘定から**完成工事原価勘定**に振り替える（このとき，未成工事支出金勘定の借方残高は，未完成工事の原価を意味する）。

仕訳例 **4**

当月の完成工事の原価3,750円を完成工事原価勘定に振り替える。

（完成工事原価）	3,750	（未成工事支出金）	3,750

⑸完成工事高の計上

工事が完成した後，ただちに発注者に引き渡されるので，請負価額を**完成工事高勘定**の貸方に計上するとともに，工事代金（未収額）を**完成工事未収入金勘定**の借方に記入する。

仕訳例 **5**

当月の完成工事高は5,000円であり，請負代金はすべて翌月に受け取ることにした。

（完成工事未収入金）	5,000	（完成工事高）	5,000

⑹月次損益勘定への振り替え

原価計算期間は通常1カ月であるから，月ごとに損益を計算する。したがって，完成工事原価と販売費及び一般管理費を**月次損益勘定**の借方に，完成工事高を月次損益勘定の貸方に振り替える。

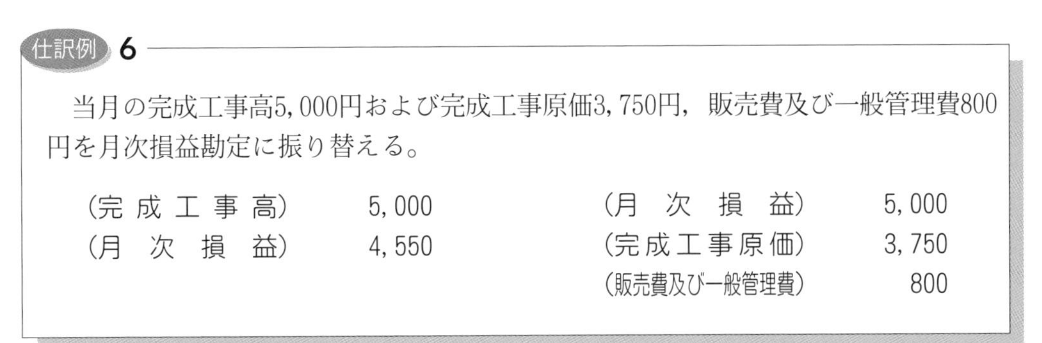

仕訳例 6

当月の完成工事高5,000円および完成工事原価3,750円，販売費及び一般管理費800円を月次損益勘定に振り替える。

（完成工事高）	5,000	（月次損益）	5,000
（月次損益）	4,550	（完成工事原価）	3,750
		（販売費及び一般管理費）	800

［仕訳例1～6］の取引により勘定連絡図を示すと，次のとおりである。

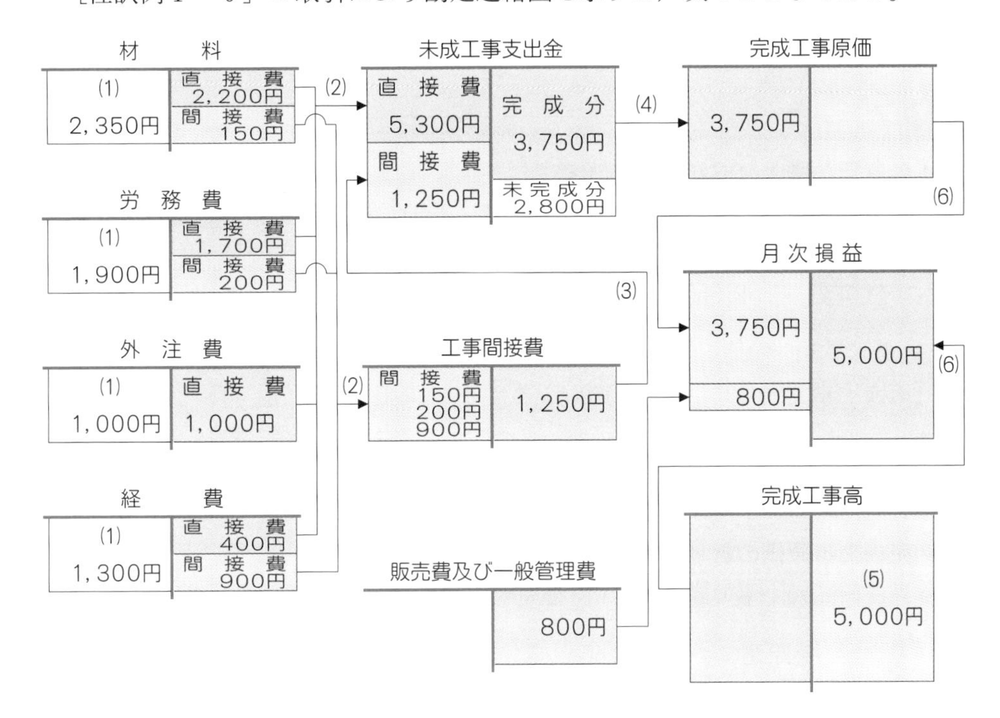

3. 代表科目仕訳法

工事原価を，各原価要素に関する勘定は設けずに，これらを購入（消費）したときに直接的に未成工事支出金勘定に記録する方法を**代表科目仕訳法**（だいひょうかもくしわけほう）という。

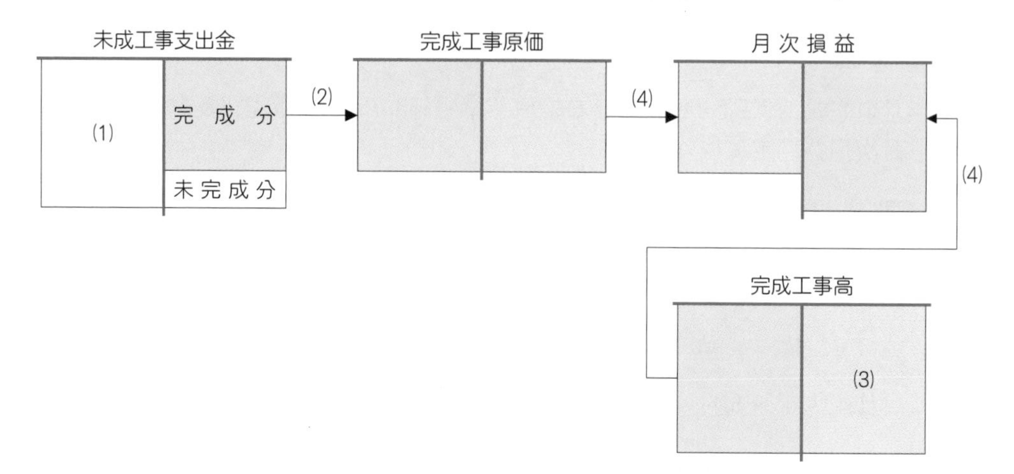

仕訳例 7

(1)各費目の購入（支払い）と消費

工事台帳No.1およびNo.2の建設工事に係る当月の購入および支払額は，次のとおりである。

材料費	2,350円（掛け払い）		外注費	1,000円（現金払い）
労務費	1,900円（小切手払い）		経　費	1,300円（翌月末払い）

(未成工事支出金)	6,550	(工事未払金)	2,350
		(当座預金)	1,900
		(現　　　金)	1,000
		(工事未払金)	1,300

(2)完成工事原価の振り替え

当月の完成工事の原価3,750円を完成工事原価勘定に振り替える。

(完成工事原価)	3,750	(未成工事支出金)	3,750

(3)完成工事高の計上

当月の完成工事高は5,000円であり，請負代金はすべて翌月に受け取ることにした。

(完成工事未収入金)	5,000	(完成工事高)	5,000

⑷月次損益勘定への振り替え

当月の完成工事高5,000円および完成工事原価3,750円，販売費及び一般管理費800円を月次損益勘定に振り替える。

借方	金額	貸方	金額
（完成工事高）	5,000	（月次損益）	5,000
（月次損益）	4,550	（完成工事原価）	3,750
		（販売費及び一般管理費）	800

なお，建設業会計における勘定構造は以上の２つであるが，「代表科目仕訳法を使用しながら，材料に関してのみ，費目別仕訳法を使用する場合」があるので注意してほしい。

検定試験においては，第１問の仕訳問題において費目別仕訳法を使用し，第５問の精算表において代表科目仕訳法を使用する場合が多い。

〈工業簿記と建設業会計における勘定科目の比較〉

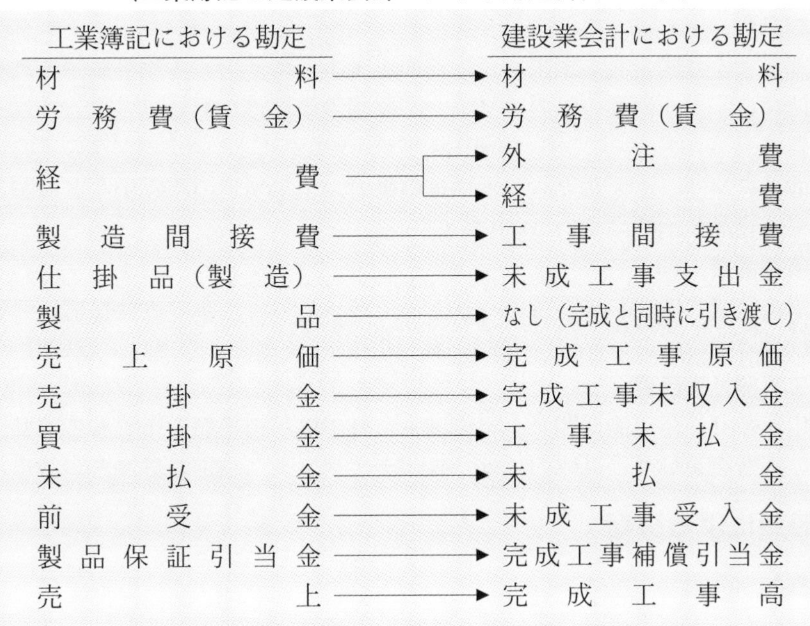

工業簿記における勘定		建設業会計における勘定
材料	→	材料
労務費（賃金）	→	労務費（賃金）
経費	→	外注費
	→	経費
製造間接費	→	工事間接費
仕掛品（製造）	→	未成工事支出金
製品	→	なし（完成と同時に引き渡し）
売上原価	→	完成工事原価
売掛金	→	完成工事未収入金
買掛金	→	工事未払金
未払金	→	未払金
前受金	→	未成工事受入金
製品保証引当金	→	完成工事補償引当金
売上	→	完成工事高

テーマ2 材料費会計

ここでは，工事原価の１つである材料費について，その分類と購入・消費時の処理を学習する。

1 材料費の意義と分類

材料費とは，工事を完成させるために物品を消費することによって生じる原価をいい，次のような分類に区分される。
材料費を発生形態別に分類すると次のとおりである。

1. 発生形態別による分類

⑴素材費
工事の主要な構成部分となる物品の消費高であり，工事現場で消費するものをいう。具体的には，鉄筋，鉄骨，セメントなどがある。

⑵買入部品費
外部業者より購入し，加工せずにそのまま工事に使用する物品の消費高をいう。具体的には，ビル建築の際のエアコン，照明設備などがある。

⑶燃料費
重油，ガソリン，天然ガスなど機械の動力，工事現場の冷暖房などのエネルギー源となる物品の消費高をいう。

⑷現場消耗品費
工事の完成に関連して消費されるものであっても，工事の主要な構成部分とならない物品の消費高をいう。具体的には，切削油（せっさくゆ），くず布，グリス，電球などがある。

⑸消耗工具器具備品費
耐用年数（使用可能期間）１年未満または価格が相当額未満である工具，器具，備品の消費高をいう。具体的には，スパナ，ペンチ，測定器具などがある。

2. 消費形態による分類

⑴作業機能別分類
材料費が工事現場においていかなる機能のために消費されるかにより，次のように分類する。

①主要材料費
工事現場において，基本的作業のために消費されるものであり，鉄筋，鉄骨，生（なま）コンなどがある。

②補助材料費
工事現場において，間接的作業のために消費されるものであり，修繕材料費などがある。

③**仮設材料費**

工事現場において，工事の実施を補助するために消費されるものであるため，補助材料費に位置づけられるが，当該名称で把握することがあるので区分を分ける。仮設材料費には，工事の完了とともに撤去される足場材などがある。

⑵工事との関わりによる分類

材料が工事（ビル・橋など）を完成させるために消費され，その工事の主たる実体を構成するものを**直接材料費**，複数の工事で間接的（共通的）に消費されるものを**間接材料費**に分類する。

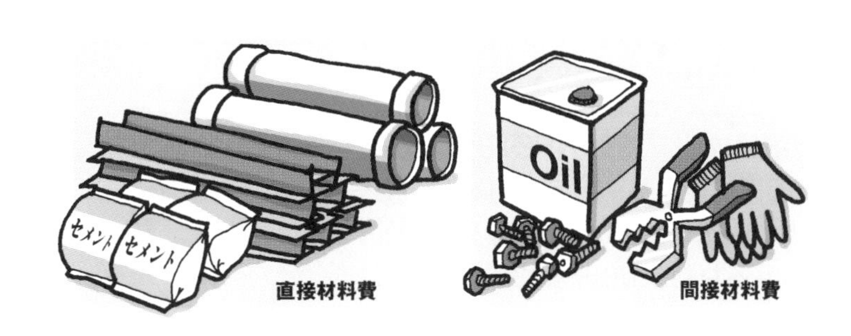

一般的な製品製造業でいう材料費と，建設業でいう材料費の関係を示すと次のとおりであり，建設業では，国土交通省が告示するものを材料費とする。

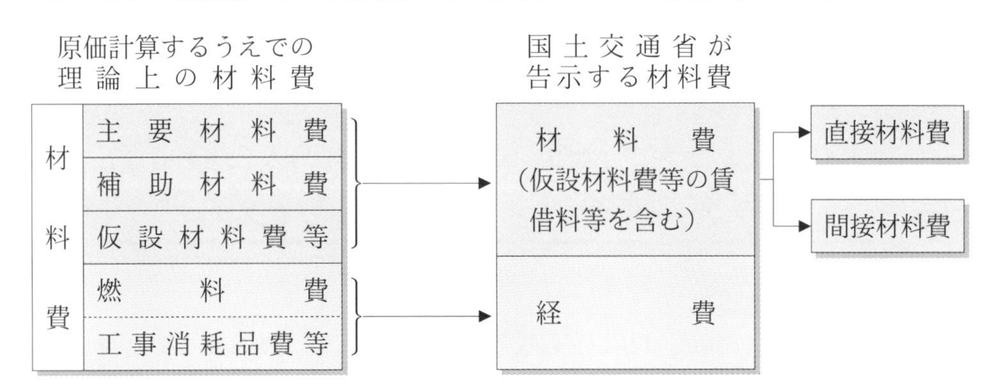

2 材料の購入

1. 材料の購入原価

材料の購入原価は次のとおり計算される。

購入原価 ＝ 購入代価 ＋ 引き取りに要した費用

引き取りに要した費用は**付随費用**（ふずいひよう）といわれ，引取運賃，買入手数料，保険料，関税，荷役費（にやくひ）などがある。

2. 購入時の記帳方法

材料の購入時の記帳については，**購入時資産処理法**と**購入時材料費処理法**の２つがある。

⑴購入時資産処理法

材料を購入したつど，その購入原価を決定したうえで材料在庫として貯蔵する。さらに消費の際には，決定された購入原価を基礎として材料費を計算する方法をいう。この方法による場合，材料の受け払いに関する記録が不可欠となる。

設　例　2 - 1

次の一連の取引の仕訳を購入時資産処理法により行いなさい。

⑴　材料1,000円を購入し，代金は月末払いとした。

⑵　工事現場に直接材料600円，間接材料100円を払い出した。

⑶　月末における材料未使用高は300円である。

【解答】

	借方科目	金額	貸方科目	金額
⑴	（材　　　　料）	1,000	（工 事 未 払 金）	1,000
⑵	（未成工事支出金）	600	（材　　　　料）	700
	（工 事 間 接 費）	100		
⑶	仕　訳　な　し			

（注）材料勘定はより詳細に，主要材料，補助材料，仮設材料とすることもある。また，材料貯蔵品勘定を使用することもある。

⑵購入時材料費処理法

この方法は材料の受け払い記録を省略し，材料は購入時にすべて消費したものと仮定する方法である。

この方法による場合，期末において残存材料を評価し，これを材料費勘定から控除しなければならない。

設例 2-2

次の一連の取引の仕訳を購入時材料費処理法により行いなさい。
⑴ 材料1,000円を購入し，代金は月末払いとした。なお，材料はすべて工事現場に払い出された。
⑵ 工事現場において直接材料600円，間接材料100円が消費された。
⑶ 月末における材料未使用高は300円である。

【解答】

	借方	金額	貸方	金額
⑴	(材料費)	1,000	(工事未払金)	1,000
⑵	(未成工事支出金)	600	(材料費)	700
	(工事間接費)	100		
⑶	(材料)	300	(材料費)	300

（注）材料費勘定はより詳細に，主要材料費，補助材料費，仮設材料費とすることもある。また，材料貯蔵品勘定を使用することもある。

SUPPLEMENT

材料副費について

材料には引き取りに要した費用だけでなく，保管倉庫に搬入された後，実際に工事現場で使用されるまでに発生する費用もある。

そこで，購入代価を**材料主費**というのに対して，仕入先から工事現場で実際に使用されるまでにかかった費用を**材料副費**といい，次のように分類する。

〈例〉材料の購入事務，検収，選別，手入れ，保管などに要した費用

材料副費
- **外部材料副費**：仕入先から保管倉庫に搬入するまでにかかった費用
- **内部材料副費**：保管倉庫搬入後，工事現場で使用されるまでにかかった費用

なお，内部材料副費を，材料の購入代価に加えない場合は，間接経費とするかまたは出庫材料（材料費）に配賦する。

SUPPLEMENT

(3)材料仕入帳の記帳

購買係（検収係）から提出された材料受入報告書により記帳する帳簿を**材料仕入帳**といい，購入した材料の内訳を記帳する。

設 例 2 - 3

次の材料仕入帳の記録に基づき，仕訳をしなさい。なお，当社は月末に当月分を一括して仕訳を行っており，材料費は，主要材料費，補助材料費，仮設材料費の各勘定に区分して把握している。

材 料 仕 入 帳

（単位：円）

令和×年		送状番号	仕入先	摘要	元丁	工事未払金	諸口	内訳		
								主要材料	補助材料	仮設材料
7	2	20	㈱東京商事	工事未払金		265,000		250,000	15,000	
	13	6	渋谷鋼鉄	現金			30,000		30,000	
	31					800,000	55,000	750,000	60,000	45,000

【解答】

7/31	（主要材料費）	750,000	（工事未払金）	800,000
	（補助材料費）	60,000	（諸口）	55,000
	（仮設材料費）	45,000		

(4)材料の値引き・返品・割り戻し・割引き

①値引き

品質不良，破損，量目不足などの理由で，交渉の結果，購入材料の代金の一部を減額してもらうことをいう。

②返　品

品質不良，破損，品違いなどの理由で，購入した材料を仕入先に返すことをいう。

③割り戻し

購入材料の金額が，一定額または一定量を超えた場合のリベートをいう。

④割引き

購入した材料の代金を，契約上の期日より早く支払う場合に生ずる商品代金の減額分（利息相当分）をいう。

設例 2-4

次の取引の仕訳を示しなさい。
⑴ 掛けで仕入れた材料の一部に品質不良があったので，5,000円の値引きを受けた。
⑵ 掛けで購入した材料6,000円が不良品だったので返品した。
⑶ あらかじめ定めた金額以上の材料の購入をしたため，工事未払金100,000円の１％の割り戻しを受け，残りは小切手で支払った。

【解答・解答への道】

	借方科目	金額	貸方科目	金額
⑴	（工事未払金）	5,000	（材料）	5,000
⑵	（工事未払金）	6,000	（材料）	6,000
⑶	（工事未払金）	100,000	（当座預金）	99,000
			（材料）	1,000

⑸割引きとは

掛け代金の決済を支払期日前のあらかじめ定められた一定期間内に行った場合，売主が買主に対して利息相当額を掛け代金から免除することを割引き（わりびき）（ディスカウント）という。

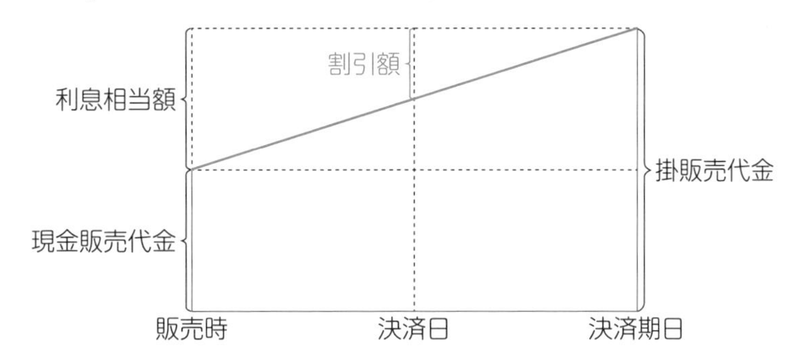

材料の購入側では，工事未払金の一部を免除してもらった金額について，受取利息と同様の性格を有する**仕入割引勘定**（収益）で処理する。

なお，材料の販売側では未収分の一部を免除した金額について，支払利息と同様の性格を有する**売上割引勘定**（費用）で処理する。

設例 2-5

次の一連の取引の仕訳を示しなさい。

(1) 令和×1年5月1日に，材料50,000円を「30日後払い，ただし10日以内に支払うときは2％を割り引く」という条件で仕入れた。

(2) 令和×1年5月8日に，上記工事未払金50,000円の支払いにつき，割引有効期限内であることから2％の割引きを受け，残額を小切手を振り出して支払った。

【解答・解答への道】

(1) 仕入れのとき

（材　　　　料）	50,000	（工 事 未 払 金）	50,000

(2) 仕入割引のとき

（工 事 未 払 金）	50,000	（当　座　預　金）	49,000
		（仕　入　割　引）＊	1,000

＊　50,000円×2％＝1,000円

3 材料の消費

材料の消費額は次のように計算される。

材料費 ＝ 払出（消費）数量 × 消費単価

材料の消費額を算定するためには，消費数量計算と消費単価計算とが必要となる。

1. 消費数量の計算

消費数量計算の方法には，**継続記録法**と**棚卸計算法**の2つがある。

(1)継続記録法

材料の受入数量および払出数量をそのつど記録する方法である。

この方法を採用することによって，月末に帳簿数量が計算され，これと実地棚卸による実際数量とを比較することで**棚卸減耗**を把握することができる。ここでいう棚卸減耗とは，材料保管中の紛失または損傷による減少をいう。

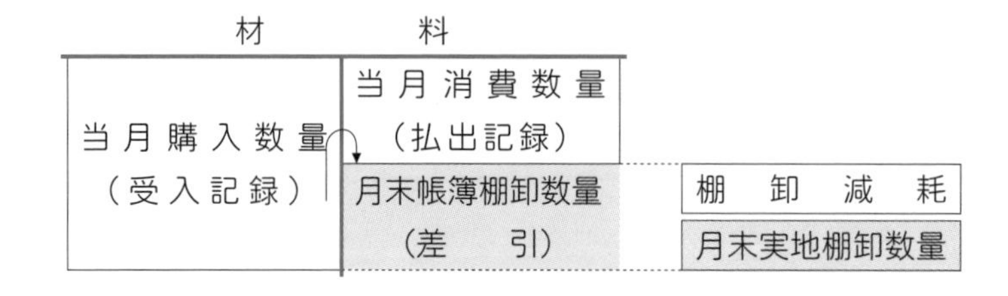

⑵棚卸計算法

材料の受入数量は記録するが，払出数量の記録はせず，月末に実地棚卸を行って実際数量を算定し，次の算式により払出数量を計算する方法である。

当月消費数量 ＝（前月繰越数量 ＋ 当月受入数量）－ 月末実地棚卸数量

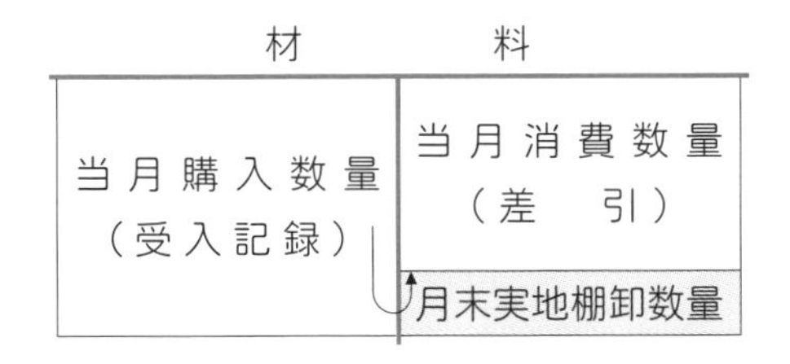

2. 消費単価計算

消費単価については，実際の購入単位原価をもって実際消費単価とする**原価法**と，予定価格をもって消費単価とする**予定価格法**とがある。

なお，このテキストでは，建設業経理検定2級において重要である原価法を学習していく。

⑴原価法

材料の購入単価を基礎として実際消費単価を計算する方法である。ここでは，**先入先出法**，**移動平均法**，**総平均法**について説明する。

①先入先出法

先に仕入れた材料から順次払い出されたものと仮定して消費単価を計算する方法をいう。

②移動平均法

異なる単価で仕入れるつど，次の算式により（加重）平均単価を計算し，この平均単価をもって消費単価とする方法をいう。

（加重）平均単価 ＝（残高 ＋ 仕入高）÷（残量 ＋ 仕入量）

③総平均法

一定期間をとり次の算式により（加重）平均単価を計算し，この平均単価をもって消費単価とする方法をいう。

（加重）平均単価 ＝（期首残高 ＋ 期中仕入高）÷（期首在庫量 ＋ 期中仕入量）

⑵材料元帳の記帳

材料の受け入れや払い出しのつど，材料の種類ごとにその数量・単価・金額を記録する帳簿を材料元帳といい，上記の原価法を用いる。

設例 2-6

次の資料により，7月中の甲材料の払出高（材料消費高）を(1)先入先出法，(2)移動平均法，(3)総平均法により計算しなさい。

（資　料）

7月1日	前月繰越高	@300円	100個
5日	仕　入　れ	@310円	300個
10日	払い出し		200個
17日	仕　入　れ	@315円	200個
26日	払い出し		240個

【解答・解答への道】

(1) **先入先出法**

@300円×100個＋@310円×100個＝61,000円（7月10日払出分）

@310円×200個＋@315円×40個＝74,600円（7月26日払出分）

61,000円＋74,600円＝135,600円

先入先出法　　　　材　料　元　帳　甲材料(数量：個，単価及び金額：円)

日付		摘要	受入			払出			残高		
			数量	単価	金額	数量	単価	金額	数量	単価	金額
7	1	前月繰越	100	300	30,000				100	300	30,000
	5	仕入	300	310	93,000				{100	300	30,000
									300	310	93,000
	10	払出				{100	300	30,000			
						100	310	31,000	200	310	62,000
	17	仕入	200	315	63,000				{200	310	62,000
									200	315	63,000
	26	払出				{200	310	62,000			
						40	315	12,600	160	315	50,400
	31	**次月繰越**				**160**	**315**	**50,400**			
			600	－	186,000	600	－	186,000			
8	1	前月繰越	160	315	50,400				160	315	50,400

(2) **移動平均法**

$$\frac{@300円 \times 100個 + @310円 \times 300個}{100個 + 300個} = @307.5円$$

@307.5円×200個＝61,500円（７月10日払出分）

…７月10日残@307.5円×200個＝61,500円

$$\frac{@307.5円 \times 200個 + @315円 \times 200個}{200個 + 200個} = @311.25円$$

@311.25円×240個＝74,700円（７月26日払出分）

61,500円＋74,700円＝136,200円

移動平均法　　材料元帳　　甲材料(数量：個,単価及び金額：円)

日付		摘要	受入			払出			残高		
			数量	単価	金額	数量	単価	金額	数量	単価	金額
7	1	前月繰越	100	300	30,000				100	300	30,000
	5	仕入	300	310	93,000				400	307.5	123,000
	10	払出				200	307.5	61,500	200	307.5	61,500
	17	仕入	200	315	63,000				400	311.25	124,500
	26	払出				240	311.25	74,700	160	311.25	49,800
	31	**次月繰越**				**160**	**311.25**	**49,800**			
			600	－	186,000	600	－	186,000			
8	1	前月繰越	160	311.25	49,800				160	311.25	49,800

(3) **総平均法**

$$\frac{@300円 \times 100個 + @310円 \times 300個 + @315円 \times 200個}{100個 + 300個 + 200個} = @310円$$

@310円×（200個＋240個）＝136,400円

総平均法　　材料元帳　甲材料(数量：個,単価及び金額：円)

日付		摘要	受入			払出			残高		
			数量	単価	金額	数量	単価	金額	数量	単価	金額
7	1	前月繰越	100	300	30,000				100	300	30,000
	5	仕入	300	310	93,000				400		
	10	払出				200			200		
	17	仕入	200	315	63,000				400		
	26	払出				240			160		
	31	**次月繰越**				**160**	**310**	**49,600**			
			600	310	186,000	600	310	186,000			
8	1	前月繰越	160	310	49,600				160	310	49,600

⑶予定価格法

あらかじめ将来の一定期間の材料購入量および原価を見積り，これにより求めた単価を消費単価とする方法をいう。

この方法を採用することによって，一定期間内に消費される材料の価格が一定となり，消費した材料の価格（単価）計算を迅速にし，記帳手続を簡単にすることができる。

基本例題 1

次の資料により，8月中の乙材料の払出高を⑴先入先出法と⑵総平均法により求めなさい。なお，先入先出法によるときは材料元帳も記入すること。

（資料）

8月1日	繰越高	@200円	200個
6日	仕入れ	@210円	500個
12日	払い出し		300個
18日	仕入れ	@220円	300個
24日	払い出し		450個

⑴先入先出法 ＿＿＿＿＿＿円

材料元帳　（数量：個，単価及び金額：円）

日付		摘要	受入高			払出高			残高		
			数量	単価	金額	数量	単価	金額	数量	単価	金額

⑵総平均法 ＿＿＿＿＿＿円

3. 材料の消費に関する記帳

材料の消費に際して記帳する帳簿を**材料仕訳帳**といい，消費した材料の内訳を記帳する。

設　例　2 - 7

次の材料仕訳帳の記録にもとづき，仕訳をしなさい。なお，当社は月末に当月分を一括して仕訳を行っている。

材　料　仕　訳　帳　　(単位：円)

令和×年		請求書No.	摘　要	元丁	借方		元丁	貸方		
					未成工事支出金	工事間接費		主要材料	買入部品	燃料費
7	15	15	工事直接費		300,000			300,000		
	20	17	工事間接費			30,000				30,000
	31				810,000	45,000		750,000	60,000	45,000

【解答】

	借方科目	金額	貸方科目	金額
7/31	(未成工事支出金)	810,000	(主要材料)	750,000
	(工事間接費)	45,000	(買入部品)	60,000
			(燃料費)	45,000

4 材料の期末評価

1. 棚卸減耗損（棚卸減耗費）とは

材料元帳で把握した帳簿棚卸数量と実地棚卸数量とを比較して，数量不足を知ることができる。この数量不足を**棚卸減耗**といい，減耗数量に購入単価（購入原価）を乗ずることにより算定した金額を**棚卸減耗損（棚卸減耗費）**という。

なお，棚卸減耗は，その発生原因別に次のように処理する。

- 正常な状態で発生した場合（原価性あり）→工事原価（未成工事支出金）として処理
- 異常な状態で発生した場合（原価性なし）→営業外費用で処理

2. 材料評価損とは

原価（簿価）と期末時価を比較し，期末時価のほうが低い場合に，期末の実地棚卸数量に原価（簿価）と期末時価との差額を乗じたものを**材料評価損**という。

なお，期末時価が原価よりも高い場合は評価替えは行わない。材料の評価替えは

「時価が原価より低い場合」のみ行うことに注意すること。

また，材料評価損は通常，工事原価として処理するが，原価性がない場合などは特別損失として処理するので，検定試験では問題の指示に従うこと。

設　例　2－8

次の資料により，期末材料の評価に必要な仕訳をしなさい。なお，減耗の２分の１は正常な原因によるため工事原価（未成工事支出金）として処理し，残額は異常な原因によるため営業外費用（棚卸減耗損）で処理する。また，材料の評価損は営業外費用（材料評価損）で処理する。

（資　料）

期末帳簿棚卸高	500kg	（原価）450円/kg
期末実地棚卸高	480kg	（時価）420円/kg

【解答・解答への道】

（未成工事支出金）	4,500	（材　　料）	23,400
（棚 卸 減 耗 損）	4,500		
（材 料 評 価 損）	14,400		

材料の評価は，次の図を用いて，まず，棚卸減耗を計算し，残っている材料の単価をいくら引き下げるかを考え，材料評価損を計算する。

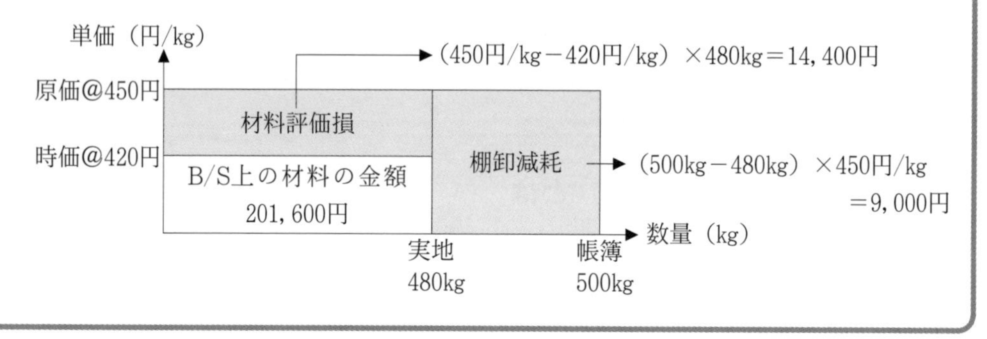

5 仮設材料費の計算

建設物それ自体となる工事消費材料と異なり，足場材などの仮設材料は工事完了時等に工事現場から撤去され，再び他の工事に流用される可能性がある。

この仮設材料消費の計算には，一般的な材料消費の計算とは異なり，建設業特有の考え方がある。

1. 社内損料計算方式

工事を行う前に，仮設材料の使用における損耗（価値の減少）分の各工事負担分を使用日数に対して予定しておき，後日，予定と実際の差異を調整する方法である。

2. すくい出し方式

他の工事消費材料に準じて，工事に使用した時点において，取得原価の全額を当該工事の原価として処理する。また，撤去時において，その仮設材料が資産価値を有する場合には，その評価額を当該工事原価から控除する。

理論的には，社内損料計算方式の方が優れているが，建設業検定試験2級では，すくい出し方式が出題されるため，このテキストでは，すくい出し方式をみていく。

設 例 2-9

次の一連の取引により，必要な仕訳をしなさい。

(1) 仮設材料費の把握についてはすくい出し方式を採用しており，当該工事において150,000円分使用した。

(2) 上記工事において，工事が完了し，倉庫に戻された仮設材料の評価額は70,000円であった。

【解答】

	借方	金額	貸方	金額
(1)	（未成工事支出金）	150,000	（材　　料）	150,000
(2)	（材　　料）	70,000	（未成工事支出金）	70,000

テーマ3　労務費会計

ここでは，工事原価の１つである労務費について，その分類，さらに支払い・消費の記帳方法を学習する。

1　労務費の意義と分類

労務費とは，工事に従事する従業員の労働用役（ようえき）の消費によって発生する原価をいう。

建設業会計における労務費は，一般的な製造業における労務費に比べて，その範囲は限定される。

1. 支払形態による分類

労務費を発生形態別に分類すると次のとおりである。

⑴賃　金

建設活動に直接従事している作業員に対して支払われる給与

⒜基本賃金（基本給）

⒝割増賃金（残業手当，早出手当などの加給金）

⑵給　料

管理職（現場監督，技師，職長など）及び現場事務所の事務員に支払われる給与

⑶雑　給

臨時雇い，パートタイマーなどの作業員，事務員に支払われる給与

⑷従業員賞与手当

従業員に対するボーナス（役員賞与は含まれない）及び家族手当，住宅手当，通勤手当など仕事内容とは直接関係のない手当

⑸退職給付引当金繰入額

従業員が退職したときに支払われる退職給付金の当期負担分

（注）退職給付引当金繰入額は，退職給付費用とすることもある。

⑹法定福利費

社会保険料（健康保険料，雇用保険料，厚生年金保険料など）の事業主負担分

2. 消費形態による分類

建設業でいう労務費は，現場作業員に係るもの，つまり，工事に直接従事した作業員に対する賃金，給料，手当などをいう。そして，労務費として把握されたもののうち，建設工事ごとに直接的に消費額が計算できる労務費を**直接労務費**，建設工事ごとに直接的に消費額が計算できない労務費を**間接労務費**とする。

一般的な製品製造業でいう労務費と建設業でいう労務費の関係を示すと次のとおりであり，建設業では，国土交通省が告示するものを労務費とする。

また，外注先の従業員に対する賃金などは通常，外注費とするが，工種または工程別等の工事の完成を約する契約（下請契約）で，その大部分が労務費であるものにも

とづく支払額は，労務費に含めて処理することができる（**労務外注費**）。

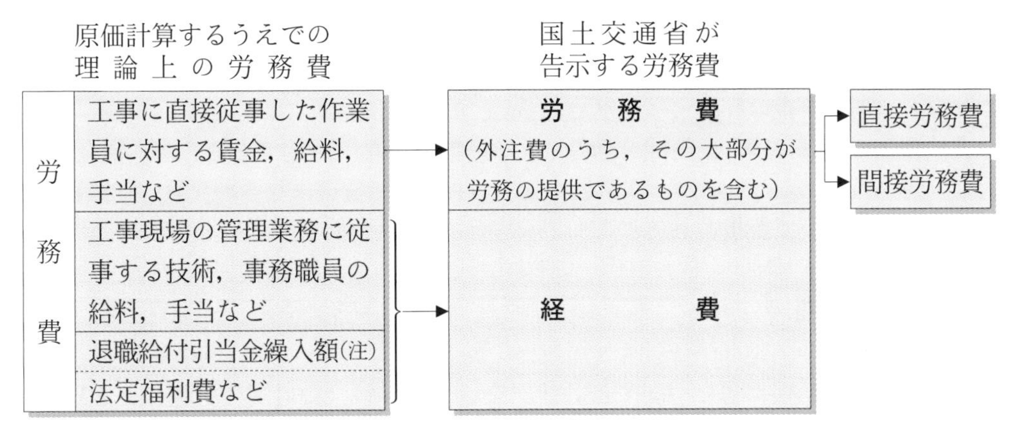

（注）直接作業員など施工部門に係るもの

SUPPLEMENT

労務費の分類

建設業では，本文で説明したほかに次のような分類法も用いられる。

(1)作業機能別分類

①工種別直接賃金

建設工事の基本的作業のために消費される賃金で，仮設工事賃金，とび・土木工事賃金，コンクリート工事賃金，鉄筋工事賃金などがある。

②間接作業賃金

建設工事の補助的作業あるいは間接的作業のために消費される賃金で，修繕作業賃金，運搬作業賃金などがある。

③手待賃金

作業の遊休時間（アイドル・タイム）に対して支払われることになってしまった賃金をいう。

(2)職種別分類

建設業での職種には，職業能力開発促進法における技能検定等の職種分類があり，一般的には，特殊作業賃金，普通作業賃金，軽作業賃金，とび工賃金，鉄筋工賃金，大工賃金，左官賃金などに分類される。

SUPPLEMENT

2 賃金の支払い

作業員の労働に対して支払われる給与を**賃金**といい，この賃金の計算には，支払賃金の計算と，消費賃金の計算とに区別される。

支払賃金の計算は，作業時間を基礎とする時間給制が一般的である。基本賃金に割増賃金・諸手当を加えたものが，作業員に支払われる支払賃金になる。なお，支払賃金は，賃金支払帳を用いて記帳される。

設例 3-1

次の賃金支払帳にもとづいて合計仕訳を示しなさい（費目別仕訳法による）。なお，賃金は現金払いとする。

賃 金 支 払 帳

自令和×年3月21日　至令和×年4月20日　〈時間給の場合〉

（賃率及び金額：円）

番号	氏名	時間		賃率		支払高				控除額			正味支払高	領収印
		定時	定外	定時	定外	基本賃金	割増賃金	諸手当	合計	所得税	健康保険料	合計		
1	東京太郎	189	21	1,000	1,250	189,000	26,250	13,500	228,750	4,600	5,200	9,800	218,950	
2	大阪三郎	180	30	700	875	126,000	26,250	12,800	165,050	3,400	3,000	6,400	158,650	
		3,400	420	―	―	2,930,000	420,000	250,000	3,600,000	200,000	196,000	396,000	3,204,000	

【解答】

借方		貸方	
（賃　　金）	3,600,000	（現　　金）	3,204,000
		（所得税等預り金）	200,000
		（健康保険料預り金）	196,000

3 賃金の消費と記帳

1. 賃金の消費の記帳

消費賃金の記帳は，賃金仕訳帳を用いて，次のように記帳される。

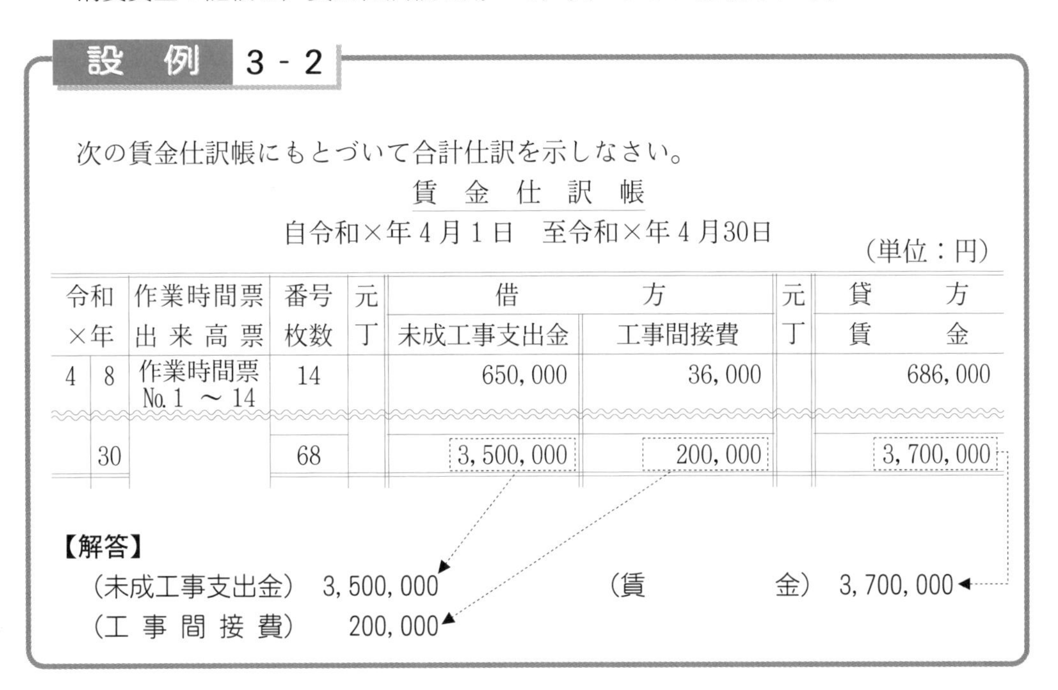

設例 3-2

次の賃金仕訳帳にもとづいて合計仕訳を示しなさい。

賃 金 仕 訳 帳

自令和×年4月1日　至令和×年4月30日

（単位：円）

令和×年		作業時間票 出来高票	番号 枚数	元丁	借方 未成工事支出金	借方 工事間接費	元丁	貸方 賃金
4	8	作業時間票 No.1 ～ 14	14		650,000	36,000		686,000
	30		68		3,500,000	200,000		3,700,000

【解答】

（未成工事支出金）3,500,000　（賃　　金）3,700,000

（工 事 間 接 費）　200,000

2. 給与計算期間と原価計算期間のズレの調整

原価計算期間（工事原価の計算期間）は暦年による１カ月とするのが一般的である。これに対して多くの企業では，**給与計算期間**（支払賃金の計算期間）を暦年による１カ月としていない場合が多いため，支払額をそのまま消費額とはできない。したがって，上記のように「**その原価計算期間の負担に属する要支給額**」（＝**当月消費額**）を計算することになる。図解すると次のようになる。

給与計算期間を３月21日～４月20日,原価計算期間を４月１日～４月30日と仮定する。

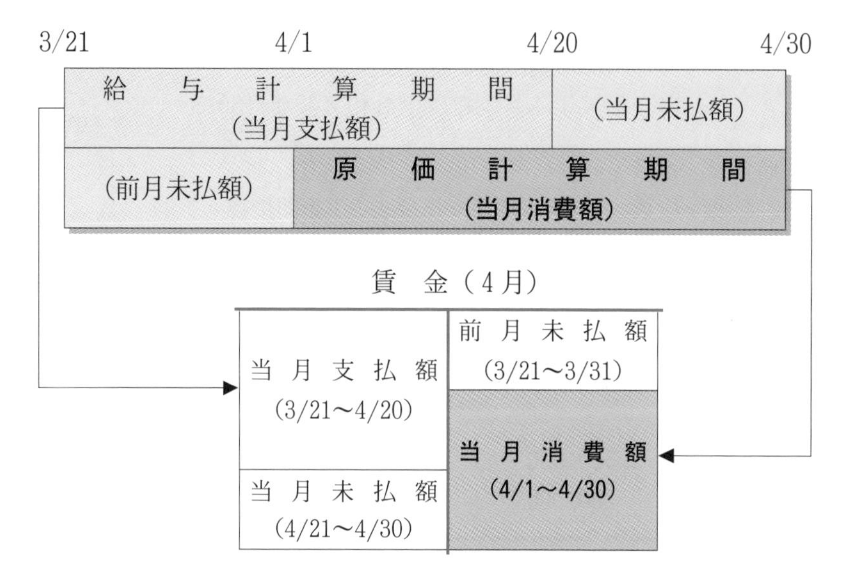

賃金は一般的に後払いであることが多いため，**前月未払額**，**当月未払額**が生じる。

当月消費額 ＝ 当月支払額 － 前月未払額 ＋ 当月未払額

3. 未払賃金の処理

賃金の支払額の計算期間と消費額の計算期間のズレによって，未払賃金（前月賃金未払額と当月賃金未払額）が生じる。この場合，未払賃金の処理方法として，次の２つがある。

⑴賃金勘定と工事未払金勘定で処理する場合

（注）未払賃金は，一般的には未払賃金勘定を用いるが，建設業では，工事未払金勘定を用いることも多い。

⑵賃金勘定のみで処理する場合

設例 3-3

次の資料により，(1)賃金勘定と工事未払金勘定で処理する場合，(2)賃金勘定のみで処理する場合の仕訳，勘定記入を示しなさい。

(資　料)

4/1　前月の賃金未払高（3/21〜3/31）は640,000円であった。
　25　当月の支払賃金（3/21〜4/20）は3,600,000円であり，預り金396,000円を差し引き小切手を振り出して支払った。
　30　当月の賃金消費高（4/1〜4/30）は次のとおりである。
　　A工事　2,280,000円　B工事　1,220,000円　工事間接費　200,000円
　〃　当月の賃金未払高（4/21〜4/30）は740,000円であった。

【解答】

(1)賃金勘定と工事未払金勘定で処理する場合

日付	借方科目	金額	貸方科目	金額
4/1	（工事未払金）	640,000	（賃金）	640,000
25	（賃金）	3,600,000	（当座預金）	3,204,000
			（預り金）	396,000
30	（未成工事支出金）	3,500,000	（賃金）	3,700,000
	（工事間接費）	200,000		
〃	（賃金）	740,000	（工事未払金）	740,000

賃金

日付	摘要	金額	日付	摘要	金額
4/25	諸口	3,600,000	4/1	工事未払金	640,000
30	工事未払金	740,000	30	諸口	3,700,000
		4,340,000			4,340,000

工事未払金

日付	摘要	金額	日付	摘要	金額
4/1	賃金	640,000	4/1	前月繰越	640,000
30	次月繰越	740,000	30	賃金	740,000
		1,380,000			1,380,000
			5/1	前月繰越	740,000

(2)賃金勘定のみで処理する場合

日付	借方科目	金額	貸方科目	金額
4/1	仕訳なし			
25	（賃金）	3,600,000	（当座預金）	3,204,000
			（預り金）	396,000
30	（未成工事支出金）	3,500,000	（賃金）	3,700,000
	（工事間接費）	200,000		
〃	仕訳なし			

賃金

日付	摘要	金額	日付	摘要	金額
4/25	諸口	3,600,000	4/1	前月繰越	640,000
30	次月繰越	740,000	30	諸口	3,700,000
		4,340,000			4,340,000
			5/1	前月繰越	740,000

基本例題 2

次の資料により，必要な仕訳を示すとともに，賃金勘定と工事未払金勘定を記入し締め切りなさい。

（資料）

(1) 前月の賃金未払高は320,000円であり，再振替仕訳を行った。

(2) 当月の支払賃金は次のとおりである。なお，賃金は小切手を振り出して支払った。

賃金総支給額　3,200,000円　　所得税控除額　300,000円

社会保険料控除額　85,000円

(3) 当月の賃金消費額は，次のとおりである。

A工事　1,960,000円　　B工事　1,230,000円　　工事間接費　360,000円

(4) 当月未払額は670,000円であり，賃金の当月未払分を計上した。

賃　　金

諸　　口		工事未払金	
工事未払金		諸　　口	

工事未払金

賃　　金		前月繰越	320,000
次月繰越		賃　　金	
		前月繰越	

4. 現場作業員の消費賃金の計算

(1)実際消費賃率を用いる場合

作業時間ごとに次の算式により計算する。

実際消費額 ＝ 実際賃率 × 実際作業時間

設 例 3-4

当月の現場作業員の作業時間は次のとおりである。賃金消費の仕訳をしなさい。なお，実際賃率は1,000円/時間である。

工事台帳＃101－2,280時間　　＃102－1,220時間　　台帳＃なし－200時間

【解答・解答への道】

(未成工事支出金)＊1	3,500,000	(賃　　金)	3,700,000
(工 事 間 接 費)＊2	200,000		

＊1　1,000円/時間×（2,280時間＋1,220時間）＝3,500,000円
＊2　1,000円/時間×200時間＝200,000円

なお，実際消費額は，次のように原価計算期間と給与計算期間のズレからも計算することができる。

当月消費額 ＝ 当月支払額 － 前月未払額 ＋ 当月未払額

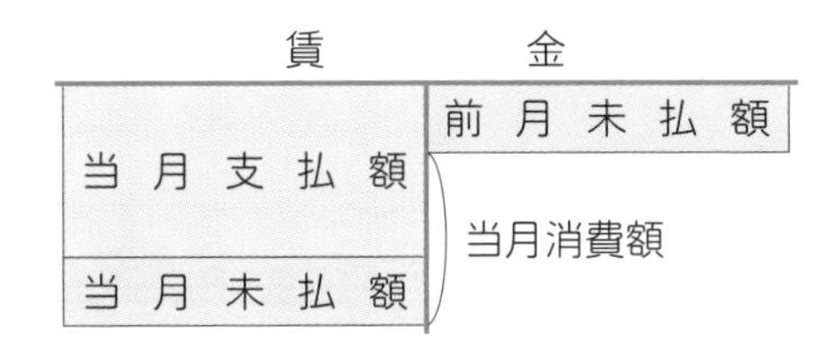

⑵予定消費賃率を用いる場合

消費賃金の計算において，実際賃率にもとづいて計算した場合，次のような問題点がある。

① 実際賃率は，その計算に手間と時間がかかり，労務費の計算が遅れてしまう。
② 賃金等の支払額が季節的に著しく変動する場合，施工時期により全く異なった労務費が計算されてしまう。

そこで，あらかじめ一定期間の賃率を決定（予定）して，この**予定消費賃率**を用いて賃金の消費額を計算する。

予定賃率を用いるメリットは，材料費計算における予定単価と同様に，主として工事原価を計算するうえで，その計算の迅速性，記帳の簡便性があることである。

予定消費賃率を用いるときは，予定消費額と実際消費額との差額として**賃率差異**（ちんりつさい）が把握される。

賃率差異 ＝ 予定消費賃金 － 実際消費賃金
＝（予定消費賃率 － 実際消費賃率）× 実際作業時間

予定消費額 ＝ 予定賃率 × 実際作業時間

設 例 3 - 5

当月の現場作業員の作業時間は次のとおりである。賃金消費の仕訳をしなさい。なお，予定賃率は950円/時間である。

工事台帳＃101－2,280時間　　＃102－1,220時間　　台帳＃なし－200時間

【解答・解答への道】

(未成工事支出金)＊1	3,325,000	(賃　　金)	3,515,000
(工 事 間 接 費)＊2	190,000		

＊1　@950円×（2,280時間＋1,220時間）＝3,325,000円
＊2　@950円×200時間＝190,000円

賃率差異は，借方に計上される場合と貸方に計上される場合がある。

①借方に計上される場合

予定消費額より実際消費額が多い場合，予定よりも多くの賃金消費額がかかったことになることから，この差異を不利差異，または借方差異という。

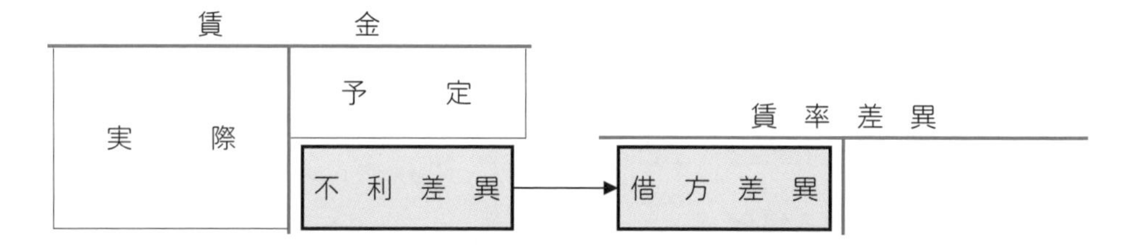

②貸方に計上される場合

予定消費額より実際消費額が少ない場合，予定よりも少ない賃金消費額ですんだことになることから，この差異を有利差異，または貸方差異という。

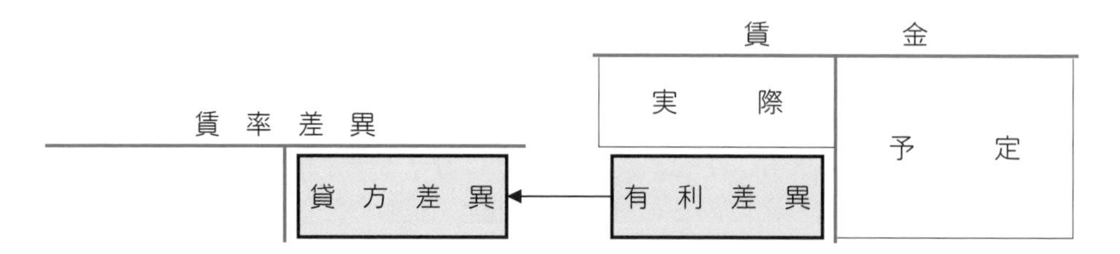

なお，賃率差異は，原則として，会計年度末に完成工事原価に加減算する（完成工事原価に賦課する)。

設 例 3-6

次の取引の仕訳を行い，賃金勘定と賃率差異勘定に転記しなさい。

⑴ 前月21日から当月20日までの賃金支給総額3,600,000円から所得税200,000円と社会保険料196,000円を差し引き，残額を現金で支払った。

⑵ 当月の現場作業員の作業時間は3,700時間であり，予定賃率は@950円である。
　工事台帳＃101－2,280時間　＃102－1,220時間　台帳＃なし－200時間

⑶ 当月の現場作業員に対する未払賃金は740,000円である。よって，予定消費賃金と実際消費賃金の差額を賃率差異に振り替えた。

なお，賃金勘定の前月繰越は640,000円であり，賃率差異の前月繰越は100,000円（貸方）であった。

【解答・解答への道】

	借方科目	金額	貸方科目	金額
⑴	（賃　金）	3,600,000	（現　金）	3,204,000
			（所得税預り金）	200,000
			（社会保険料預り金）	196,000
⑵	（未成工事支出金）＊1	3,325,000	（賃　金）	3,515,000
	（工事間接費）＊2	190,000		
⑶	（賃率差異）＊3	185,000	（賃　金）	185,000

賃　金

摘要	金額	摘要	金額
諸　口	3,600,000	前月繰越	640,000
次月繰越	740,000	諸　口	3,515,000
		賃率差異	185,000
	4,340,000		4,340,000
		前月繰越	740,000

賃率差異

摘要	金額	摘要	金額
賃　金	185,000	前月繰越	100,000
		次月繰越	85,000
	185,000		185,000
前月繰越	85,000		

＊1　@950円×（2,280時間＋1,220時間）＝3,325,000円
＊2　@950円×200時間＝190,000円
＊3　3,515,000円－（3,600,000円－640,000円＋740,000円）＝△185,000円

基本例題 3

次の資料により，必要な仕訳を行うとともに，賃金勘定と賃率差異勘定を記入し締め切りなさい。なお，仕訳にあたっては費目別仕訳法によること。

（資料）

⑴　前月の賃金未払高は250,000円であり，再振替仕訳を行った。

⑵　当月の現場作業員の作業時間は2,650時間であり，予定賃率は@1,000円である。

　A工事　1,450時間　B工事　1,100時間　工事間接費　100時間

⑶　当月の賃金支給総額2,500,000円から源泉所得税180,000円と社会保険料56,000円を差し引き，残額は小切手を振り出して支払った。

⑷　当月未払額は380,000円であり，賃金の当月未払分を計上した。

⑸　予定消費賃金と実際消費賃金の差額を賃率差異勘定に振り替えた。

賃　金

諸　口		工事未払金	
工事未払金		諸　口	
賃率差異			

賃率差異

前月繰越	85,000	賃　金	
		次月繰越	
前月繰越			

MEMO

テーマ 4　外注費会計と経費会計

ここでは，工事原価の１つである外注費と経費について，それぞれ，その分類や消費額の計算，さらに記帳方法を学習する。

1　外注費会計

1. 外注費とは

(1)外注費の意義

外注費とは，工種別・工程別などの工事について，素材・半製品・製品などを作業とともに提供し，これを完成することを約する契約（いわゆる下請契約）にもとづく支払額をいう（ただし，労務費に含めたものを除く）。

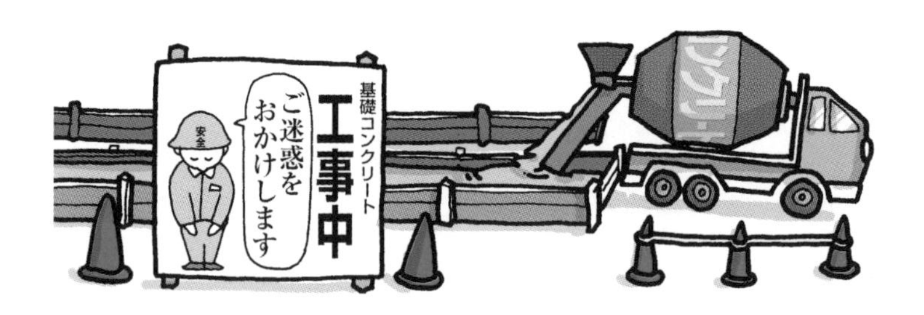

(2)外注費を分離する理由

建設業において，ビルの建築を請け負った場合，自社で施工しないで，電気工事，ガスの配管工事などを外部の業者に委託する場合がある。この外部業者に対して委託した工事にかかった原価を外注費として処理する。

一般的な製品製造業においては，この外注費は経費（直接経費）として処理されるが，建設業においては，工事全体に占める比率が非常に高いため，原価管理上，経費から分離して，外注費として処理する必要がある。

外注費として処理することがふさわしい工種には，比較的多額の材料を負担するコンクリート工事，鉄筋工事，さらに建設機械を多用する機械下請業者の工事，電気・空調衛生等の設備関連工事などがある。

なお，この外注費のうち，大部分が労務費（人件費）であるものについては，外注費とせずに，労務費として処理することもできる（労務外注費）。

2. 消費額の計算

⑴出来高に応じて処理する場合

外注費は，基本契約（または注文書）によって確認されるが，契約により下請業者から提出される「工事金請求書」を確認し，外注工事の進行（出来高）に応じて，**外注費**（または未成工事支出金）**勘定**で処理する。

設　例　4－1

次の取引の仕訳をしなさい。

本日，下請業者から提出された工事金請求書により工事の進行状況が40%であるとの報告を受けた。この業者との下請契約は，5,000,000円である。

【解答・解答への道】

(外　　注　　費)*	2,000,000	(工 事 未 払 金)	2,000,000

*5,000,000円×40%＝2,000,000円

⑵工事代金の一部を前払いする場合

建設業では，工事費用が多額であるなどの理由により，工事費の一部を前払いする慣例がある。このような場合は，その支払額は**工事費前渡金勘定**（前渡金勘定）で処理する。

工事の進行（出来高）に応じて外注費を計上するに際して，工事費前渡金があるときは，これと相殺し，残額は工事未払金勘定で処理する。

設 例 4-2

次の取引の仕訳をしなさい。

(1) 下請業者とコンクリート工事の契約を結び，契約代金5,000,000円のうち1,500,000円を小切手を振り出して支払った。

(2) 本日，下請工事の進行状況が出来高調書により40%であることが判明した。なお，契約代金は5,000,000円であり，このうち1,500,000円は前渡ししてある。

【解答・解答への道】

	借方	金額	貸方	金額
(1)	(工事費前渡金)	1,500,000	(当座預金)	1,500,000
(2)	(外注費)＊1	2,000,000	(工事費前渡金)	1,500,000
			(工事未払金)＊2	500,000

＊1 5,000,000円×40%＝2,000,000円

＊2 2,000,000円－1,500,000円＝500,000円

(注)「工事費前渡金」は財務諸表（建設業法）上，「未成工事支出金」に含めて表示するので注意すること。

SUPPLEMENT

労務外注費について

労務外注費は，発生形態からすれば外注費であるが，実質的に工事現場での労務（作業）とほぼ同様の内容をもつものである場合が多く，これを外注費から除外し，労務費として記載することができる。その際，完成工事原価報告書にその金額を内書きとして表示しなければならない。

SUPPLEMENT

2 経費会計

1. 経費の意義と分類

経費とは，工事について発生した材料費，労務費，外注費以外の原価要素をいい，設計費，機械使用料，現場の技術者・監督者および事務職員の給料，水道光熱費，旅費交通費などのいろいろなものが雑多に含まれることになる。

材料費，労務費，外注費はそのほとんどが工事直接費となるが，経費は，工事間接費となるものが大部分である。

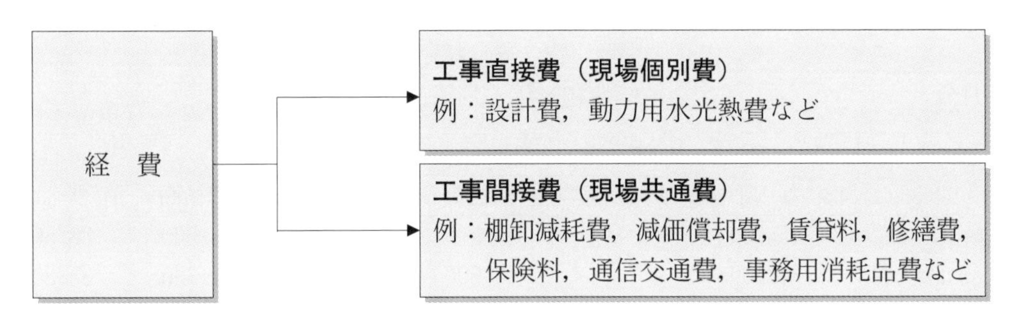

（注）動力用水光熱費は，工種によっては工事間接費として処理することもある。

なお，経費のうち，従業員給料手当，退職給付引当金繰入額，法定福利費および福利厚生費の合計額は，人件費として完成工事原価報告書（テーマ7）において表示することになる。

2. 消費額の計算

経費の消費額の計算方法は，支払経費，月割経費，測定経費，発生経費などの区分によって次のようになる。

⑴支払経費（毎月の支払額を計算の基礎とする経費）

支払経費とは，実際の支払額または要支払額にもとづいて消費額の計算をする経費であり，厚生費，設計費，雑費などがこれに属する。会計係は，毎月の支払高にもとづいて**経費支払票**を作成する。支払額に前払分や未払分があるときは，これらを加減しなければならない。

①前払いとなる場合

経費の支払計算期間が原価計算期間に対して前払いとなっているときは，前月前払額に当月支払額を加算し，これから当月前払額を差し引いた額が，当月消費額となる。

経　費

借方	貸方
前月前払額	当月消費額
当月支払額	
	当月前払額

②未払いとなる場合

経費の支払計算期間が原価計算期間に対して未払いとなっているときは，当月支払額から前月未払額を差し引いて，これに当月未払額を加算した額が当月消費額となる。

経　　費

借方	貸方
当月支払額	前月未払額
	当月消費額
当月未払額	

なお，会計係は，毎月の支払高にもとづいて次のような経費支払票を作成する。

経費支払票

4月分　　　令和×年4月30日

（単位：円）

費目	当月支払高	前月		当月		当月消費高
		(－)未払高	(＋)前払高	(＋)未払高	(－)前払高	
厚生費	45,000				6,500	38,500
設計費	34,000		3,600		1,800	35,800
保管料	68,000	6,000		8,000		70,000
機械使用料	296,000	21,000	15,000	13,000	18,000	285,000
	443,000	27,000	18,600	21,000	26,300	429,300

支払経費については，支払伝票または支払請求書に記載された現金支払額または支払請求額を，そのままの原価計算期間の費用とする考え方もある。

基本例題 4

次の資料により，各経費の(1)〜(5)の金額を求めなさい。

（資料）

（単位：円）

費目	当月支払額	前月		当月		当月消費額
		未払高	前払高	未払高	前払高	
修繕費	21,600	——	1,800	——	2,300	(1)
設計費	72,000	4,800	——	5,400	——	(2)
消耗品費	65,000	5,300	——	——	(3)	50,800
機械使用料	(4)	7,500	15,000	12,000	——	84,200
福利厚生費	78,000	(5)	4,800	4,500	7,900	73,300

⑵月割経費（月割額を計算の基礎とする経費）

月割経費とは，数カ月分が一括して計算され，または支払われた経費について，これを各月（各原価計算期間）に割り当て，その月の消費額とする経費であり，減価償却費や保険料などがこれに属する。会計係は，会計期間の初めに，一会計期間の総額にもとづいて次のような**経費月割票**を作成し，各月の月割額を計算する。

経　費　月　割　票

令和×年度上半期　　令和×年9月30日

（単位：円）

費　　目	金　額	月　割　高					
		4月	5月	6月	7月	8月	9月
(車両)減価償却費	480,000	80,000	80,000	80,000	80,000	80,000	80,000
(機械)減価償却費	1,140,000	190,000	190,000	190,000	190,000	190,000	190,000
棚卸減耗費	39,000	6,500	6,500	6,500	6,500	6,500	6,500
保　険　料	168,000	28,000	28,000	28,000	28,000	28,000	28,000

なお，棚卸減耗費については，年間発生額を見積り，これを月割計算して各月の費用発生額を計上した場合の例示である。

⑶測定経費（測定高を計算の基礎とする経費）

測定経費とは，電力料，ガス料，水道料などであって，その月の消費額が測定票にもとづいて計算される経費である。

当月消費額 ＝ 単価 × 当月消費量（当月指針 － 前月指針）

会計係は，毎月，各担当（水道光熱費関係の担当係員など）から測定票などの資料を受け取り，これにもとづいて次のような**経費測定票**を作成する。

経　費　測　定　票

4月分　　令和×年4月30日

費　目	前月指針	当月指針	当月消費量	単　価	金　額
電　力　料	15,000kwh	37,500kwh	22,500kwh	14円	315,000円
ガ　ス　代	2,600㎥	5,800㎥	3,200㎥	10円	32,000円
					347,000円

⑷発生経費（実査により計算される経費）

発生経費とは，実際発生額をもってその月（原価計算期間）の消費額（負担額）とする経費であり，棚卸減耗費などがこれに属する。しかし，棚卸減耗費などは，月々の実際発生額をもってその月の費用として計上する方法よりも，年間の発生額を見積り，これを月割計算して，各月の費用発生額を計上する方法が，より理論的であるとする考え方が一般的である（⑵月割経費参照）。

なお，棚卸減耗費の実際発生額は，**棚卸差額報告書**により把握される。

「1.経費の意義と分類」，「2.消費額の計算」において示した分類および区分は，その支払方法や処理方法によって異なってくる相対的な分類・区分であり，その費目によって定められた絶対的なものではないことに注意してほしい。

ここが
POINT!

経費の当月消費額は，次のいずれかの方法により計算される。

⑴支払経費 = 当月支払額 − 前月未払額 + 当月未払額
　　　　　 = 当月支払額 + 前月前払額 − 当月前払額
⑵月割経費 = 当月月割額（ = 支払総額 ÷ 支払月数）
⑶測定経費 = 当月測定額（ = 単価 × 当月消費量）
⑷発生経費 = 当月発生額

3. 経費の記帳

(1)経費仕訳帳の記帳

会計係は，月末に経費支払票，経費月割票および経費測定票を分類，集計して**経費仕訳帳**に記入する。このとき，工事直接経費は未成工事支出金欄に，工事間接費は工事間接費欄に記入する。

経 費 仕 訳 帳

(単位：円)

令和×年		摘 要	費 目	借 方			貸 方
				未成工事支出金	工事間接費	販売費及び一般管理費	金 額
×	×	月 割 経 費	減価償却費		×××	×××	×××
	×	測 定 経 費	動力用水費		×××		×××
	×	支 払 経 費	設 計 費	×××			×××
	×	〃	修 繕 費	×××	×××		×××
				×××	×××	×××	×××

(2)勘定記入

経費仕訳帳は，月末に締め切り，総勘定元帳に直接に転記するか，または普通仕訳帳に合計仕訳を行って転記することになる。このとき，勘定体系の相違により以下の2つがある。

①経費勘定を設けない場合

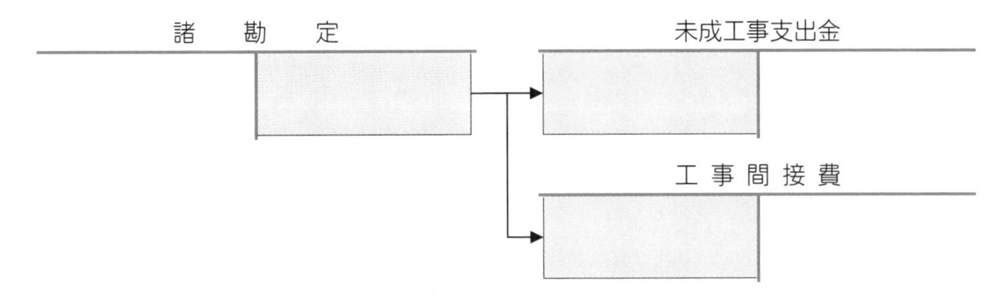

②経費勘定を設ける場合

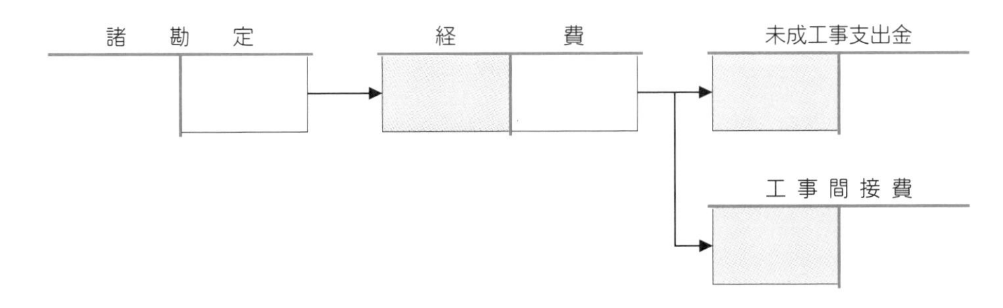

設例 4-3

次に示す経費仕訳帳にもとづいて，月末に行われる合計仕訳を⑴経費勘定を設けない場合と⑵経費勘定を設ける場合で示しなさい。

経費仕訳帳

(単位：円)

令和×年		摘要	費目	借方			貸方
				未成工事支出金	工事間接費	販売費及び一般管理費	金額
4	30	月割経費	減価償却費		3,750	1,250	5,000
	〃	測定経費	動力用水費		12,500		12,500
	〃	支払経費	設計費	45,000			45,000
	〃	〃	修繕費	12,500	37,500		50,000
				57,500	53,750	1,250	112,500

【解答】

⑴ **経費勘定を設けない場合**

(未成工事支出金)	57,500	(減価償却費)	5,000
(工事間接費)	53,750	(動力用水費)	12,500
(販売費及び一般管理費)	1,250	(設計費)	45,000
		(修繕費)	50,000

⑵ **経費勘定を設ける場合**

(経費)	112,500	(減価償却費)	5,000
		(動力用水費)	12,500
		(設計費)	45,000
		(修繕費)	50,000
(未成工事支出金)	57,500	(経費)	112,500
(工事間接費)	53,750		
(販売費及び一般管理費)	1,250		

基本例題 5

次の資料により，経費仕訳帳を完成しなさい。なお，当社は1年決算である。

（資料）

減価償却費	年間償却費	60,000円	動力用水光熱費	当月支払高	10,000円
				当月測定高	12,500
設 計 費	前月未払高	25,000円	修 繕 費	前月未払高	50,000円
	当月支払高	50,000		当月支払高	125,000
	当月未払高	20,000		当月前払高	25,000

経 費 仕 訳 帳

（単位：円）

令和×年		摘 要	費 目	借 方			貸 方
				未成工事支出金	工事間接費	販売費及び一般管理費	金 額
4	30	月割経費	減価償却費		（ ）	1,250	（ ）
	〃	測定経費	動力用水光熱費		（ ）		（ ）
	〃	支払経費	設 計 費	（ ）			（ ）
	〃	〃	修 繕 費	12,500	（ ）		（ ）
				（ ）	（ ）	1,250	112,500

テーマ5　工事間接費の計算

ここでは，各工事に共通的に発生する工事間接費について，その内容と工事現場ごとの原価の配賦の方法を学習する。

1 工事間接費とは

工事間接費とは，材料費・労務費・外注費・経費のうち，工事別に原価を直接的に把握できないものをいう。工事直接費は各工事に直接的に原価を賦課することができるが，工事間接費は各工事ごとに原価をとらえることが不可能なので，**工事間接費勘定に集計**したうえで，あらためて一定の基準により各工事ごとに配賦する必要がある。

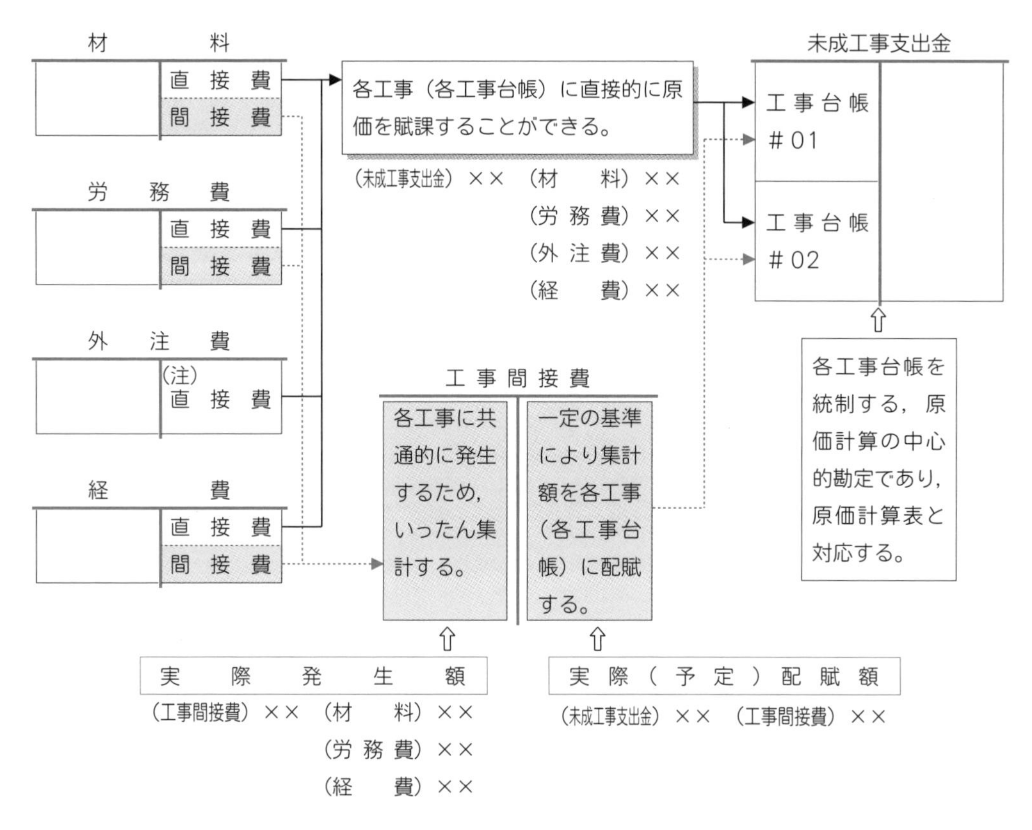

（注）外注費は，厳密には間接費となるものもあるが，ごくまれであるので，このテキストではすべて直接費としている。

2 工事間接費の実際配賦

工事間接費は，工事ごとに個別に集計できない原価であるが，工事を完成させるために発生した原価なので，工事原価に加算する必要がある。

そのため，一定の配賦基準を設定し，これによって各工事に配賦することになる。

1. 配賦基準の選択

⑴価額基準

① 直接材料費基準
② 直接賃金基準（直接労務費基準）
③ 直接原価基準
④ 直接材料費＋直接労務費基準（素価基準）
⑤ 直接労務費＋外注費基準

⑵時間基準

① 直接作業時間基準
② 機械運転時間基準
③ 車両運転時間基準

⑶数量基準

材料や製品の個数，重量，長さなどの数値を基準とする方法

⑷売価基準

工事請負額（完成工事高）を基準とする方法

2. 実際配賦額の計算

配賦額の計算には実際配賦による場合と，予定配賦による場合とがあるが，まず，実際に発生した工事間接費を各工事に配賦する実際配賦による場合を説明する。

$$\text{実際配賦率} = \frac{\text{一定期間の工事間接費実際発生額}}{\text{同上期間の実際配賦基準数値の総計}}$$

各工事の工事間接費実際配賦額 ＝ 実際配賦率 × 各工事の実際配賦基準数値

なお，工事間接費の配賦については，その発生原因が工事にどのように関係しているかで配賦基準を選択する必要があるが，検定試験では，問題文に指示がある。

設　例　5－1

次の資料により，当月の工事間接費の実際発生額を，(1)直接材料費基準，(2)直接原価基準，(3)直接作業時間基準の各配賦基準により各工事への実際配賦額を求め，(3)については，実際配賦の仕訳も示しなさい。

（資　料）

1　当月の直接材料費合計　1,000,000円
　（うちA工事　200,000円　　B工事　300,000円　　C工事　500,000円）
　上記直接材料費以外の当月直接費合計　2,000,000円
　（うちA工事　400,000円　　B工事　700,000円　　C工事　900,000円）

2　当月の直接作業時間合計　300時間
　（うちA工事　40時間　　B工事　80時間　　C工事　180時間）

3　当月の工事間接費実際発生額　600,000円

【解答・解答への道】

(1)　直接材料費基準

①実際配賦率：$\dfrac{\text{工事間接費実際発生額 600,000円}}{\text{直接材料費合計 1,000,000円}}=0.6$

②各工事への実際配賦額

A工事：200,000円×0.6＝120,000円
B工事：300,000円×0.6＝180,000円
C工事：500,000円×0.6＝300,000円

(2)　直接原価基準

①実際配賦率：$\dfrac{\text{工事間接費実際発生額 600,000円}}{\text{直接費合計 1,000,000円}+\text{2,000,000円}}=0.2$

②各工事への実際配賦額

A工事：(200,000円＋400,000円)×0.2＝120,000円
B工事：(300,000円＋700,000円)×0.2＝200,000円
C工事：(500,000円＋900,000円)×0.2＝280,000円

(3)　直接作業時間基準

①実際配賦率：$\dfrac{\text{工事間接費実際発生額 600,000円}}{\text{直接作業時間合計 300時間}}=@2,000円$

②各工事への実際配賦額

A工事：@2,000円×　40時間＝　80,000円
B工事：@2,000円×　80時間＝160,000円
C工事：@2,000円×180時間＝360,000円
　　　　　　　　　　　　　600,000円

③実際配賦の仕訳

借方	金額	貸方	金額
（未成工事支出金）	600,000	（工　事　間　接　費）	600,000

基本例題 6

次の資料により，⑴当月の工事間接費の実際配賦率，⑵当月の各工事への工事間接費の実際配賦額および⑶実際配賦の仕訳を示しなさい。なお，配賦基準は，機械運転時間を用いている。

（資料）

1　当月の工事間接費の実際発生額　1,500,000円

2　当月の機械運転時間　1,000時間

　（うちＡ工事　350時間　　Ｂ工事　550時間　　Ｃ工事　100時間）

3　工事間接費の予定配賦

1. 予定配賦額の計算

工事間接費を実際額をもって配賦計算することは，工事原価計算が遅延し，さらに工事原価が変動するという問題点がある。

実際配賦の短所	予定（正常）配賦の長所
計算の遅延 ⇨ 実際発生額は月末以降にならないと総額は確定しない。よって，月中に完成し引き渡された工事物の工事原価が月末にならないと計算できない。	計算の迅速化 期首に予定配賦率を計算しておくことにより，各工事の実際配賦基準数値を掛けて，完成・引き渡しと同時に工事原価が計算できる。
単価の変動 ⇨ 固定費は工事件数にかかわらず一定であり，同一工事でも繁忙期は工事数が多いため各工事に負担させる配賦額は少額となり，逆に閑散期には工事数が少ないため各工事に負担させる配賦額は多額となってしまうことになる。	単価の安定化 予定配賦率に実際配賦基準数値を掛けることで，季節的変動に関係なく，同規模の工事には同程度の間接費を配賦するよう配慮される。

そこで，これらの問題点を改善するために，工事間接費の予定配賦が行われるが，その計算方法は次のとおりである。

$$予定配賦率 = \frac{一定期間の工事間接費予定額}{同上期間の予定配賦基準数値（基準操業度）}$$

各工事の工事間接費予定配賦額 ＝ 予定配賦率 × 各工事の実際配賦基準数値（実際操業度）

2. 配賦差異の処理

工事間接費を予定配賦した場合，予定配賦額と実際発生額が偶然一致した場合を除き差額が生じる。この差額が**工事間接費配賦差異**である。

ここに，工事間接費の予定配賦と差異について，勘定の流れを示しておく。

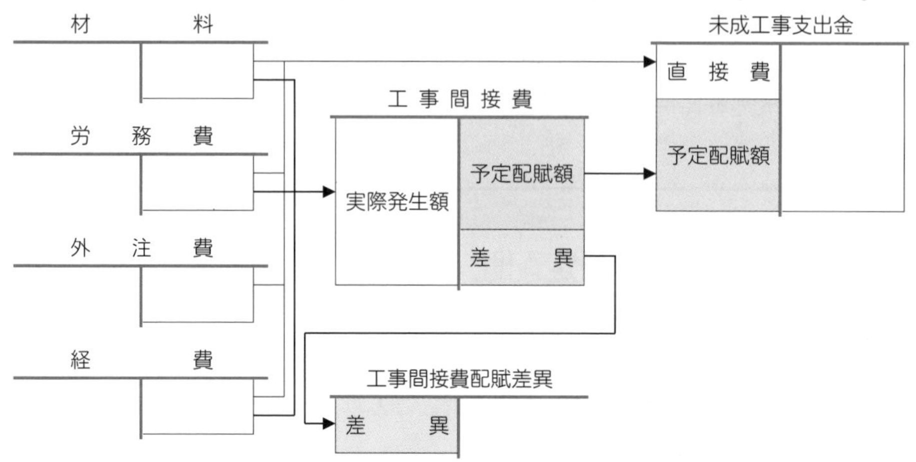

工事間接費について予定配賦を行う場合の計算手続きは次のとおりである。

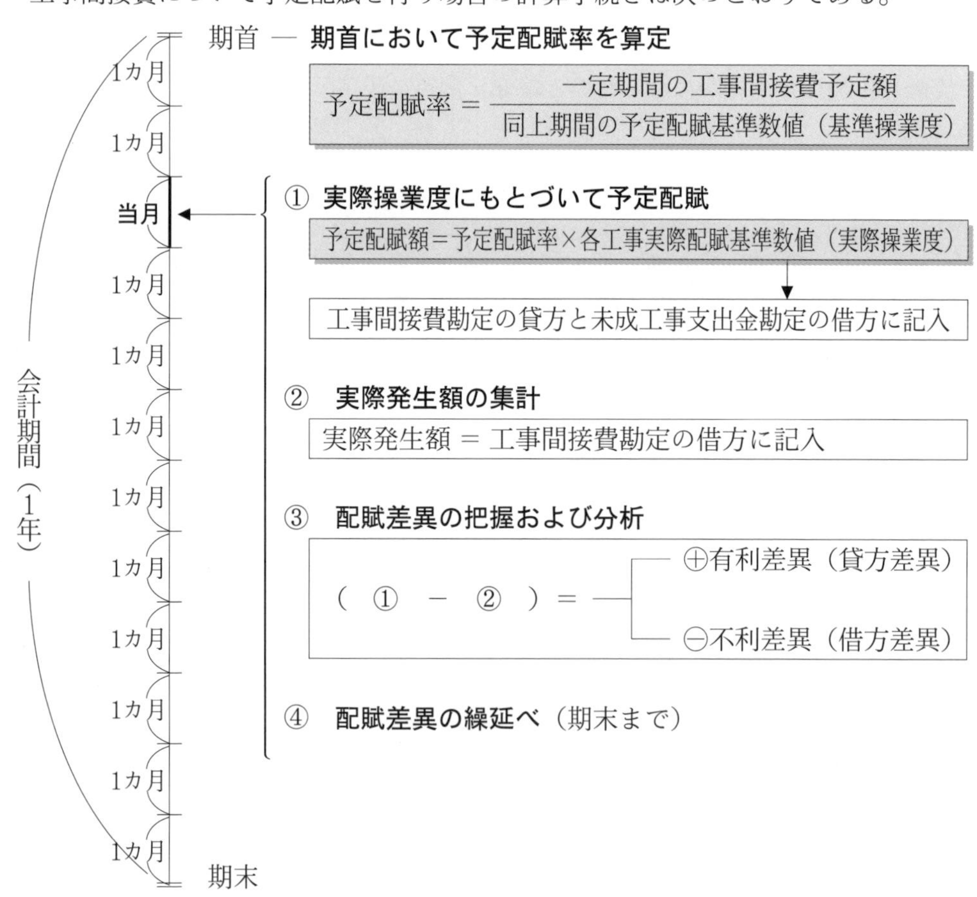

設　例　5-2

次の資料により，⑴予定配賦率，⑵当月の予定配賦額およびその仕訳，⑶工事間接費配賦差異の計上およびその仕訳をしなさい。なお，差異については，借方差異または貸方差異を明示すること。また，配賦基準は，直接作業時間を採用している。

（資　料）

1　年間の予定直接作業時間（基準操業度）　2,400時間
2　年間の工事間接費予算額　1,800,000円
3　当月の各工事の実際直接作業時間は次のとおりである。
　No.500工事　140時間　　No.501工事　60時間
4　当月の工事間接費実際発生額は170,000円であった。

【解答・解答への道】

⑴　**予定配賦率**

$$\frac{\text{年間の工事間接費予算額　1,800,000円}}{\text{年間の直接作業時間　2,400時間}}=\text{750円/時間}$$

⑵　**当月の予定配賦額およびその仕訳**

①予定配賦額

750円/時間×（140時間＋60時間）＝150,000円
（140時間：No.500、60時間：No.501）

②仕訳

（未成工事支出金）	150,000	（工　事　間　接　費）	150,000

⑶　**工事間接費配賦差異の計上およびその仕訳**

①差異の計上

150,000円－170,000円＝△20,000円（借方差異）
（150,000円：予定配賦額、170,000円：実際発生額）

②仕訳

（工事間接費配賦差異）	20,000	（工　事　間　接　費）	20,000

（参考）

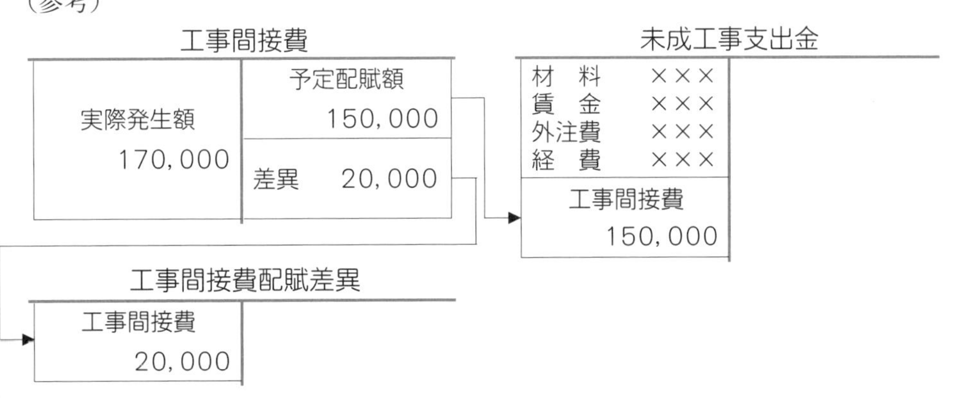

基本例題 7

次の資料により，A建設㈱における工事間接費についての各設問に答えなさい。なお，工事間接費の配賦は，直接作業時間を基準に行う。
（資料）
1　今年度の工事間接費予算額　8,400,000円
2　今年度の予定直接作業時間　6,000時間
3　当月の各工事における実際直接作業時間は，次のとおりである。
　No.801工事　153時間　　No.802工事　162時間　　No.803工事　155時間
4　当月の工事間接費実際発生額　660,000円

〔設問1〕今年度の工事間接費予定配賦率を求めなさい。
〔設問2〕当月の各工事に対する工事間接費予定配賦額を計算し，仕訳を行いなさい。
〔設問3〕当月の工事間接費配賦差異を計算し，仕訳を行いなさい。なお，差異については，借方差異または貸方差異を明示すること。

建設業検定試験では，従業員給料手当等の人件費を工事間接費として出題することもある。

設例 5-3

現場監督者に対する従業員給料手当等の人件費（工事間接費）に関する次の資料により，⑴予定配賦率，⑵当月のNo.601工事への予定配賦額，⑶当月の人件費に関する配賦差異を計算しなさい。なお，配賦基準は現場管理延予定作業時間を採用している。
（資　料）
1　年間の現場管理延予定作業時間　2,040時間
2　年間の人件費予算額
　①従業員給料手当　　　　　1,521,000円
　②法定福利費及び福利厚生費　274,200円
3　当月の各工事別現場管理実際作業時間
　No.601　45時間　　その他工事　125時間
4　当月の人件費実際発生額　164,600円

【解答・解答への道】
⑴　**予定配賦率**

$$\frac{\text{年間の人件費予算額}\quad 1,521,000\text{円}+274,200\text{円}}{\text{年間の現場管理延予定作業時間}\quad 2,040\text{時間}}=880\text{円/時間}$$

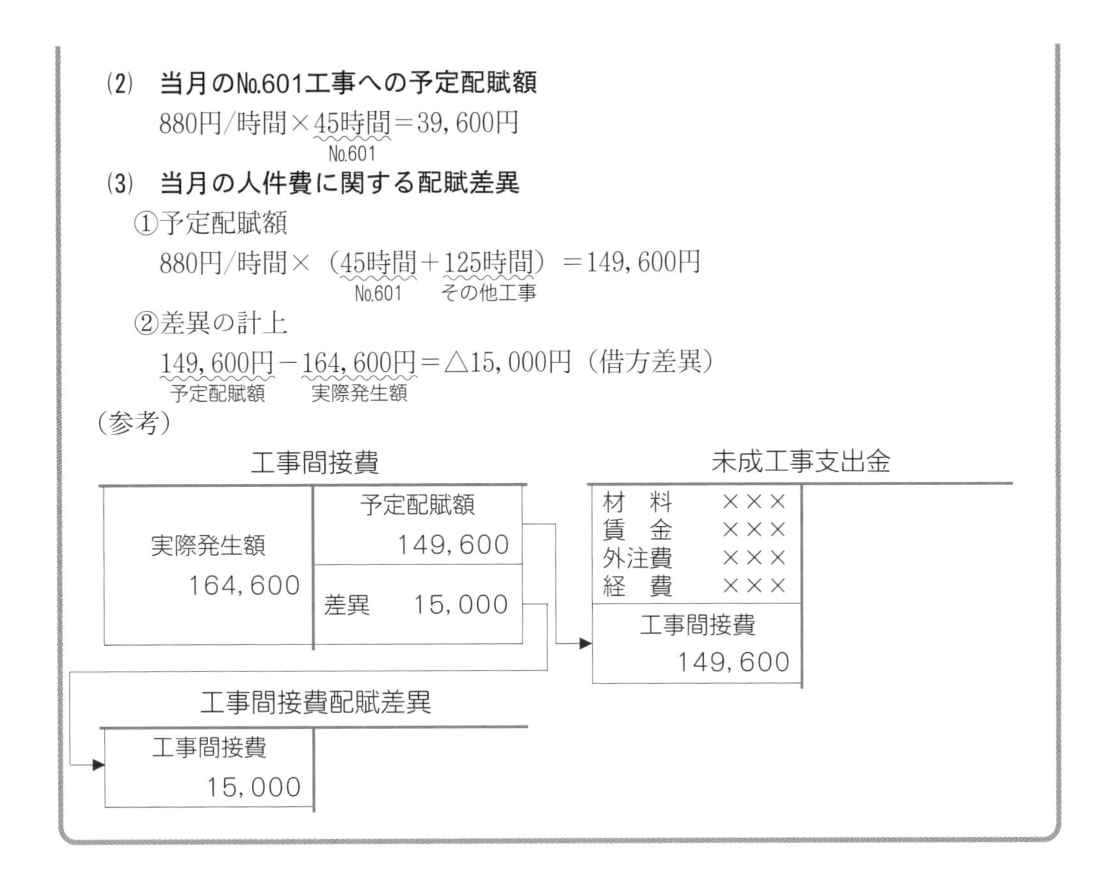

(2)　当月のNo.601工事への予定配賦額

880円/時間×45時間（No.601）＝39,600円

(3)　当月の人件費に関する配賦差異

①予定配賦額

880円/時間×（45時間（No.601）＋125時間（その他工事））＝149,600円

②差異の計上

149,600円（予定配賦額）－164,600円（実際発生額）＝△15,000円（借方差異）

（参考）

3. 基準操業度の選択

工事間接費の予定配賦率を算定するためには，一定期間（通常は１年間）における**基準操業度**を決定しなければならない。

ここにいう基準操業度とは，予算の算定上，設定されるべき生産設備などの稼働割合であり，以下のようなものがある。

(1)実現可能最大操業度

企業が有する能力（キャパシティ）を，正常な状態のもとで最大限に発揮したときに期待される操業度をいう。これは遊休経営能力を排除することができるため，機械等の損料などの損料計算に適しているといえる。

(2)長期正常操業度（平均操業度）

この方法は景気の一循環期間にわたる生産品に，その期間のキャパシティ・コストを負担させようとするものであり，季節的および景気の変動による生産量への影響を，長期的に平均した操業水準をいう。

(3)次期予定操業度（予定操業度）

次期において，現実に予想される操業度であり，単年度のキャパシティ・コストをその期間の生産品に全額負担させてしまおうという方法である。

よって，この方法は長期保有資産のキャパシティ・コストの配賦には適当な操業度とはいえない。

設　例　5－4

A建設機械は，各工事現場で共通に使用されており，各工事原価への配賦は，機械運転時間を配賦基準とする予定配賦法を採用している。次の資料により，基準操業度として，(1)実現可能最大操業度，(2)長期正常操業度（3年分），(3)次期予定操業度を選択した場合の予定配賦率を求めなさい。

（資　料）

1　年間のA建設機械の予算　4,760,000円

2　機械の最大利用可能時間　年間4,000時間

3　各年度の予定稼働時間

　1年目（次期）　3,200時間　　2年目　3,300時間　　3年目　3,700時間

【解答・解答への道】

(1)　実現可能最大操業度

$$\frac{4,760,000円}{4,000時間}=1,190円/時間$$

(2)　長期正常操業度（平均操業度）

$$\frac{4,760,000円}{(3,200時間+3,300時間+3,700時間)\div 3}=1,400円/時間$$

(3)　次期予定操業度

$$\frac{4,760,000円}{3,200時間}=1,487.5円/時間$$

基本例題 8

次の資料により，基準操業度として(1)実現可能最大操業度，(2)長期正常操業度（3年分），(3)次期予定操業度を選択した場合の予定配賦率を求めなさい。

（資料）

1　年間のP建設機械の予算　6,299,700円

2　機械の最大利用可能時間　年間3,000時間

3　各年度の予定稼働時間

　1年目（次期）　2,500時間　　2年目　2,100時間　　3年目　2,300時間

SUPPLEMENT

工事間接費予算の設定方法

工事間接費予算の設定方法には，以下の３つがある。

1. 固定予算

基準操業度における工事間接費発生額を計画した後は，実際操業度がいかなる水準になろうとも，最初に設定した工事間接費予算額を予算許容額として使用する方法をいう。

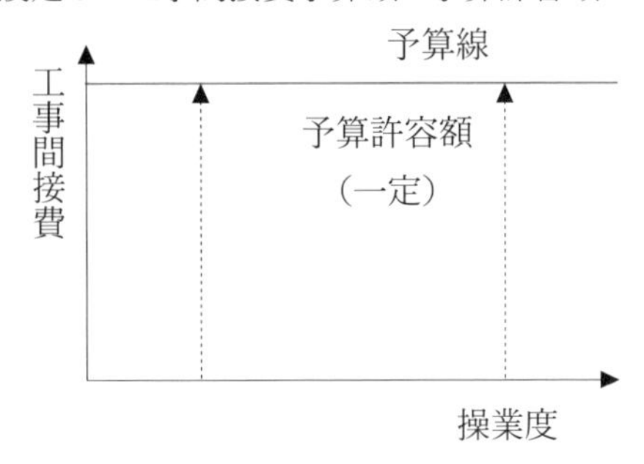

（注）予算許容額とは，ある操業度（実際操業度）における工事間接費の発生予算額をいう（以下，同じ）。

2. 公式法変動予算

工事間接費の各費目を変動費部分と固定費部分とに分解することで，各操業度に応じた工事間接費の予算許容額を公式的（ｙ＝ａ＋ｂｘ）に算出する方法をいう。

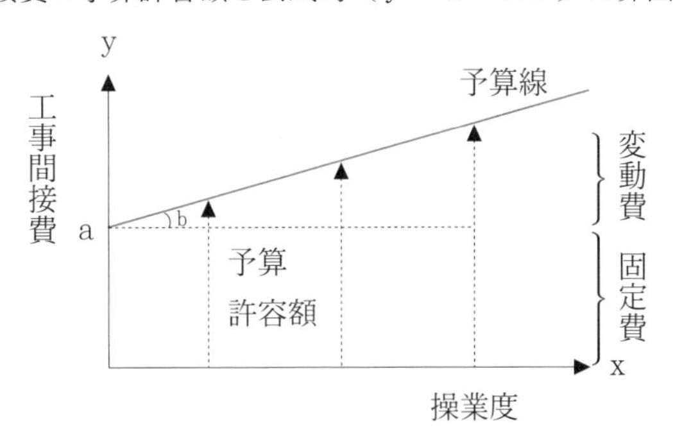

3. 実査法変動予算（多桁式変動予算）

基準操業度を中心として予想される範囲内の種々の操業度を一定間隔に設け，各操業度に対応する複数の工事間接費の予算をあらかじめ算定する方法をいう。

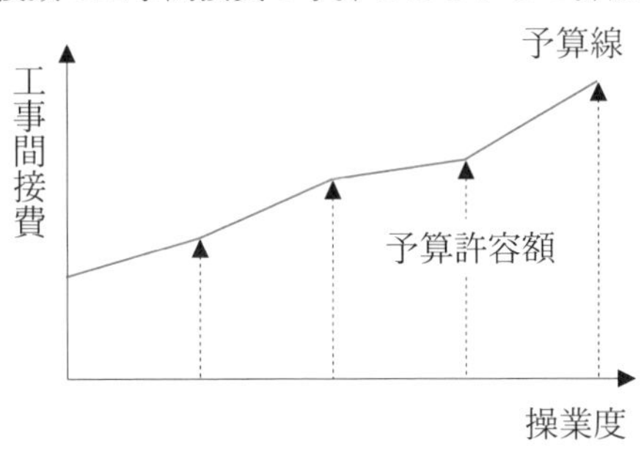

SUPPLEMENT

テーマ *6* 部門別計算

ここでは，工事間接費について，その配賦計算をより正確に行うための手続きとその計算方法を学習する。

1 部門別計算の意義

1. 部門別計算とは

経営規模の小さな企業，作業方法に多様性の少ない企業などでは，工事直接費は各工事に直課し，工事間接費については適切な基準によって各工事に配賦する方法により工事原価が計算される。

しかしながら，企業規模の拡大にともなって，工事に共通してサービスを提供する部署も多くなり，またそのような作業も重視されると，単純な手法では正確な工事原価を計算することができず，効果的な原価管理が行えない。したがって，工事原価を正確に計算し，その原価を適切に管理するためには，工事間接費を部門別（原価発生の場所別）に集計することが必要となる。

このように，各原価要素をその**発生場所ごとに分類，集計する手続きを部門別計算**という。

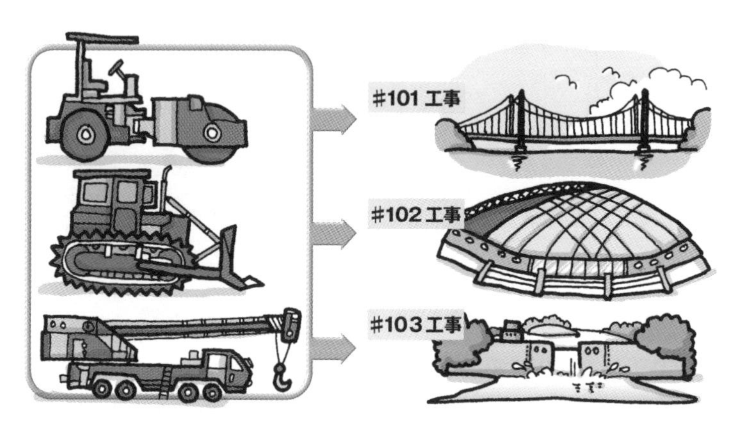

2. 原価部門の設定

部門別計算を行うためには，会社の規模に応じて，部門を適切に設けることが必要となる。原価計算上の部門（原価の集計単位）を原価部門といい，次のように分けられる。まず，会社内における部門を挙げると次のようになる。

工 事 関 係 部 門 ………▶「工事原価」
本社管理関係部門 ………▶「販売費及び一般管理費」

さらに，建設業会計での原価部門の体係（工事関係部門）を細分すると次のようになる。

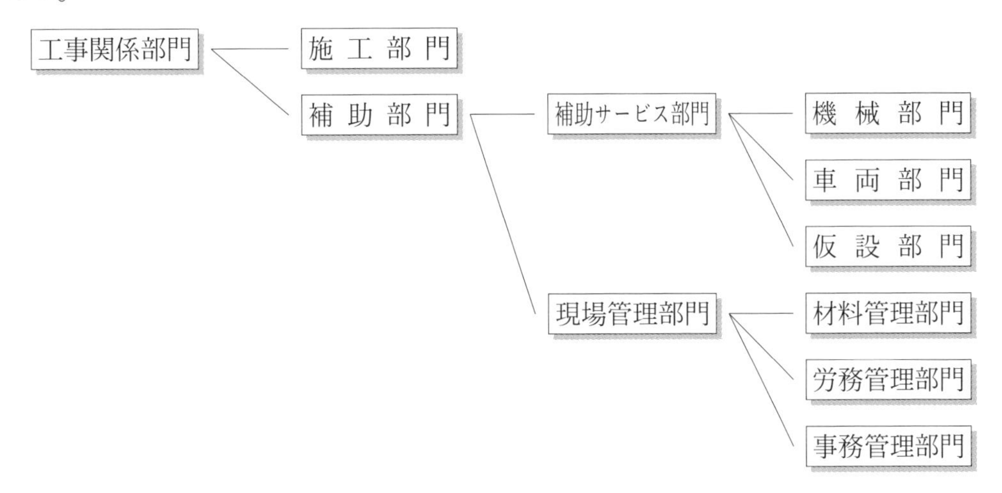

2 部門別計算の手続き

部門別に分類，集計する原価の範囲は，部門別計算の目的，採用する原価計算の形態などにより異なるが，以下では，工事間接費だけを部門別計算する場合について説明する。

1. 部門費の計算（第1次集計手続）

現場で発生した工事間接費を**部門個別費**と**部門共通費**とに分類し，部門個別費はその部門に直課し，部門共通費は適当な配賦基準によって関係する部門に配賦する。この配賦計算は通常，**部門費配分表**または**部門費集計表**を使って行う。

(1)部門個別費

特定の部門で発生したことが明らかな原価のことである。そのため，部門個別費はその部門に直接賦課（＝直課（ちょっか））することができる。

(2)部門共通費

複数の部門に共通に発生した原価のことである。したがって，部門共通費は一定の基準によって各部門に配賦しなければならない。

〈配賦基準の具体例〉

費目		配賦基準
建物減価償却費	――	占有面積
機械減価償却費	――	使用時間または使用日数
動力費	――	機械馬力数 × 運転時間
運搬費	――	重量 × 運搬回数
福利厚生費	――	従業員数

なお，先に挙げた配賦基準は一例であって，これらはすべて絶対的なものではない。

設例 6-1

次の資料により，部門費配分表を完成させなさい。

（資　料）

〈配賦基準〉

	第1施工部門	第2施工部門	機械部門	車両部門	仮設部門
占有面積	250㎡	150㎡	100㎡	80㎡	30㎡
使用時間	50時間	45時間	25時間	10時間	20時間

【解答】

部門費配分表

（単位：円）

費目	配賦基準	合計	施工部門		補助部門		
			第1部門	第2部門	機械部門	車両部門	仮設部門
部門個別費		631,000	88,800	273,420	97,900	117,560	53,320
部門共通費							
建物管理費	占有面積	329,400	135,000	81,000	54,000	43,200	16,200
減価償却費	使用時間	288,600	96,200	86,580	48,100	19,240	38,480
部門共通費合計		618,000	231,200	167,580	102,100	62,440	54,680
部門費合計		1,249,000	320,000	441,000	200,000	180,000	108,000

（工事間接費）　1,249,000

→（第1施工部門費）　320,000

→（第2施工部門費）　441,000

→（機械部門費）　200,000

→（車両部門費）　180,000

→（仮設部門費）　108,000

【解答への道】

部門共通費は次のとおり各原価部門に配賦される。

①建物管理費

250㎡＋150㎡＋100㎡＋80㎡＋30㎡＝610㎡

第1施工部門：$329,400円 \times \frac{250㎡}{610㎡} = 135,000円$

第2施工部門：$329,400円 \times \frac{150㎡}{610㎡} = 81,000円$

機 械 部 門：329,400円×$\dfrac{100㎡}{610㎡}$＝54,000円

車 両 部 門：329,400円×$\dfrac{80㎡}{610㎡}$＝43,200円

仮 設 部 門：329,400円×$\dfrac{30㎡}{610㎡}$＝16,200円

②減価償却費

50時間＋45時間＋25時間＋10時間＋20時間＝150時間

第1施工部門：288,600円×$\dfrac{50時間}{150時間}$＝96,200円

第2施工部門：288,600円×$\dfrac{45時間}{150時間}$＝86,580円

機 械 部 門：288,600円×$\dfrac{25時間}{150時間}$＝48,100円

車 両 部 門：288,600円×$\dfrac{10時間}{150時間}$＝19,240円

仮 設 部 門：288,600円×$\dfrac{20時間}{150時間}$＝38,480円

部門費配分表で計算された結果による勘定の流れで示すと，次のとおりである。

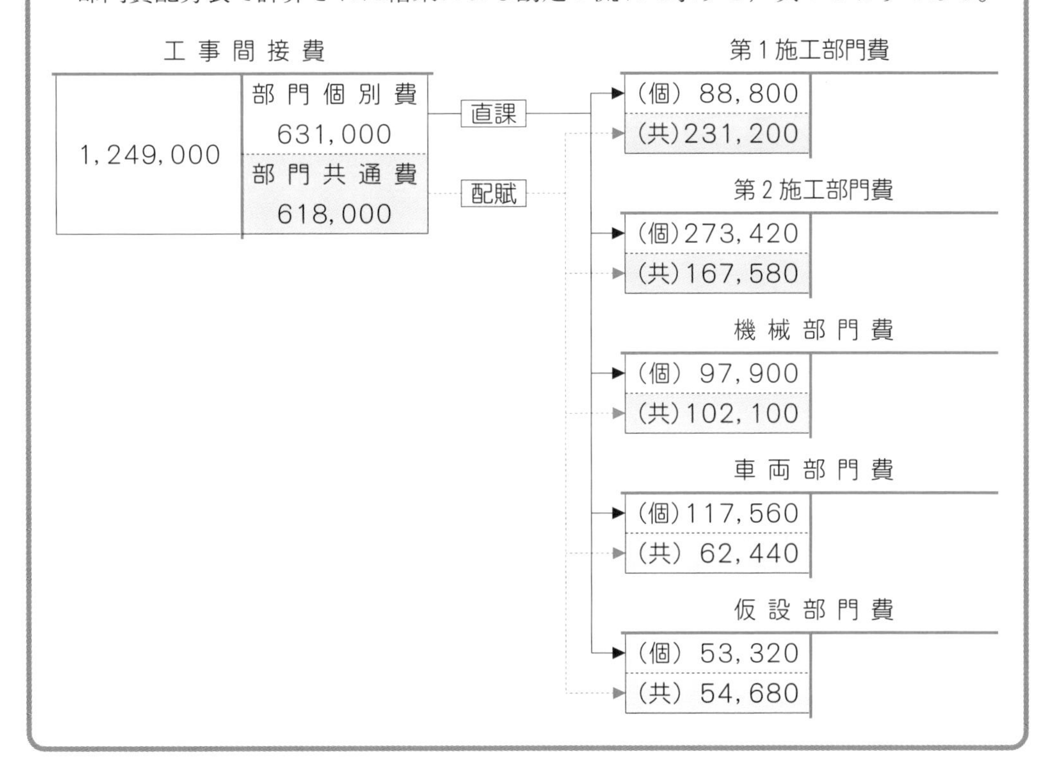

基本例題 9

次の資料により，部門費配分表を完成させなさい。

（資料）

〈配賦基準〉

	第1施工部門	第2施工部門	機械部門	車両部門	仮設部門
占有面積	500㎡	300㎡	150㎡	200㎡	50㎡
電力消費量	180kw	140kw	115kw	110kw	55kw

部門費配分表

（単位：円）

費目	配賦基準	合計	施工部門		補助部門		
			第1部門	第2部門	機械部門	車両部門	仮設部門
部門個別費		341,000	74,000	127,000	58,000	49,000	33,000
部門共通費							
建物管理費	占有面積	98,400					
電力料	電力消費量	54,000					
部門共通費合計		152,400					
部門費合計		493,400					

2. 補助部門費の配賦（第2次集計手続）

第1次集計によって，工事間接費は各部門に集計されるが，そのうち補助部門に集計された部門費は，その補助部門が用役を提供した関係部門に対して配賦される。この配賦先は，施工部門だけでなく他の補助部門のこともあるが，最終的には施工部門に集計される。なぜならば，補助部門は直接的または間接的に施工部門の活動を助けているからである。この手続きを補助部門費の施工部門への配賦，または第2次集計という。

実際配賦による勘定連絡を示すと，次のとおりである。

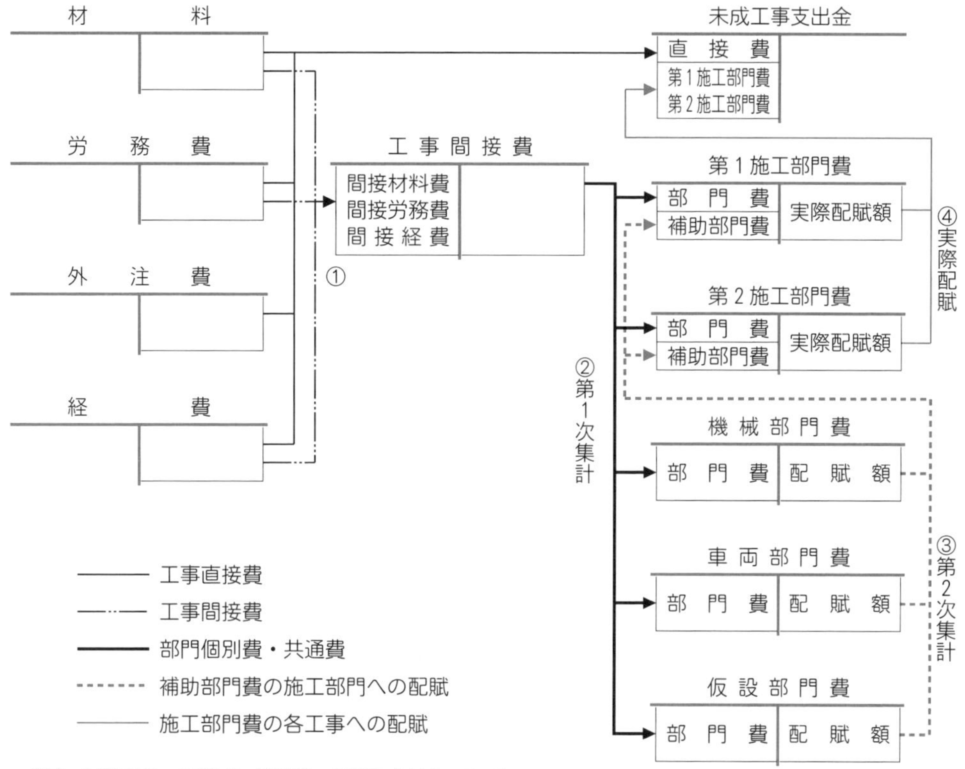

（注）丸数字は，手続き（処理）の順番を示している。
　なお，工事間接費の発生については，工事間接費勘定に集計せず，各施工部門と補助部門に第1次集計として直接集計することもある。

①工事間接費の発生

（工事間接費）	××××	（材　　料）	××
		（労　務　費）	××
		（外　注　費）	××
		（経　　費）	××

②**工事間接費の配賦（第1次集計手続）**

借方	金額	貸方	金額
（第1施工部門費）	×××	（工事間接費）	××××
（第2施工部門費）	×××		
（機械部門費）	××		
（車両部門費）	××		
（仮設部門費）	××		

③**補助部門費の配賦（第2次集計手続）**

借方	金額	貸方	金額
（第1施工部門費）	××	（機械部門費）	××
（第2施工部門費）	××	（車両部門費）	××
		（仮設部門費）	××

④**工事別に配賦**

借方	金額	貸方	金額
（未成工事支出金）	××××	（第1施工部門費）	×××
		（第2施工部門費）	×××

補助部門費を施工部門へ配賦するには次の3つの方法があり，配賦計算過程と結果は**部門費振替表**または**部門費配賦表**にまとめられる。

⑴直接配賦法

補助部門間の用役のやりとりがあるとしても，**配賦計算上はそれらを無視**して，補助部門は施工部門にのみサービスを提供している，という前提で配賦計算する方法である。

⑵相互配賦法

補助部門間の用役のやりとりを，**配賦計算上も考慮する**方法である。相互配賦法には，①簡便法　②連続配賦法　③連立方程式法（1級で学習する）の3つの方法があるが，ここでは①簡便法のみ学習する。簡便法とは，相互配賦法と直接配賦法を組み合わせた方法である。1回目の配賦計算では補助部門間のやりとりを認め，2回目の配賦計算では補助部門間のやりとりを認めないで計算する。

⑶階梯式配賦法

補助部門間の用役のやりとりを，**計算上一部を認め一部を無視する**方法である。つまり，上位の補助部門からの用役の流れは考慮するが，下位の補助部門からの用役の流れは無視する。

設例 6 - 2

次の資料により，(1)直接配賦法，(2)相互配賦法，(3)階梯式配賦法により部門費振替表を作成し，合計仕訳を行いなさい。

（資　料）

〈補助部門用役提供割合〉

	第1施工部門	第2施工部門	機械部門	車両部門	仮設部門
機械部門	50%	30%	—	20%	—
車両部門	45%	45%	10%	—	—
仮設部門	30%	30%	20%	20%	—

【解答・解答への道】

(1)直接配賦法

部門費振替表

（単位：円）

費　　目	合　　計	施工部門		補助部門		
		第1部門	第2部門	機械部門	車両部門	仮設部門
部門費合計	1,249,000	320,000	441,000	200,000	180,000	108,000
機械部門費		125,000	75,000			
車両部門費		90,000	90,000			
仮設部門費		54,000	54,000			
合　　計	1,249,000	589,000	660,000			

(第1施工部門費)	269,000	(機械部門費)	200,000
(第2施工部門費)	219,000	(車両部門費)	180,000
		(仮設部門費)	108,000

直接配賦法による配賦計算は次のとおりである。

①機械部門費の配賦：第1施工部門…200,000円$\times\frac{50\%}{50\%+30\%}$＝125,000円

第2施工部門…200,000円$\times\frac{30\%}{50\%+30\%}$＝ 75,000円

②車両部門費の配賦：第1施工部門…180,000円$\times\frac{45\%}{45\%+45\%}$＝ 90,000円

第2施工部門…180,000円$\times\frac{45\%}{45\%+45\%}$＝ 90,000円

③仮設部門費の配賦：第1施工部門…108,000円$\times\frac{30\%}{30\%+30\%}$＝ 54,000円

第2施工部門…108,000円$\times\frac{30\%}{30\%+30\%}$＝ 54,000円

部門費振替表で計算された結果を勘定の流れで示すと，次のとおりである。

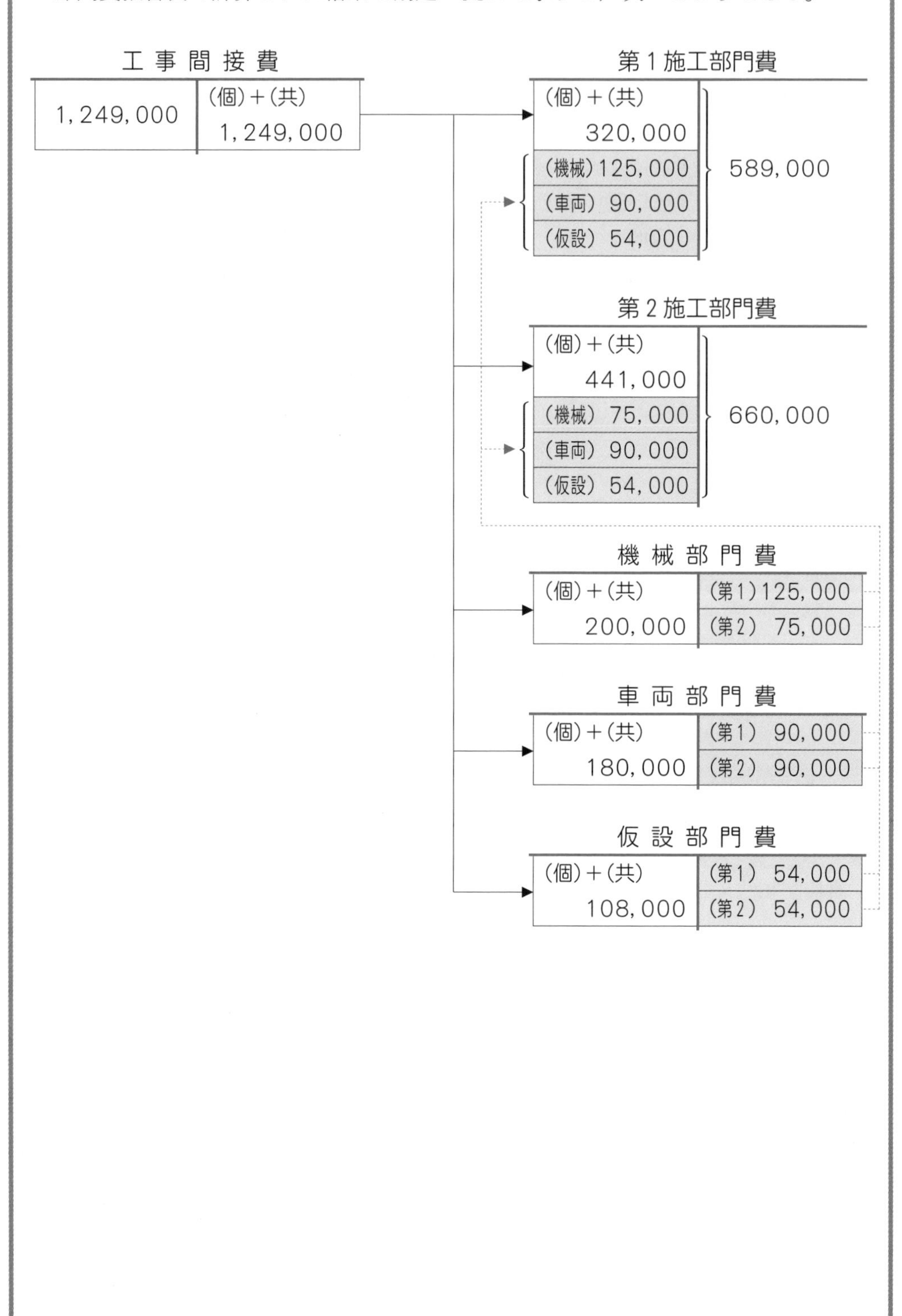

⑵相互配賦法

部門費振替表

（単位：円）

費目	合計	施工部門		補助部門		
		第1部門	第2部門	機械部門	車両部門	仮設部門
部門費合計	1,249,000	320,000	441,000	200,000	180,000	108,000
第1次配賦						
機械部門費		100,000	60,000	—	40,000	—
車両部門費		81,000	81,000	18,000	—	—
仮設部門費		32,400	32,400	21,600	21,600	—
第2次配賦				39,600	61,600	—
機械部門費		24,750	14,850			
車両部門費		30,800	30,800			
仮設部門費		—	—			
合計	1,249,000	588,950	660,050			

→（第1施工部門費）	268,950	（機械部門費）	200,000
→（第2施工部門費）	219,050	（車両部門費）	180,000
		（仮設部門費）	108,000

相互配賦法による配賦計算は次のとおりである。

〈第1次配賦〉

①機械部門費の配賦：第1施工部門…$200,000円\times\frac{50\%}{50\%+30\%+20\%}=100,000円$

第2施工部門…$200,000円\times\frac{30\%}{50\%+30\%+20\%}=60,000円$

車両部門…$200,000円\times\frac{20\%}{50\%+30\%+20\%}=40,000円$

②車両部門費の配賦：第1施工部門…$180,000円\times\frac{45\%}{45\%+45\%+10\%}=81,000円$

第2施工部門…$180,000円\times\frac{45\%}{45\%+45\%+10\%}=81,000円$

機械部門…$180,000円\times\frac{10\%}{45\%+45\%+10\%}=18,000円$

③仮設部門費の配賦：第1施工部門…$108,000円\times\frac{30\%}{30\%+30\%+20\%+20\%}=32,400円$

第2施工部門…$108,000円\times\frac{30\%}{30\%+30\%+20\%+20\%}=32,400円$

機械部門…$108,000円\times\frac{20\%}{30\%+30\%+20\%+20\%}=21,600円$

車両部門…$108,000円\times\frac{20\%}{30\%+30\%+20\%+20\%}=21,600円$

〈第２次配賦〉

①機械部門費の配賦：第１施工部門…39,600円×$\frac{50\%}{50\%+30\%}$＝24,750円

第２施工部門…39,600円×$\frac{30\%}{50\%+30\%}$＝14,850円

②車両部門費の配賦：第１施工部門…61,600円×$\frac{45\%}{45\%+45\%}$＝30,800円

第２施工部門…61,600円×$\frac{45\%}{45\%+45\%}$＝30,800円

③仮設部門費の配賦：第１次配賦の残高がないため配賦なし

(3)階梯式配賦法

部門費振替表

（単位：円）

費目	合計	施工部門		補助部門		
		第１部門	第２部門	車両部門	機械部門	仮設部門
部門費合計	1,249,000	320,000	441,000	180,000	200,000	108,000
仮設部門費		32,400	32,400	21,600	21,600	108,000
機械部門費		110,800	66,480	44,320	221,600	
車両部門費		122,960	122,960	245,920		
合計	1,249,000	586,160	662,840			

（第１施工部門費）　266,160　　（車両部門費）　180,000

（第２施工部門費）　221,840　　（機械部門費）　200,000

（仮設部門費）　108,000

〈補助部門の順位づけの方法〉

1．他の補助部門への用役の提供先が多いものほど高順位とする。

2．用役の提供先が同数の場合は次のいずれかの方法による。

　a．第１次集計額の多い補助部門ほど高順位とする。

　b．用役提供額の多い補助部門ほど高順位とする。

本問においてその関係は以下のようになる。

	用役の提供先	第１次集計額	用役提供額
機械	1	200,000円	40,000円（車両へ）
車両	1	180,000円	18,000円（機械へ）
仮設	2	108,000円	21,600円（機械へ） 21,600円（車両へ）

よって，高順位のものから仮設，機械，車両部門の順番となる。

①仮設部門費の配賦：第1施工部門…108,000円×$\frac{30\%}{30\%+30\%+20\%+20\%}$=32,400円

第2施工部門…108,000円×$\frac{30\%}{30\%+30\%+20\%+20\%}$=32,400円

車　両　部　門…108,000円×$\frac{20\%}{30\%+30\%+20\%+20\%}$=21,600円

機　械　部　門…108,000円×$\frac{20\%}{30\%+30\%+20\%+20\%}$=21,600円

②機械部門費の配賦：第1施工部門…221,600円×$\frac{50\%}{50\%+30\%+20\%}$=110,800円

第2施工部門…221,600円×$\frac{30\%}{50\%+30\%+20\%}$=　66,480円

車　両　部　門…221,600円×$\frac{20\%}{50\%+30\%+20\%}$=　44,320円

③車両部門費の配賦：第1施工部門…245,920円×$\frac{45\%}{45\%+45\%}$=122,960円

第2施工部門…245,920円×$\frac{45\%}{45\%+45\%}$=122,960円

基本例題10

次の資料により，(1)直接配賦法により部門費振替表を作成し，(2)合計仕訳を行いなさい。

（資料）

〈補助部門用役提供割合〉

	第1施工部門	第2施工部門	機械部門	車両部門	仮設部門
機械部門	40%	20%	—	40%	—
車両部門	45%	30%	25%	—	—
仮設部門	35%	45%	15%	5%	

(1)直接配賦法

部門費振替表

（単位：円）

費目	合計	施工部門		補助部門		
		第1部門	第2部門	機械部門	車両部門	仮設部門
部門費合計	800,000	200,000	300,000	120,000	100,000	80,000
機械部門費						
車両部門費						
仮設部門費						
合計						

SUPPLEMENT

機械中心点別配賦率

受注工事の施工作業を効率的に実行するために，社内に機械部門や車両部門を設けて，補助サービス活動の能率を測定することは，原価管理を行ううえでも有効的な方法といえる。これらの部門では機械別に利用率を把握することで，より正確な原価データを得ることができる。

そこで，より合理的な配賦を行うため，機械の性能，種類などが異なっているときは，同種または類似の機械をひとまとめにしてグループを作り，それらのグループごとに配賦率（**機械率**という）を計算して，その機械率によって配賦することが行われる。

$$機械率 = \frac{一定期間の機械ごとの機械個別費と機械共通費の合計額}{同期間の機械の運転時間}$$

このとき，それぞれの機械グループを機械中心点（＝マシン・センター）という。

設　例

次の資料により，機械部門費計算表を完成し，第20号工事への機種別機械部門費配賦額を求めなさい。

（資　料）

〈配賦基準〉

	面　積	馬力数	作業員数
A機械	50㎡	30馬力	8人
B機械	15	15	5

	A機械	B機械
第20号工事の機械運転時間	10時間	5時間
その他の工事の機械運転時間	240時間	95時間
	250時間	100時間

【解答】

第20号工事の機種別機械部門費配賦額

A機械　143,800円　　B機械　109,125円

機械部門費計算表

（単位：円）

費　用	配賦基準	合　計	A機械	B機械
機械個別費				
修繕費	−	210,000	150,000	60,000
減価償却費	−	2,200,000	1,120,000	1,080,000
機械共通費				
保管費	面積	877,500	675,000	202,500
燃料費	馬力数×運転時間	540,000	450,000	90,000
運転労務費	作業員数	1,950,000	1,200,000	750,000
		5,777,500	3,595,000	2,182,500
運転時間			250時間	100時間
機械率			14,380円/時間	21,825円/時間

【解答への道】

(1)保管費の配賦

・A機械 $\dfrac{877,500円}{50㎡+15㎡}\times 50㎡=675,000円$

$\rightarrow 877,500円\times\dfrac{50㎡}{50㎡+15㎡}=675,000円$

・B機械 $\dfrac{877,500円}{50㎡+15㎡}\times 15㎡=202,500円$

$\rightarrow 877,500円\times\dfrac{15㎡}{50㎡+15㎡}=202,500円$

(2)燃料費の配賦

・A機械 $540,000円\times\dfrac{(30馬力\times 250時間)}{(30馬力\times 250時間)+(15馬力\times 100時間)}=450,000円$

・B機械 $540,000円\times\dfrac{(15馬力\times 100時間)}{(30馬力\times 250時間)+(15馬力\times 100時間)}=\ 90,000円$

(3)運転労務費の計算

・A機械 $\dfrac{1,950,000円}{8人+5人}\times 8人=1,200,000円$

$\rightarrow 1,950,000円\times\dfrac{8人}{8人+5人}=1,200,000円$

・B機械 $\dfrac{1,950,000円}{8人+5人}\times 5人=\ 750,000円$

$\rightarrow 1,950,000円\times\dfrac{5人}{8人+5人}=\ 750,000円$

(4)機械率と配賦額

・A機械 $\dfrac{3,595,000円}{250時間}$（＝14,380円/時間）×10時間＝143,800円

・B機械 $\dfrac{2,182,500円}{100時間}$（＝21,825円/時間）×５時間＝109,125円

SUPPLEMENT

3 部門費の予定配賦

工事間接費の部門別計算については，工事原価の算定をその発生原因別に，より細かい計算を行ってきた。しかし，実際発生額を用いて計算するということは，工事原価の算定時期に問題が生じてくるため，施工部門費の各工事への配賦を予定配賦額をもって計算することがある。

1. 勘定連絡

予定配賦による勘定連絡を示すと，次のとおりである。

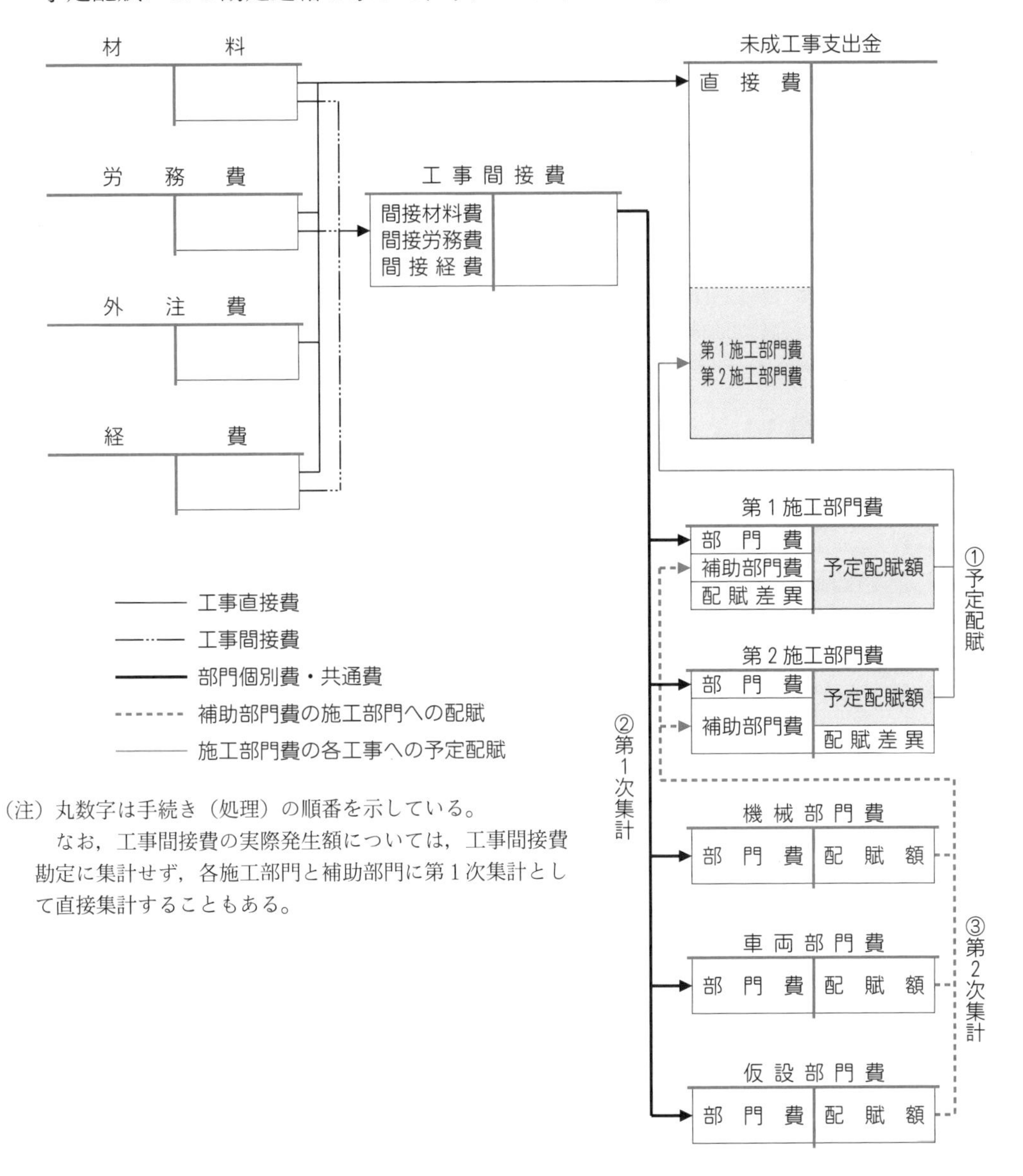

（注）丸数字は手続き（処理）の順番を示している。
なお，工事間接費の実際発生額については，工事間接費勘定に集計せず，各施工部門と補助部門に第1次集計として直接集計することもある。

2. 施工部門費の予定配賦

施工部門費を工事現場ごとに予定配賦したときは，各施工部門費勘定の貸方と未成工事支出金勘定の借方にその配賦額を記入する。

設　例　6－3

次の資料により，当月の予定配賦の仕訳を行いなさい。

（資　料）

	直接作業時間	予定配賦率
第１施工部門	200時間	1,000円/時間
第２施工部門	100時間	500円/時間

【解答・解答への道】

借方	金額	貸方	金額
（未成工事支出金）	250,000	（第１施工部門費）＊1	200,000
		（第２施工部門費）＊2	50,000

＊１　1,000円/時間×200時間＝200,000円

＊２　500円/時間×100時間＝50,000円

基本例題11

次の資料により，当月の予定配賦の仕訳を行いなさい。

（資料）

1　予定配賦率（直接作業時間基準）

第１施工部門　800円/時間　　第２施工部門　650円/時間

2　当月の実際直接作業時間

第１施工部門　300時間　　第２施工部門　200時間

3. 実際発生額の集計

部門費について予定配賦を行った場合も，実際配賦を行った場合と同様に集計される。

(1)工事間接費の発生

借方	金額	貸方	金額
（工事間接費）	××××	（材　料）	××
		（労 務 費）	××
		（経　費）	××

⑵工事間接費の各部門への配賦

（第1施工部門費）	×××	（工　事　間　接　費）	××××
（第2施工部門費）	×××		
（機　械　部　門　費）	××		
（車　両　部　門　費）	××		
（仮　設　部　門　費）	××		

⑶補助部門費の配賦

（第1施工部門費）	×××	（機　械　部　門　費）	××
（第2施工部門費）	×××	（車　両　部　門　費）	××
		（仮　設　部　門　費）	××

4. 配賦差異の把握

施工部門において予定配賦を行っている場合，各工事現場への予定配賦額と実際発生額とは異なるため，その差額を**部門費配賦差異勘定**に振り替える。

①予定配賦額よりも実際発生額の方が多い場合……不利差異

（部門費配賦差異）	××	（○○施工部門費）	××

②予定配賦額よりも実際発生額の方が少ない場合……有利差異

（○○施工部門費）	××	（部門費配賦差異）	××

設 例 6-4

次の資料により，(1)予定配賦の仕訳，(2)工事間接費の各部門への配賦の仕訳，(3)補助部門費の配賦の仕訳，(4)各部門費配賦差異計上の仕訳を行いなさい。

（資 料）

1　各施工部門の予定配賦の資料

	機械運転時間	予定配賦率
第1施工部門	210時間	1,200円/時間
第2施工部門	250時間	1,100円/時間

（注）各工事への配賦は機械運転時間を基準として行う。

2　各施工部門費の実際配賦額の資料

(1)　間接材料費200,000円，間接労務費170,000円，間接経費150,000円を工事間接費として次のとおり各部門に配賦した。なお，工事間接費勘定は経由しない。
第1施工部門 140,000円　第2施工部門 180,000円　機 械 部 門　90,000円
車 両 部 門　60,000円　仮 設 部 門　50,000円

(2)　上記の補助部門費を次の配賦割合により両施工部門へ配賦した。

	第1施工部門	第2施工部門
機械部門	40%	60%
車両部門	70%	30%
仮設部門	40%	60%

3　部門費配賦差異は各施工部門費勘定で計算する。

【解答・解答への道】

(1)予定配賦の仕訳

（未成工事支出金）	527,000	（第1施工部門費）＊1	252,000
		（第2施工部門費）＊2	275,000

＊1　1,200円/時間×210時間＝252,000円
＊2　1,100円/時間×250時間＝275,000円

(2)工事間接費の各部門への配賦の仕訳

（第1施工部門費）	140,000	（材　　　料）	200,000
（第2施工部門費）	180,000	（労　務　費）	170,000
（機 械 部 門 費）	90,000	（経　　　費）	150,000
（車 両 部 門 費）	60,000		
（仮 設 部 門 費）	50,000		

(3)補助部門費の配賦の仕訳

(第1施工部門費)＊1	98,000	(機 械 部 門 費)	90,000
(第2施工部門費)＊2	102,000	(車 両 部 門 費)	60,000
		(仮 設 部 門 費)	50,000

＊1　90,000円(機械部門)×40%＋60,000円(車両部門)×70%＋50,000円(仮設部門)×40%＝98,000円

＊2　90,000円(機械部門)×60%＋60,000円(車両部門)×30%＋50,000円(仮設部門)×60%＝102,000円

（参考）

部 門 費 振 替 表

（単位：円）

費　　目	合　計	施工部門		補助部門		
		第1部門	第2部門	機械部門	車両部門	仮設部門
部門費合計	520,000	140,000	180,000	90,000	60,000	50,000
機械部門費		36,000	54,000			
車両部門費	98,000	42,000	18,000	102,000		
仮設部門費		20,000	30,000			
合　計	520,000	238,000	282,000			

(4)各施工部門の差異計上の仕訳

(第1施工部門費)	14,000	(部門費配賦差異)＊1	14,000
(部門費配賦差異)＊2	7,000	(第2施工部門費)	7,000

＊1　252,000円－（140,000円＋98,000円）＝14,000円（有利）

＊2　275,000円－（180,000円＋102,000円）＝△7,000円（不利）

本問での勘定の流れを示すと，次のとおりである。

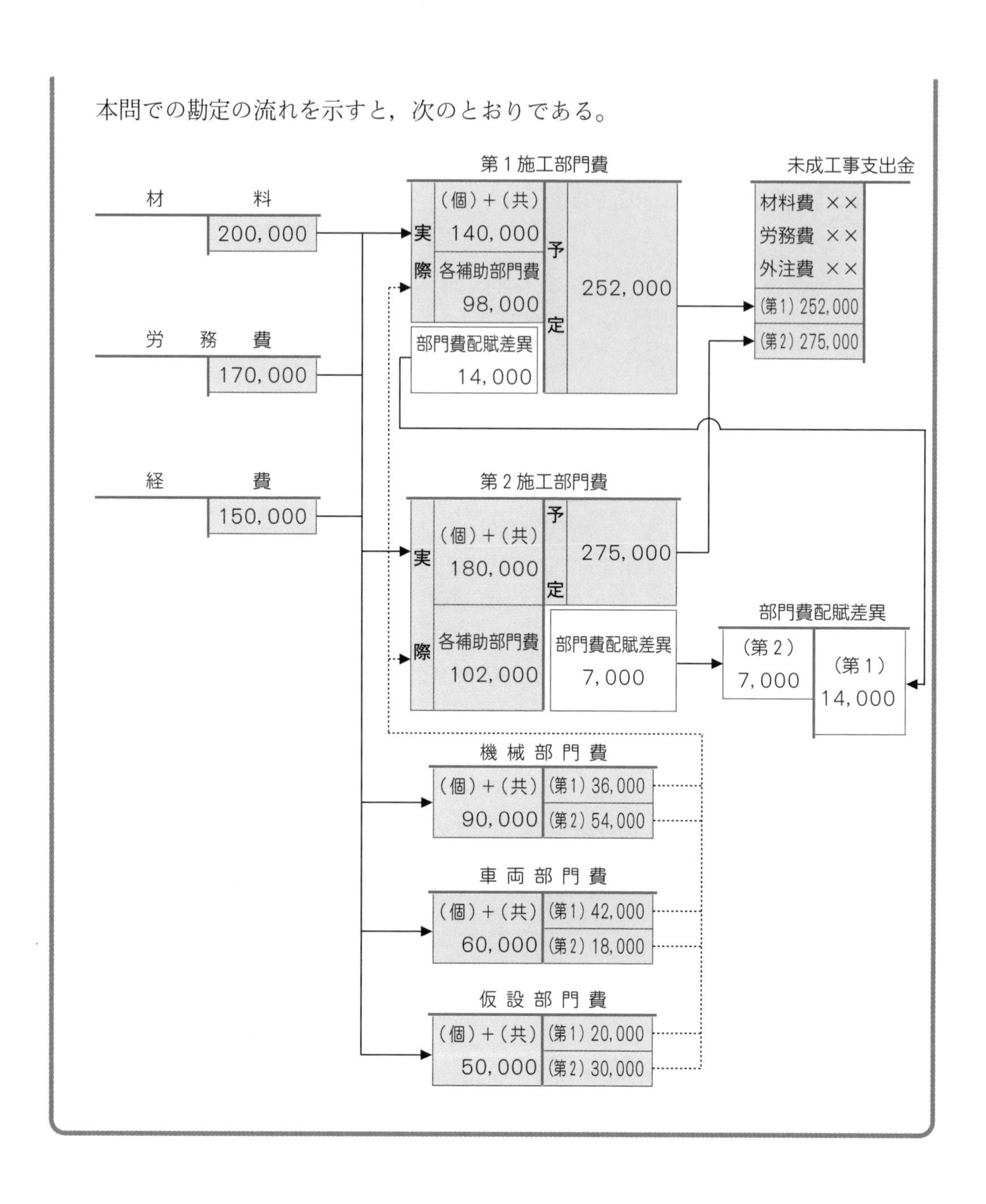

各施工部門費を予定配賦している場合の手順は次のとおりである。

(1) 各施工部門費勘定から未成工事支出金勘定への振り替え

予定配賦率 × 実際操業度 ＝ 予定配賦額

(2) 各部門の実際発生額の集計

① 部門個別費の賦課

② 部門共通費の配賦（部門費配分表）

(3) 補助部門費を各施工部門へ配賦（部門費振替表）

配賦方法は，直接配賦法，相互配賦法，階梯式配賦法のいずれかによる。

(4) 配賦差異の把握

基本例題12

次の資料により，各設問に答えなさい。

（資料）

(1) 各施工部門の予定配賦に関する資料

	機械運転時間	予定配賦率
第1施工部門	230時間	1,200円/時間
第2施工部門	400時間	600円/時間

(2) 各部門費の実際発生額

第1施工部門	200,000円	第2施工部門	160,000円
機械部門	80,000円	車両部門	50,000円
仮設部門	40,000円		

(3) 補助部門費は直接配賦法により，各施工部門に配賦する。

	第1施工部門	第2施工部門
機械部門	45%	55%
車両部門	60%	40%
仮設部門	70%	30%

〔設問1〕各施工部門の予定配賦額を計算しなさい。

〔設問2〕各施工部門の実際発生額を計算しなさい。

〔設問3〕各施工部門の配賦差異を計算しなさい。

テーマ 7 完成工事原価

ここでは，工事原価を記帳する各種帳簿と，財務諸表の１つである完成工事原価報告書について学習する。

1 完成工事原価とは

1. 完成工事原価の算定方法

建設業における工事原価の算定は，一般的に個別原価計算が主流である。建設業は比較的に製品単価が高く，かつ注文を受けてから工事を開始することが多いため，個別受注生産形態を前提とした個別原価計算が最も適しているものと考えられる。

なお，同一様式，同一規格の製品を見込大量生産する場合（いわゆるプレハブ住宅など）は，総合原価計算や標準原価計算を用いることもある。

ここでは，個別原価計算における工事原価の算定について学習する。

2. 工事台帳の作成

完成工事原価を算定するには，まず，工事命令書である**工事台帳**にもとづいて各工事ごとに原価を費目別・発生日別にとらえる。そして，工事台帳を集計する表として，**原価計算表**を作成し，原価管理表としてもこれを活用する。

工　事　台　帳

着工日　令和×年９月５日　　　　台　帳　No. 100

完成日　　　　　９月30日　　　　工事名　○○工事

工事支出金															(単位：千円)
直接材料費			直接労務費			直接外注費			直接経費			合計			
月	日	金額	月	日	金額	月	日	金額	月	日	金額	月	日	費目	金額
9	5	35	9	7	12	9	12	50	9	7	3	9	30	直接材料費	95
	18	60		14	26		29	25		10	6			直接労務費	115
				21	31					15	11			直接外注費	75
				28	37									直接経費	20
				30	9									工事間接費	300
		95			115			75			20				605

3. 工事台帳と原価計算表

原価計算表とは，工事台帳別に集計された原価を１つにまとめたものであるが，建設業において原価計算表は，工事原価を集計するための表として用いられるだけでなく，時には報告書として用いられることもある。

2 原価計算表（総括表）と未成工事支出金勘定

前述のように，原価計算表は工事台帳を集約したものであり，現在，作業が進行している工事の一覧ということができる。

このことから，原価計算表は**未成工事支出金勘定の内訳明細**ということになる。

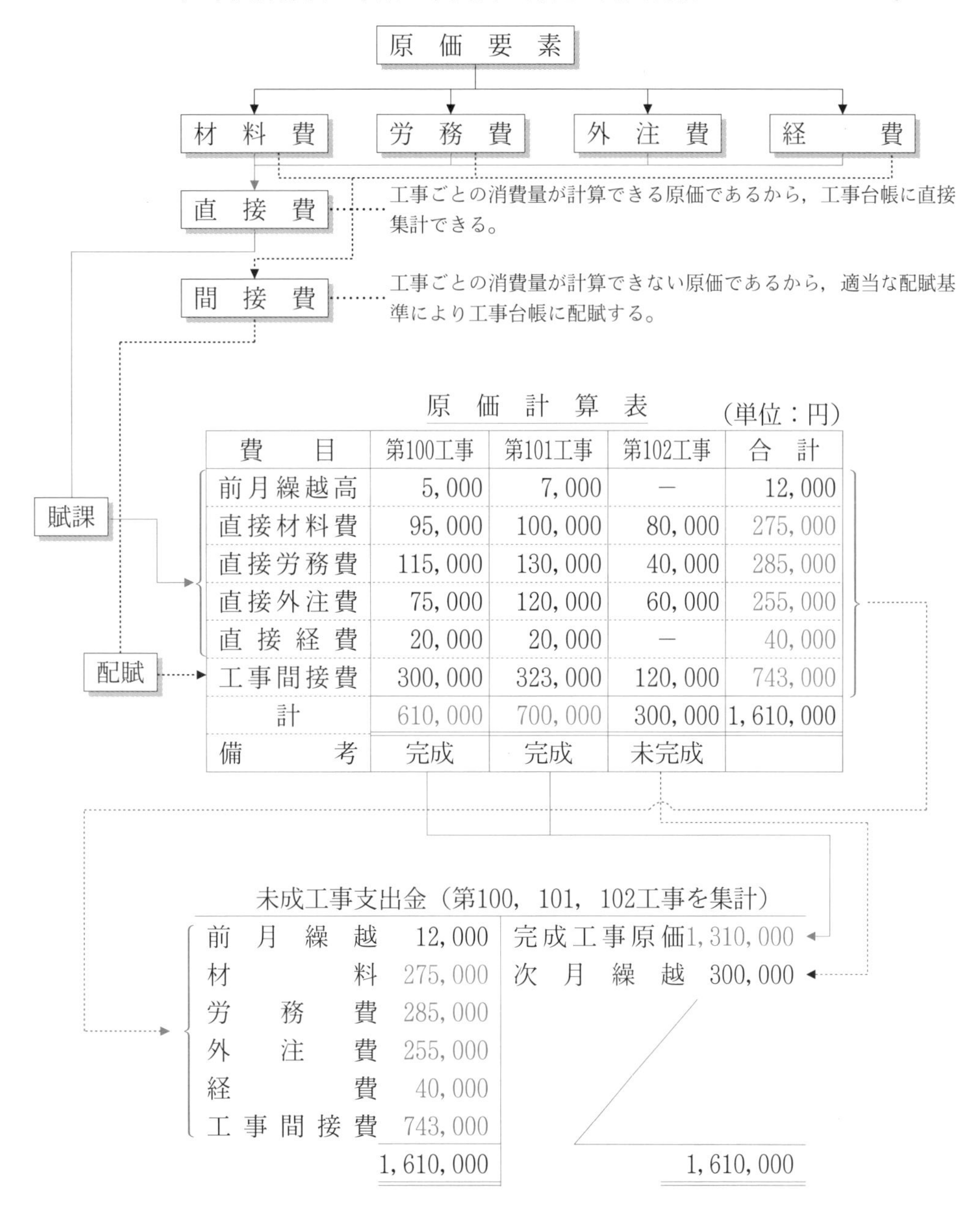

原価計算表

（単位：円）

費目	第100工事	第101工事	第102工事	合計
前月繰越高	5,000	7,000	−	12,000
直接材料費	95,000	100,000	80,000	275,000
直接労務費	115,000	130,000	40,000	285,000
直接外注費	75,000	120,000	60,000	255,000
直接経費	20,000	20,000	−	40,000
工事間接費	300,000	323,000	120,000	743,000
計	610,000	700,000	300,000	1,610,000
備考	完成	完成	未完成	

未成工事支出金（第100，101，102工事を集計）

借方	金額	貸方	金額
前月繰越	12,000	完成工事原価	1,310,000
材料	275,000	次月繰越	300,000
労務費	285,000		
外注費	255,000		
経費	40,000		
工事間接費	743,000		
	1,610,000		1,610,000

なお，請負工事がすべて完了している工事については，その工事原価を完成工事原価勘定に振り替える。

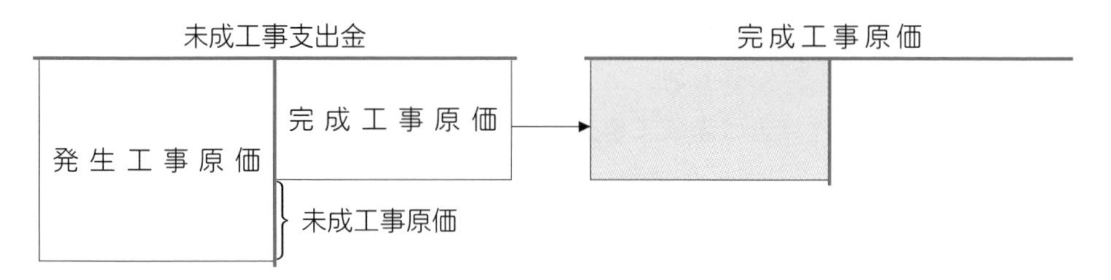

設　例　7－1

次の資料をもとに原価計算表を作成しなさい。

（資　料）

⑴　材料費の当月消費額
　第101工事－115,000円，第102工事－108,000円，第103工事－92,000円
　工事番号なし150,000円

⑵　労務費の当月消費額
　第101工事－42,000円，第102工事－53,000円，第103工事－45,000円
　工事番号なし80,000円

⑶　外注費の当月消費額
　第101工事－54,000円，第102工事－46,000円，第103工事－38,000円

⑷　経費の当月消費額
　第101工事－74,000円，第102工事－93,000円，第103工事－103,000円
　工事番号なし30,000円

⑸　工事間接費の配賦
　工事間接費配賦額　　？
　（第101工事－85,000円，第102工事－115,000円，第103工事－？円）

⑹　未成工事支出金勘定の前月繰越高は14,000円（第101工事）であった。また，第103工事以外は当月中に完成した。

【解答】

原　価　計　算　表

（単位：円）

費　目	第101工事	第102工事	第103工事	合　計
前月繰越高	14,000	－	－	14,000
直接材料費	115,000	108,000	92,000	315,000
直接労務費	42,000	53,000	45,000	140,000
直接外注費	54,000	46,000	38,000	138,000
直接経費	74,000	93,000	103,000	270,000
工事間接費	85,000	115,000	60,000	260,000
計	384,000	415,000	338,000	1,137,000
備　考	完成	完成	未完成	

【解答への道】

工事間接費配賦額は台帳番号のないものを集計すればよい。材料費150,000円，労務費80,000円，経費30,000円を集計した260,000円である。また，第103工事に配賦する間接費は，260,000円（総額）−85,000円（第101工事）−115,000円（第102工事）＝60,000円と求める。

原　価　計　算　表　（単位：円）

費　目	第101工事	第102工事	第103工事	合　計
前月繰越高	14,000	−	−	14,000
直接材料費	115,000	108,000	92,000	315,000
直接労務費	42,000	53,000	45,000	140,000
直接外注費	54,000	46,000	38,000	138,000
直接経費	74,000	93,000	103,000	270,000
工事間接費	85,000	115,000	60,000	260,000
計	384,000	415,000	338,000	1,137,000
備　考	完成	完成	未完成	

未成工事支出金

借方		貸方	
前月繰越	14,000	完成工事原価	799,000
材料	315,000		
労務費	140,000		
外注費	138,000		
経費	270,000		
工事間接費	260,000	次月繰越	338,000

ここがPOINT！

原価計算表は未成工事支出金勘定の明細なので，その合計額は必ず一致する。

検定試験などで原価要素（材料費，労務費，外注費，経費）の消費額が工事台帳（No）ごとに与えられたときは，原価計算表をメモ書きし，各工事の工事原価を求めること。

基本例題13

次の資料により，未成工事支出金勘定および原価計算表の（　　）内に金額を記入しなさい。

（資料）

1．工事間接費は，直接作業時間によって配賦されており，その工事台帳別の作業時間はNo.101が320時間，No.102が400時間，No.103が130時間であった。

2．工事台帳はNo.101からNo.103までで，No.101とNo.102は当月中に完成している。

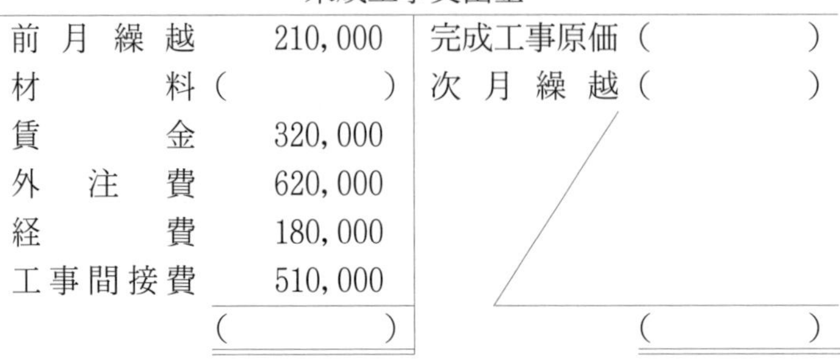

未成工事支出金

借方		貸方	
前月繰越	210,000	完成工事原価	（　　）
材料	（　　）	次月繰越	（　　）
賃金	320,000		
外注費	620,000		
経費	180,000		
工事間接費	510,000		
	（　　）		（　　）

原価計算表　　　　(単位：円)

費目＼工事台帳	No.101	No.102	No.103	合計
月初未成工事原価	（　　）	—	100,000	（　　）
直接材料費	125,000	170,000	145,000	（　　）
直接労務費	84,000	（　　）	96,000	（　　）
直接外注費	（　　）	163,000	214,000	（　　）
直接経費	（　　）	（　　）	—	（　　）
工事間接費	（　　）	（　　）	（　　）	（　　）
合計	（　　）	780,000	（　　）	（　　）

3 工事原価明細表

工事原価明細表とは，当月の発生工事原価と，これに前月から繰り越された月初未成工事原価を加味した当月完成工事原価を対比して表示したものである。

設　例　7-2

令和×8年9月の工事原価に関する次の資料により，月次の工事原価明細表を完成しなさい（単位：円）。

（資料）

1．月初及び月末の各勘定残高

	月　初	月　末
イ．材　料	6,000	5,000
ロ．未成工事支出金		
材料費	5,000	6,000
労務費	4,000	5,000
外注費	0	4,000
経　費	5,000	3,000
（経費のうち人件費）	(2,000)	(1,000)
ハ．工事未払金		
賃　金	15,000	12,000
外注費	12,000	16,000
ニ．前払費用		
保険料	2,500	3,500
地代家賃	2,000	3,000

2．当月材料仕入高	
イ．総仕入高	355,000
ロ．値引・返品高	21,000
3．当月賃金支払高	140,000
4．当月外注費支払高	130,000
5．当月経費支払高	
イ．従業員給料手当	115,000
ロ．法定福利費	15,000
ハ．機械等経費	270,000
ニ．通信交通費	12,000
ホ．動力用水光熱費	26,000
ヘ．地代家賃	38,000
ト．保険料	16,000

【解答】

工事原価明細表
令和×8年9月　(単位：円)

	当月発生工事原価	当月完成工事原価
Ⅰ．材料費	335,000	334,000
Ⅱ．労務費	137,000	136,000
Ⅲ．外注費	134,000	130,000
Ⅳ．経　費	490,000	492,000
(うち人件費)	(130,000)	(131,000)
完成工事原価	1,096,000	1,092,000

【解答への道】

⑴当月発生工事原価

①材料費

6,000円(月初有高)＋355,000円(総仕入高)－21,000円(値引・返品高)－5,000円(月末有高)＝335,000円

②労務費

140,000円(支払高)－15,000円(月初未払)＋12,000円(月末未払)＝137,000円

③外注費

130,000円(支払高)－12,000円(月初未払)＋16,000円(月末未払)＝134,000円

④経費

115,000円(従業員給料手当)＋15,000円(法定福利費)＋270,000円(機械等経費)＋12,000円(通信交通費)＋26,000円(動力用水光熱費)

＋(38,000円(地代家賃)＋2,000円(月初前払)－3,000円(月末前払))

＋(16,000円(保険料)＋2,500円(月初前払)－3,500円(月末前払))＝490,000円

⑤経費のうち人件費

115,000円(従業員給料手当)＋15,000円(法定福利費)＝130,000円

⑵当月完成工事原価

①材料費

5,000円(月初有高)＋335,000円－6,000円(月末有高)＝334,000円

②労務費

4,000円（月初有高）＋137,000円－5,000円（月末有高）＝136,000円

③外注費

0円（月初有高）＋134,000円－4,000円（月末有高）＝130,000円

④経費

5,000円（月初有高）＋490,000円－3,000円（月末有高）＝492,000円

⑤経費のうち人件費

2,000円（月初有高）＋130,000円－1,000円（月末有高）＝131,000円

4 完成工事原価報告書

1. 完成工事原価報告書とは

工事別に集計された原価計算表は主として，内部の管理目的のために利用されるが，一方，外部の利害関係者への報告のために**完成工事原価報告書**が作成される。

完成工事原価報告書

自令和×年×月×日
至令和×年×月×日

	（会社名）
Ⅰ．材　料　費	×××
Ⅱ．労　務　費	×××
Ⅲ．外　注　費	×××
Ⅳ．経　　　費	×××
（うち人件費　××）	
完成工事原価	×××

「建設業法施行規則」では，上記のような，主として形態別分類にしたがった様式を示している。なお，未成工事支出金勘定とその他の財務諸表との関係は，次のとおりである。

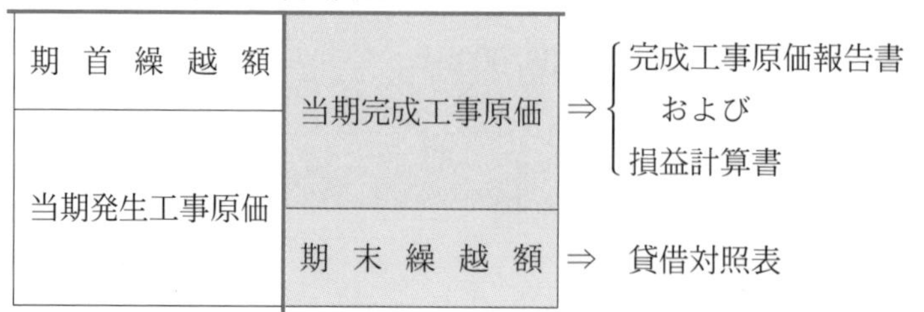

2. 完成工事原価報告書の作成

外部報告用の完成工事原価報告書は，損益計算書の内訳明細（完成工事原価）であり，各原価要素別に記載することを要求している。

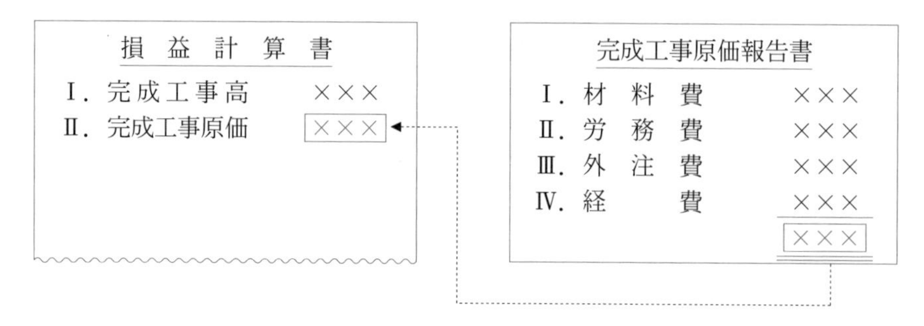

なお，各原価要素の記載内容は次のとおりである。

⑴材料費

工事のために直接購入した素材，半製品，製品，材料貯蔵品勘定などから振り替えられた材料費（仮設材料の損耗額などを含む）をいう。

⑵労務費

工事に従事した直接雇用の作業員に対する賃金，給料および手当などをいう。

工種，工程別等の完成を約する契約で，その大部分が労務費であるものは，労務費に含めて記載することができる（よって，現場管理者などの労務費は含まれない)。

⑶外注費

工種，工程別等の工事について，素材，半製品，製品などを作業とともに提供し，これを完成することを約する契約にもとづく支払額（ただし，労務費に含めたものを除く）をいう。

⑷経　費

完成工事について発生し，または負担すべき材料費，労務費および外注費以外の費用をいう。なお，経費のうち従業員給与手当，退職給付引当金繰入額，法定福利費および福利厚生費は，経費欄の下に人件費として別記する。

〈例〉機械等経費，設計費，労務管理費，租税公課，地代家賃，保険料，動力用水光熱費，事務用品費，通信交通費，交際費，補償費，従業員給料手当，退職給付費用，法定福利費，福利厚生費，雑費など

設例 7-3

次に示す各期の原価計算表によって，完成工事原価報告書を作成しなさい。

〈前期〉　原価計算表　(単位：円)

費　目	第101工事	第102工事	合　計
直接材料費	52,000	73,000	125,000
直接労務費	18,000	31,000	49,000
直接外注費	63,000	86,000	149,000
直接経費	11,000	13,000	24,000
計	144,000	203,000	347,000

〈当期〉　原価計算表　(単位：円)

費　目	第101工事	第102工事	第103工事	合　計
前期繰越高	144,000	203,000	−	347,000
直接材料費	55,000	48,000	61,000	164,000
直接労務費	21,000	17,000	31,000	69,000
直接外注費	72,000	92,000	87,000	251,000
直接経費	13,000	15,000	12,000	40,000
計	305,000	375,000	191,000	871,000
備　考	完成	完成	未完成	

なお，経費のうち第101工事および第102工事に係る人件費6,500円がある。

【解答】

完成工事原価報告書

自令和×年4月1日
至令和×年3月31日　(単位：円)
東京建設株式会社

Ⅰ．材料費	228,000
Ⅱ．労務費	87,000
Ⅲ．外注費	313,000
Ⅳ．経　費	52,000
(うち人件費 6,500)	
完成工事原価	680,000

【解答への道】

完成工事原価報告書は完成した工事に係る各原価要素を集計するので，本問では次のようになる。

⑴材料費

第101工事　52,000円＋55,000円＝107,000円
第102工事　73,000円＋48,000円＝121,000円
} 228,000円

⑵労務費

第101工事　18,000円＋21,000円＝39,000円
第102工事　31,000円＋17,000円＝48,000円
} 87,000円

⑶外注費

第101工事　63,000円＋72,000円＝135,000円
第102工事　86,000円＋92,000円＝178,000円
} 313,000円

⑷経費

第101工事　11,000円＋13,000円＝24,000円
第102工事　13,000円＋15,000円＝28,000円
} 52,000円

なお，参考として当期の未成工事支出金勘定を示しておく。

未成工事支出金

借方	金額	貸方	金額
前期繰越	347,000	完成工事原価	680,000
材料	164,000	次期繰越	191,000
労務費	69,000		
外注費	251,000		
経費	40,000		
	871,000		871,000

基本例題14

次の横浜建設株式会社の資料を参考にして，完成工事原価報告書を完成しなさい。

（資料）

１．期首の工事原価に関する資料

⑴　期首材料棚卸高　497,000円

⑵　期首未成工事支出金の内訳

材料費　250,000円　　労務費　182,000円

外注費　432,000円　　経　費　763,000円（うち人件費　241,000円）

⑶　未払労務費　84,000円

⑷　未払外注費　182,000円

⑸　前払経費　67,000円

２．当期の工事原価に関する資料

⑴　当期の材料購入に関するもの

①　材料総仕入高　2,437,000円　　②　材料値引・返品高　125,000円

③　材料仕入割引高　84,000円

⑵　当期労務費支払高　2,174,000円

⑶　当期外注費支払高　4,371,000円

⑷　当期経費支払高　1,976,000円（うち人件費　813,000円）

３．期末の工事原価に関する資料

⑴　期末材料棚卸高　512,000円

⑵　期末未成工事支出金の内訳

材料費　284,000円　　労務費　169,000円

外注費　398,000円　　経　費　677,000円（うち人件費　253,000円）

⑶　未払労務費　123,000円

⑷　未払外注費　132,000円

⑸　前払経費　69,000円

完成工事原価報告書

自令和×２年４月１日　至令和×３年３月31日（単位：円）

１．材　料　費	（　　　）
２．労　務　費	（　　　）
３．外　注　費	（　　　）
４．経　　　費	（　　　）
（うち人件費　　　）	
完成工事原価	（　　　）

テーマ8 工事収益の計上

ここでは，工事の売上高を計上する方法について学習するが，特に工事完成基準，工事進行基準については十分な理解が必要である。

1 工事収益の計上

建設工事にかかる工期は，6カ月で終了するものもあれば，1年超と長期間に及ぶものもある。そこで，工事契約に関して，受注者側が工事売上高を計上する場合，工事の進行途上においても，その進捗部分について成果の確実性が認められる場合には工事進行基準を適用し，この要件を満たさない場合には，工事完成基準を適用する。

（注）成果の確実性が認められる場合
　工事収益総額，工事原価総額，決算日における工事進捗度について，信頼性をもって見積ることができる状況をいう。

2 工事完成基準

工事が完成し発注者に引き渡しが完了した時点で，工事収益および工事原価を認識し，その年度の完成工事高および完成工事原価として計上する基準を**工事完成基準**という。

設　例　8-1

次の一連の取引を仕訳しなさい。なお，工事収益の計上方法は，工事完成基準による。

(1) 東京建設では，丸の内物産より大阪支社ビルの新築工事を受注し，請負価額は250,000円，契約金100,000円を契約時に前納の約束で，工事契約を締結した。

⑵ 東京建設では，本日，取引銀行を通じて，丸の内物産より契約金100,000円が当座預金に入金した旨の連絡を受け，これを確認した。
⑶ 丸の内物産の大阪支社ビルが完成し，引き渡しによる占有権移転登記が行われた。なお，総工事原価は200,000円であった。
⑷ 丸の内物産より，請負契約価額にもとづく工事費用の残金を約束手形で受け取った。

【解答】

⑴	仕 訳 な し			
⑵	(当 座 預 金)	100,000	(未成工事受入金)	100,000
⑶	(未成工事受入金)	100,000	(完 成 工 事 高)	250,000
	(完成工事未収入金)	150,000		
	(完 成 工 事 原 価)	200,000	(未成工事支出金)	200,000
⑷	(受 取 手 形)	150,000	(完成工事未収入金)	150,000

【解答への道】

⑴ 建設工事の契約締結だけでは，簿記上の取引とはならないので，仕訳は不要である。
⑵ 工事代金の一部を契約金という形で入金した場合には，前受金を意味する未成工事受入金勘定で処理する。
⑶ ビルが完成し，引き渡しが完了したら，請負価額を完成工事高勘定に計上し，収益を認識する。なお，未成工事受入金勘定と完成工事高勘定との差額を完成工事未収入金勘定で処理する。また，同時に工事原価を未成工事支出金勘定から完成工事原価勘定に振り替える。

基本例題15

次の建設工事に関する一連の取引を仕訳しなさい。
⑴ 大宮建設では，宇都宮物産より青森支社ビルの新築工事を受注し，請負価額は450,000円，契約金90,000円を契約時に前納の約束で，工事契約を締結した。
⑵ 大宮建設では，本日，取引銀行を通じて，宇都宮物産より契約金90,000円を当座預金に入金した旨の連絡を受け，これを確認した。
⑶ 宇都宮物産の青森支社ビルが完成し，引き渡しによる占有権移転登記が行われた。なお，総工事原価は320,000円であった。
⑷ 宇都宮物産より，請負契約価額にもとづく工事代金の残金を約束手形で受け取った。

3 工事進行基準

1. 工事進行基準とは

着工から完成まで1年を超えるような長期の工事期間を要するものについて，工事収益総額，工事原価総額および決算日における工事進捗度を合理的に見積って，当期の工事収益および工事原価を認識し，完成工事高および完成工事原価として計上する方法を**工事進行基準**という。

なお，決算日における工事進度を見積る方法のうち，主に原価比例法を用いて計算する。

$$\text{原価比例法：決算日における工事進捗度} = \frac{\text{決算日までの発生工事原価}}{\text{工事原価総額}}$$

2. 工事収益の計上

原価比例法を用いて，工事進行基準による工事収益は次のように計算する。

(1)第1年度

$$\text{工事収益} = \underset{\text{工事収益総額}}{\text{請負価額}} \times \frac{\text{実際発生工事原価}}{\text{工事原価総額}} \text{（＝第1年度の工事進捗度）}$$

(2)第2年度以降

$$\text{工事収益} = \underset{\text{工事収益総額}}{\text{請負価額}} \times \frac{\text{実際発生工事原価の累計額}}{\text{変更後の工事原価総額}} \text{（＝第2年度以降の工事進捗度）} - \text{既計上収益}$$

(3)完成年度

$$\text{工事収益} = \text{請負価額} - \text{既計上収益}$$

設　例　8－2

次の建設工事に関する一連の取引を仕訳しなさい。なお，工事収益の計上方法は，工事進行基準を適用している。また，工事収益の計算は，原価比例法によること。

⑴　発注先である代官山物産と事務所建築の工事契約を締結した。同工事の請負代金は500,000円であり，総工事原価は300,000円と見積られた。なお，この工事の契約と同時に工事代金の一部125,000円を小切手で受け取り，ただちに当座預金とした。

⑵　工事受注後，最初の決算を迎えた。当期における実際工事原価は90,000円であった。

⑶　事務所建築工事は順調に進んでいたが，着工後2年目における当期において，工事材料の高騰による工事原価の見直しを行い，総工事原価を325,000円と見積りし直した。なお，当期までの実際工事原価発生額は247,000円であった。

⑷　事務所の建築工事が完成し，代官山物産に完成物件を引き渡した。なお，当期までの実際工事原価は325,000円であった。

⑸　代官山物産より，工事代金の未収分を約束手形で受け取った。

【解答】

	借方科目	金額	貸方科目	金額
⑴	(当　座　預　金)	125,000	(未成工事受入金)	125,000
⑵	(未成工事受入金)	125,000	(完　成　工　事　高)	150,000
	(完成工事未収入金)	25,000		
	(完成工事原価)	90,000	(未成工事支出金)	90,000
⑶	(完成工事未収入金)	230,000	(完　成　工　事　高)	230,000
	(完成工事原価)	157,000	(未成工事支出金)	157,000
⑷	(完成工事未収入金)	120,000	(完　成　工　事　高)	120,000
	(完成工事原価)	78,000	(未成工事支出金)	78,000
⑸	(受　取　手　形)	375,000	(完成工事未収入金)	375,000

【解答への道】

⑵　工事収益：$500,000円 \times \frac{90,000円}{300,000円}$（＝0.3）＝150,000円

⑶　工事収益：$500,000円 \times \frac{247,000円}{325,000円}$（＝0.76）－150,000円＝230,000円

　　工事原価：247,000円－90,000円＝157,000円

⑷　工事収益：500,000円－（150,000円＋230,000円）＝120,000円

　　工事原価：325,000円－247,000円＝78,000円

⑸　完成工事未収入金：25,000円＋230,000円＋120,000円＝375,000円

　　または，

　　500,000円－125,000円＝375,000円

基本例題 16

次の一連の取引を仕訳しなさい。なお，工事収益の計上方法は，工事進行基準を適用している。また，工事収益の計算は，原価比例法によること。

(1) 発注先である成田物産と宮崎営業事務所を建設する工事契約を締結した。同工事の請負代金は800,000円であり，総工事原価は560,000円と見積られた。なお，この工事の契約と同時に工事代金の一部160,000円を小切手で受け取り，ただちに当座預金とした。

(2) 工事受注後，最初の決算を迎えた。当期における実際工事原価は252,000円であった。

(3) 宮崎営業事務所の建築工事は順調に進んでいたが，着工後２年目における当期において，工事材料の高騰により工事原価の見直しを行い，総工事原価を600,000円と見積りし直した。なお，当期までの実際工事原価発生額は480,000円であった。

(4) 宮崎営業事務所の建築工事が完成し，成田物産に完成物件を引き渡した。なお，当期までの実際工事原価は600,000円であった。

(5) 成田物産より，工事代金の未収分を約束手形で受け取った。

SUPPLEMENT

損失の発生が見込まれる場合

工事契約から損失が見込まれるに至った場合は，当該見込額を**工事損失引当金**に計上する。この処理は，工事契約において工事進行基準を採用しているか工事完成基準を採用しているかを問わず適用される。

設　例

次の一連の取引を仕訳しなさい。なお，この工事は成果の確実性が認められないため，工事完成基準を適用している。

(1) 関西物産と社屋の工事契約（契約額1,000,000円，工事原価総額800,000円）を締結し，契約額の一部400,000円が当座預金口座に振り込まれた。

(2) 着工後１年目の決算となった。当期の実際工事原価は320,000円であった。

(3) 着工後２年目の決算となった。当期の実際工事原価は280,000円であった。なお，工事原価総額の見積りを1,100,000円に変更したため，工事損失見込額分の工事損失引当金を見積る。

(4) 工事が完成し，関西物産に引き渡した。なお，当期の実際工事原価は440,000円であった。

【解答・解答への道】

⑴（当　座　預　金）　400,000　（未成工事受入金）　400,000

⑵　仕訳なし

⑶（完成工事原価）　100,000　（工事損失引当金）　100,000

1,000,000円（契約額）－1,100,000円（工事原価総額）＝△100,000円

⑷（未成工事受入金）　400,000　（完　成　工　事　高）　1,000,000

（完成工事未収入金）　600,000

（完成工事原価）＊1,040,000　（未成工事支出金）　1,040,000

（工事損失引当金）　100,000　（完成工事原価）　100,000

＊　320,000円（1年目）＋280,000円（2年目）＋440,000円（3年目）＝1,040,000円

成果の確実性を事後的に喪失した場合

工事の進行途上において，成果の確実性が認められないこととなったときは，工事進行基準を適用することができなくなる。このような場合には，工事契約に係る収益の認識基準として工事完成基準を適用することになる。

設　例

次の一連の取引を仕訳しなさい。なお，この工事は成果の確実性が認められるため，工事進行基準を適用している。

⑴　九州物産と社屋の工事契約（契約額1,000,000円，工事原価総額800,000円）を締結し，契約額の一部400,000円が当座預金口座に振り込まれた。

⑵　着工後１年目の決算となった。当期の実際工事原価は320,000円であった。工事収益の計算は原価比例法による。

⑶　着工後２年目の決算となった。当期の実際工事原価は280,000円であった。なお，成果の確実性が認められないこととなったため，工事完成基準を適用する。

⑷　工事が完成し，九州物産に引き渡した。なお，当期の実際工事原価は240,000円であった。

【解答・解答への道】

⑴（当　座　預　金）　400,000　（未成工事受入金）　400,000

⑵（未成工事受入金）　400,000　（完　成　工　事　高）＊1　400,000

（完成工事原価）　320,000　（未成工事支出金）　320,000

＊１　$1,000,000円 \times \frac{320,000円}{800,000円}$（0.4）＝400,000円

(3) 仕訳なし

	借方		貸方	
(4)	(完成工事未収入金)	600,000	(完 成 工 事 高)	600,000
	(完 成 工 事 原 価) *2	520,000	(未成工事支出金)	520,000

*2 280,000円（2年目）+240,000円（3年目）=520,000円

SUPPLEMENT

MEMO

テーマ9 建設業会計（建設業簿記）と原価計算

このテーマでは，テーマ1で学習した建設業会計（建設業簿記）と原価計算の関係についてより詳しく学習する。

1 建設業会計の特徴

建設業会計は，一般の製造業（工業簿記）と異なり，次のような特徴がある。

⑴ 受注請負生産（オーダー・メイド）が中心的である。
⑵ 公共工事が多い。
⑶ 工事期間が比較的長期である。
⑷ 工事現場（製造場所）が数カ所に点在（移動）する。
⑸ 常置性固定資産が少ない。
⑹ 工事種数（工種）および作業単位が多様であるため，工種別原価計算が重視される。
⑺ 1つの建設工事の完成のためには，多種多様な専門工事や作業を必要とするため，外注依存度が高い。
⑻ 生産現場の移動性などの理由から，建設活動と営業活動との間にジョイント性がある。

このほかにも，建設業の請負金額および工事支出金が高額であること，ほとんどの建設現場は屋外であるため，自然現象や災害との関連が大きいこと，共同企業体（ジョイント・ベンチャー）による受注があることが挙げられる。

2 原価計算の意義と目的

1. 意義

原価計算とは，企業内外の利害関係者に対して，企業の経営活動によって発生する原価や利益に関する経済的情報を企業の生産物などに結び付けて提供する理論と技術をいう。

2. 目的

『原価計算基準』において，原価計算の目的は，次の5つがある。

⑴財務諸表作成目的

企業の出資者，債権者，経営者等のために，過去の一定期間における損益ならびに期末における財政状態を財務諸表に表示するために必要な真実の原価を集計すること。

⑵価格計算目的

価格計算に必要な原価資料を提供すること。

⑶原価管理目的

経営管理者の各階層に対して，原価管理に必要な原価資料を提供すること。

原価管理とは原価の標準を設定してこれを指示し，原価の実際の発生額を計算記録し，これを標準と比較して，その差異の原因を分析し，これに関する資料を経営管理者に報告し，原価能率を増進する措置を講ずることをいう。

⑷予算管理目的

予算の編成ならびに予算統制のために必要な原価資料を提供すること。

予算とは，予算期間における企業の各業務分野の具体的な計画を貨幣的に表示し，これを総合編成したものをいい，予算期間における企業の利益目標を指示し，各業務分野の諸活動を調整し，企業全般にわたる総合的管理の要具となるものである。

⑸基本計画設定目的

経営の基本計画を設定するに当たり，これに必要な原価情報を提供すること。

基本計画とは，経済の動態的変化に適応して，経営の給付目的たる製品，経営立地，生産設備等経営構造に関する基本的事項について，経営意思を決定し，経営構造を合理的に組成することをいい，随時的に行われる決定である。

わが国における原価計算の実践規範としては，昭和37年11月に大蔵省企業会計審議会が中間報告として公表した『原価計算基準』がある。建設業では，この『原価計算基準』と『建設工業原価計算要綱案』（昭和23年）をもとに会計処理・手続きを行っている。

3 原価計算制度と特殊原価調査

1. 原価計算制度

原価計算制度とは，複式簿記（財務会計機構）と有機的に結合して，常時継続的に行われる原価計算である。

この原価計算制度は，財務諸表作成，原価管理，予算統制等，経常的な目的が達成されるための一定の計算秩序である。

2. 特殊原価調査

特殊原価調査とは，財務会計機構のらち外において随時断片的に実施される意思決定原価に関する分析と調査の作業をいう。

この特殊原価調査は，長期的で構造的な問題から，短期的で業務的な問題まで，各種の特定の意思決定問題が生じたときに，その意思決定に役立つ原価情報を提供するとともに，個別的に行われる計算と分析である。

なお，特殊原価調査で使われる原価は，意思決定用の原価データであることから，すべて事前原価あるいは未来原価である。また，特別な原価である機会原価，差額原価，増分原価，取替原価，付加原価，回避可能原価などの原価概念が使われる。

建設業における具体例としては，新素材の建設資材を採用するか否かの採算計算，新型建設機械への取替え用の検討資料作成などが挙げられる。

3. 原価計算制度と特殊原価調査の比較

原価計算制度と特殊原価調査との相違を項目別に比較すると，次のとおりである。

	原価計算制度	特殊原価調査
会計機構との関係	財務会計機構と結合した計算	財務会計機構のらち外で実施される計算および分析
実施期間	常時継続的	随時断片的，個別的
技法	配賦計算中心，会計的	比較計算中心，調査的，統計的
活用原価概念	過去原価，支出原価中心	未来原価，機会原価中心
目的機能	財務諸表作成目的を基本とし，同時に原価管理，予算管理などの目的を達成する。	長期，短期経営計画の立案，管理に伴う，意思決定に役立つ原価情報を提供する。

設例 9－1

次に示す原価の算定は，原価計算制度「A」であるか，特殊原価調査「B」であるか記号で解答しなさい。

1．材料費の払出計算における移動平均法から先入先出法への変更。
2．現在，委託業者に依頼している作業を自社で行うかの検討。
3．現場共通費について，機械運転時間を基準に配賦。
4．工事現場で使用する建設機械を今後購入せず，リースにするかの検討。

【解答】

1．A　　2．B　　3．A　　4．B

4 原価の一般概念と非原価

1. 原価の一般概念

原価計算制度上の原価として，『原価計算基準』には，次のように規定されている。

「原価とは，経営における一定の給付にかかわらせて，把握された財貨または用役（以下，これを「財貨」という）の消費を，貨幣価値的に表したものである。」

さらに具体的にその本質を，次の4つにまとめている。

(1)原価は，経済価値の消費である。

財貨を取得する際に，経済的対価を必要とする価値の犠牲のみを原価計算の対象とし，経済価値を有しないもの（空気や日光など）や，社会的，芸術的などの観点からしかその価値評価をなし得ないようなものは，たとえ消費しても原価とはしない。

⑵原価は，経営において作り出された一定の給付に転嫁される価値であり，その給付にかかわらせて，把握されたものである。

給付とは，経営活動により作り出される財貨をいい，最終給付である製品のみでなく，半製品や仕掛品などの中間的給付をも意味する。

⑶原価は，経営目的に関連したものである。

経営目的とは，一定の財貨を生産し販売することである。原価は，かかる財貨の生産，販売に関して消費された経済価値であり，経営目的に関連しない価値の消費を含まない。経営目的以外の資金調達・返還等の活動に関する財務費用や，剰余金の処分にともなう価値の減少は，原則として原価を構成しない。

⑷原価は，正常的なものである。

異常な状態を原因とする価値の減少は，原価には含めない。

2. 非原価項目

非原価項目とは，原価計算制度において，原価性を有しないと判定されるものをいい，『原価計算基準』では次のものを挙げている。

⑴経営目的に関連しないもの

①　投資資産である不動産や有価証券，未稼動の固定資産，長期にわたり休止している設備，その他経営目的に関連しない資産などに関する減価償却費等
②　寄付金など経営目的に関連しない支出項目
③　支払利息などの財務費用
④　有価証券の評価損や売却損

⑵異常な状態を原因とする価値の減少

①　異常な仕損，減損，棚卸消耗等
②　火災や風水害などの偶発的事故による損失
③　予期し得ない陳腐化等によって固定資産に著しい減価を生じた場合の臨時償却費
④　延滞金，違約金，罰課金，損害賠償金
⑤　偶発債務損失
⑥　訴訟費
⑦　臨時多額の退職手当
⑧　固定資産売却損及び除却損
⑨　異常な貸倒損失

⑶税法上特に認められている損金算入項目

⑷その他の利益剰余金に課する項目

3. 原価の種類

原価は，⑴原価の把握時期により「事前原価」と「事後原価」，⑵原価の集計対象により「プロダクト・コスト」と「ピリオド・コスト」，⑶原価の集計範囲により「全部原価」と「部分原価」にそれぞれ分類できる。

⑴事前原価と事後原価（原価の把握時期による分類）

①事前原価

事前原価とは，経営における諸行為の開始される前に測定される原価で，予定原価ともよばれる。この事前原価には，次のようなものがある。

a．注文獲得や契約価格設定のために算定される**見積原価** b．現実の企業行動を想定して算定される**予算原価** c．原価能率の増進のために，基準値として算定される**標準原価**

このうち，ａ．は一種の原価調査で，建設業では「積算」業務と関係のある原価測定である。ｂ．とｃ．は，予算管理制度あるいは原価管理制度としてシステム化されることが有効であり，一般的には，原価計算制度たる原価概念として機能する。

②事後原価

事後原価とは，経営における諸行為の後に測定される原価で，通常は，「実際消費量×実際価格」で計算される原価で，歴史的原価ともいわれる。

ただし，実際価格の把握には時間がかかることから，「実際消費量×予定価格」で算定することもあるが，これも事後原価に含まれる。

これらを総称しながら，事後原価を実際原価とよぶことも多い。

⑵プロダクト・コストとピリオド・コスト（原価の集計対象による分類）

①プロダクト・コスト

プロダクト・コストとは，一定の生産物（給付）単位に集計される原価をいい，製造業でいう製品原価であり，建設業でいう工事原価である。

プロダクト・コストは，一定の生産物に集計され，期末に損益計算書（売上原価）と貸借対照表（棚卸資産）に配分される。

②ピリオド・コスト

ピリオド・コストとは，一定期間の収益に直接対応させて，その一定期間に負担する費用として集計される原価をいい，具体的には，販売費及び一般管理費がある。

⑶全部原価と部分原価（原価の集計範囲による分類）

①全部原価

全部原価とは，すべての製造関係費用を集計し製品単位原価を算定する場合をいう。

②部分原価

部分原価とは，製造関係費用の一部（例えば変動費のみ）を集計し製品単位原価を算定する場合をいう。

ただし，建設業の場合は，伝統的に工事原価の全部と部分という原価概念は，ほとんど問題にならず，販売費及び一般管理費をも含めた，いわゆる総原価の全部か部分かの議論の方が，その対象となることが多い。なぜなら，事前の契約価格や料金決定において，より包括的な全部原価が重視されるからである。

原価にはこれらの他にも，投資に関するイニシャル・コスト（初期投資のコスト）とオペレーティング・コスト（投資行動後の経常活動にともなうコスト）や，経営行動を現実に実施するためのキャパシティ・コスト（経営行動に見合う活動の規模を維持していくコスト）とアクティビティ・コスト（適正な活動規模の運用による経営活動の遂行にともなって発生するコスト）がある。

設　例　9 - 2

次に示す費用もしくは損失は，いずれの<区分>に該当するか，その記号をA～Cで解答しなさい。

<区　分>

A　総原価のうち，工事原価として処理する。
B　総原価のうち，期間費用（ピリオド・コスト）として処理する。
C　非原価として処理する。

1．火災により材料倉庫が焼失したために発生した材料の損失額。
2．建設現場における仮設用材料費。
3．営業目的の広報活動に関する新聞広告代。
4．工事現場の安全管理における支出額。

【解答】

1. C　　2. A　　3. B　　4. A

4. 原価の基礎的分類

(1)計算目的別分類

計算目的別分類は，計算領域別分類といってもよく，原価計算がどのような目的のためにいずれの計算領域を包括すべきかに必要な分類基準であり，次のように分類される。

① 取得原価
② 製造原価（建設業でいう工事原価）
③ 販売費及び一般管理費

(2)発生形態別分類

発生形態別分類は，原価を構成する経済財の消費がどのような形態または特性で生ずるかによる分類基準であり，一般的な3分類法と建設業での4分類法がある。

〈一般的〉	〈建設業〉	
材料費	材料費	…物品の消費により発生する原価
労務費	労務費	…労働用役の消費により発生する原価
経　費	外注費	…外部供給用役の消費により発生する原価
	経　費	…上記以外のものの消費により発生する原価

建設業では，外注依存度が高いことから，外注費が工事原価の大半を占めることが多い。そこで，経費から外注費を抜き出して，4つに分類することが一般的である。

⑶作業機能別分類

作業機能別分類とは，企業経営を遂行したうえで，原価がどのような機能のために発生したかによる分類基準である。この分類基準は，⑴計算目的別分類と⑵発生形態別分類により区別された原価の二次的な細分類のために利用される。

① 材料費……………………主要材料費，修繕材料費，試験研究材料費など
② 労務費……………………直接作業工賃金，監督者給料，事務員給料など
③ 経　費（例：電力料）…動力用電力料，照明用電力料など
④ 販売費及び一般管理費…広告宣伝費，出荷運送費，倉庫費など

なお，建設業独特の分類として，原価を工事種類（工種）別に区分することなどはこの分類基準に属する。

⑷計算対象との関連性分類

計算対象との関連性分類とは，最終生産物の生成に関して，直接的に認識されるか否かによる分類基準であり，次のように分類される。

〈一般の製造業での分類〉

① **製造直接費**…特定の製品の製造に関して直接的に認識される原価
② **製造間接費**…特定の製品の製造に関して直接的に認識されない原価（各製品に共通して発生する原価）

〈建設業での分類〉

① **工事直接費**…特定の工事に関して直接的に認識される原価
② **工事間接費**…特定の工事に関して直接的に認識されない原価（各工事に共通して発生する原価）

⑸操業度との関連性分類

操業度との関連性分類とは，操業度（生産設備を一定とした場合におけるその利用度合のこと）の変化に応じて，原価がどのように反応するかによる分類基準であり，次のように分類される。

① **変 動 費**…操業度の増減に応じて，比例的に増減する原価（例：直接材料費）
② **固 定 費**…操業度の増減とは無関係に，一定期間，総額において同額発生する原価（例：職員の給料，減価償却費など）
③ **準変動費**…固定費部分と変動費部分からなる原価（例：電力料，水道料など）
④ **準固定費**…全体として階段状に増減する原価（例：職長の給料など）

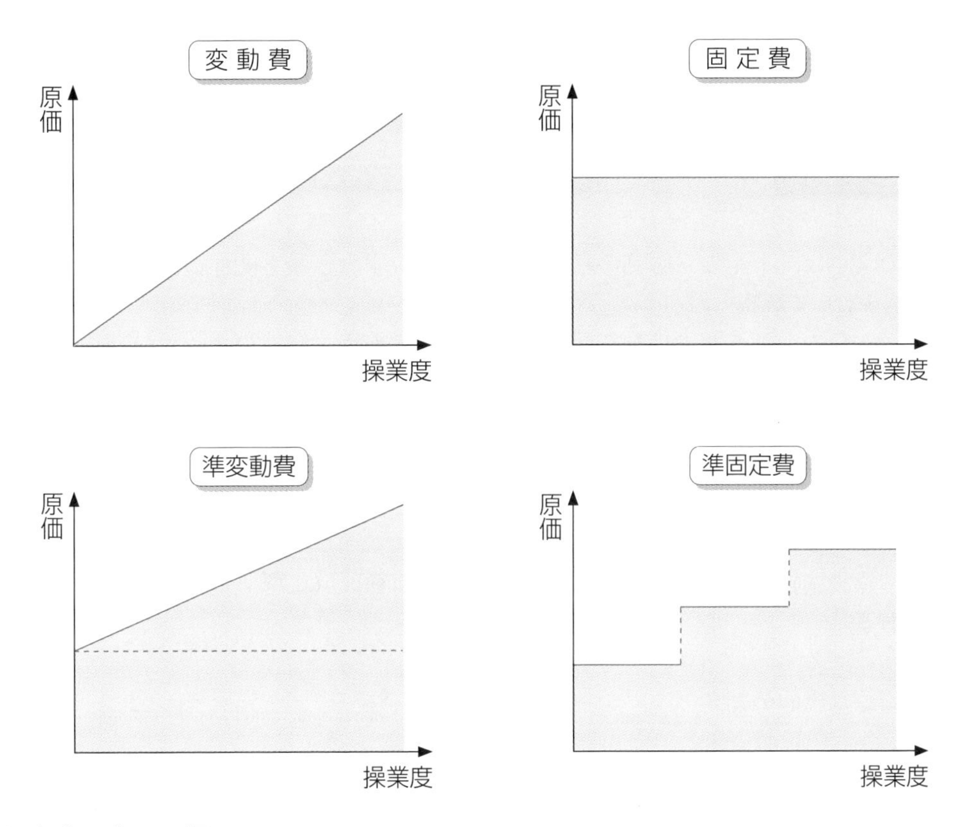

⑹発生源泉別分類

発生源泉別分類とは，原価管理（コスト・マネジメント）の要請から，原価をその発生源泉の観点から分類する基準であり，原価は次の２つに区分される。

①アクティビティ・コスト（業務活動費）

製造や販売の活動が実行される際に，その活動と付随して発生する原価であり，換言すれば，当該活動が実施されなければ発生しない原価である。よって，操業度との関係からいえば，ほぼ比例的に発生し，直接材料費や外注費がその例である。

②キャパシティ・コスト（経営能力費）

現実の企業経営活動を実践するために保持されるキャパシティ（製造販売能力）の準備および維持のために発生する原価であり，未来の活動を予定して，一定規模の人的組織と物的設備を保有するものである。よって，操業度との関係からいえば，ほぼ固定的に発生し，設備の減価償却費がその例である。

なお，キャパシティの継続的維持に関する原価は，短期的には固定費であるが，長期的には経営者の意思決定によって管理可能性をもった準固定費となりうる。

⑺管理可能性分類

管理可能性分類とは，原価の発生が一定の管理者層によって，管理しえるか否か（責任の範囲内か否か）による分類基準であり，原価は次の２つに区分される。

① **管理可能費**…原価の発生が一定の管理者によって管理できる原価

② **管理不能費**…原価の発生が一定の管理者にとって管理できない原価

なお，下級管理者にとって管理不能費であっても，上級管理者にとっては管理可能費となることがある。

設　例　9 - 3

次の文章は，下記の〈原価の基礎的分類〉のいずれと最も関係の深い事柄か，記号（A～D）で解答しなさい。

1．一般的な製造業では製造原価を材料費，労務費，経費の3つに分類するが，建設業では工事原価を材料費，労務費，外注費，経費の4つに分類する。
2．工事原価は，その発生がどこの工事現場によるのかが直接的に把握されるか否かにより，工事直接費と工事間接費に分類される。
3．工事原価は，工事の出来高に比例的に発生する変動費と，出来高にかかわらず変化しない固定費に分類される。
4．建設業独特の分類として，工事原価を工事種類（工種）別に区分することがある。

〈原価の基礎的分類〉
A　発生形態別分類　　B　作業機能別分類
C　計算対象との関連性分類　　D　操業度との関連性分類

【解答】
1．A　　2．C　　3．D　　4．B

5 原価計算の種類

1. 事前原価計算と事後原価計算

工事原価の測定を請負工事の前に実施するかそれ以降に実施するかの相違によって，事前原価計算と事後原価計算に区別される。

⑴事前原価計算

工事原価の測定を請負工事の前に実施し，実行予算作成を中心とする原価計算である。建設業では，工事を適正な価額で受注できるか否かにかなりの経営努力が必要となるため，事前での原価計算が重視される。事前原価計算は，以下の3つに区分される。

見積原価計算… 指名獲得または受注活動等の対外的資料のための原価算定

予算原価計算… 当該工事の確実な採算化のための内部的な原価算定

標準原価計算… 個々の工事の日常的管理のための能率水準としての原価算定

なお，見積原価計算は，原価調査であって，原価計算制度の対象外である。

⑵事後原価計算

実際原価または歴史的原価の測定で，工事の進行中に累積され，最終的には工事終了後に確定される原価計算である。つまり，実際工事原価の測定を目的としている。

第一義的には，財務諸表作成のために実施されるものであるが，原価管理を効果的に行うためには，⑴に挙げた予算原価計算や標準原価計算と有機的に結合してシステム化しなければならない。

2. 総原価計算と製造原価計算（工事原価計算）

⑴総原価計算

製造原価の計算に販売費及び一般管理費などの営業費の計算までを含めて行う原価計算である。

⑵製造原価計算

製造原価（製造直接費と製造間接費）だけで行う原価計算（建設業では工事原価計算）である。

建設業においては，事前では総原価計算が，事後では製造原価計算（工事原価計算）が中心となる。

3. 形態別原価計算と機能別原価計算（工種別原価計算）

⑴形態別原価計算

原価を発生形態別（材料費，労務費，経費）に把握しようとする原価計算で，事後の財務諸表作成に役立てる。

⑵機能別原価計算（工種別原価計算）

原価を作業機能別（主要材料費，修繕材料費など）に把握しようとする原価計算で，事前の積算と実行予算の作成によって，工事原価を測定し，原価管理に役立てる。

4. 個別原価計算と総合原価計算

⑴個別原価計算（job order costing）

個別原価計算とは，１つの生産指図書（建設業では工事指図書）に指示した生産品数量あるいは生産サービス量を原価集計単位として，その生産活動について費消した原価を把握しようとする原価計算方法で，その生産活動が受注個別生産型の企業に適した原価計算方法である。

建設業は請負という受注生産業種であるから，原則として個別原価計算が採用される。

⑵総合原価計算（process costing）

総合原価計算とは，一定期間における同一種生産物あるいは同一種サービスの生産量を原価集計単位として，その生産活動について費消した原価を把握しようとする原価計算方法で，その生産活動が見込大量生産型の企業に適した原価計算方法である。

個別原価計算と総合原価計算の特徴を対比しておくと次のようになる。

	個　別　原　価　計　算	総　合　原　価　計　算
計算の範囲	指図書に指示された活動全体	原価計算期間中の対象活動
計算の単位	指図書に指示された特定活動量	原価計算期間中の同一種プロダクトの活動量
計算のタイミング	事前，事後のいずれにおいても活用される	ほとんど事後において利用される
計算の期間	指図書に指示された期間が有効	一定の期間を設定することが必要
指図書の活用	特定製造指図書に原価を集計	指図書は原価計算のために利用しない
仕掛品原価の定義	ある時点において指図書上の指示生産量が未完成状態にある指図書に集計されたプロダクト・コスト	一原価計算期間末において未完成状態の生産量に配分されたプロダクト・コスト
直接費と間接費の定義	各指図書別にその発生額を識別できるコスト（直接費）と共通的に発生するコスト（間接費）	各製品品種別にその発生額を識別できるコスト（直接費）と共通的に発生するコスト（間接費）

設　例　9 - 4

次の文章は下記の〈原価計算の種類〉のいずれと最も関係の深い事象か，該当する記号（A〜E）で解答しなさい。

1．製造業では，材料費，労務費，経費を製造原価として製造原価報告書を作成するが，建設業では経費から外注費を独立させて，完成工事原価報告書を作成する。
2．原価計算基準にいう「原価の本質」の定義における原価性を有するものとは，工事原価に販売費及び一般管理費を含めたものである。
3．工事を受注する際に適正な価額で受注できるかどうかを判断するために行う原価計算であり，建設業会計では重視される。
4．受注した工事別に原価計算表を作成し原価を集計することは，受注生産を行う建設業において原則である。

〈原価計算の種類〉

A　個別原価計算　　B　総合原価計算　　C　形態別原価計算
D　事前原価計算　　E　総原価計算

【解答】

1．C　　2．E　　3．D　　4．A

6 建設業原価計算の目的

『原価計算基準』に規定する一般的な原価計算の目的は，次のとおりであった。

⑴財務諸表作成目的…外部報告のための損益計算書と貸借対照表の作成のために必要な真実の原価を集計すること。

⑵価格計算目的…価格計算に必要な原価資料を提供すること。

⑶原価管理目的…経営管理者の各階層に対して，原価管理に必要な原価資料を提供すること。

⑷予算管理目的…予算の編成ならびに予算統制のために必要な原価資料を提供すること。

⑸基本計画設定目的…経営の基本計画を設定するに当たり，これに必要な原価情報を提供すること。

一方，建設業原価計算の目的は，二本柱として，「適正な工事価額の算定」という対外的な認知の領域と，「経営能率の増進」という個別企業内の経営合理化の領域がある。

⑴対外的原価計算目的

①財務諸表作成目的

会社の経営成績や財政状態を報告するための財務諸表の作成において，必要かつ適正な原価（完成工事原価および未成工事原価）を提供することを目的として実施される。

②受注関係書類作成目的

受注に関係する書類作成のために「積算」という原価の集計作業を行って，見積原価を作成する。積算による見積原価は，一種の事前原価計算によって測定される。

③官公庁提出書類作成目的

「公共事業労務費調査」など，建設業特有の調査資料等の書類作成において，単なる財務諸表の組替え作業でない部分的原価の算定が必要となる。

⑵対内的原価計算目的

①個別工事原価管理目的

建設業における原価は工事現場で発生し，その現場は移動性をもち，各現場は単品生産であるから，建設業の原価管理は，基本的に個別工事単位で実施される。

建設業の個別工事原価管理とは，工事別の実行予算原価を作成し，これにもとづいて日常的作業コントロールを実施し，事後的には予算実績差異分析をし，これらの原価資料を経営管理者各層に報告し，原価能率を増進する措置を講ずる一連の過程をいう。この過程は，⑴①の目的と有機的に結合して，制度的に実施されることが望ましい。

②全社的利益管理目的

企業経営の安定的成長のためには計画的な経営が必要であり，この計画的な経営のためには，数年を対象とした長期利益計画と，次期を対象とした短期利益計画（予算）とがある。

利益計画とは，経済変動，受注動向，企業特質などを勘案して目標利益もしくは利益率を策定し，その実現のために，目標工事高および工事原価を予定計算することであり，全社的，期間的な予定（見積）原価計算が実施される。

一般会計編

テーマ10 現金及び預金

ここでは現金や当座預金の内容と処理方法に加えて銀行勘定調整表について学習する。

1 現金及び預金とは

1. 現金とは

簿記会計上，現金勘定に記入される資産は，**通貨**だけでなく**通貨代用証券**も含む。

まず通貨とは，現在流通中の紙幣および硬貨をいい，この中には外国通貨も含まれる。次に通貨代用証券とは，**換金性の高い**証券で，実質的に通貨と同様の役割を果たすものをいう。

通　　　　貨：紙幣および硬貨
通貨代用証券：(1)　他人振出の小切手
(2)　支払期日の到来した公社債の利札
(3)　株式配当金領収証（または銀行振込通知）

SUPPLEMENT

その他の主な通貨代用証券

1　送金小切手……銀行経由の送金手段として銀行が交付する小切手
2　送金為替手形……銀行経由の送金手段として銀行が振り込みに対して交付する為替手形
3　預金手形……銀行が預金者へのサービスを目的に現金の代用として交付する手形
4　郵便為替証書・電信為替券……郵便局が送金者の依頼にもとづいて交付する証券
5　振替貯金払出証書……振替貯金にもとづいて郵便局が交付する払出証書
6　一覧手形……受取人が支払人に呈示した日が満期とされる手形
7　官公庁支払命令書……法人税等還付通知書など

SUPPLEMENT

2. 現金の実査（現金過不足の処理）

(1)期中に現金過不足が発生した場合

現金の帳簿残高（現金出納帳残高）と現金の実際有高は，記帳漏れなどの原因により一致しないことが多い。この場合，その事実に合わせて帳簿残高を実際有高に修正し，その不足額または過剰額を一時的に**現金過不足**で処理しておく。そして，後日，原因が判明したときに正しい勘定へ振り替える。

また，決算日になっても原因がわからない場合は，決算整理仕訳において，不足額は現金過不足から**雑損失**（または**雑損**）へ，過剰額は現金過不足から**雑収入**（または**雑益**）へ振り替える。

設　例　10 - 1

次の取引について仕訳を示しなさい。

(1)① 現金の帳簿残高は30,000円であり，実際有高は28,500円であった。

② ①の現金不足額のうち，800円は販売費の記帳漏れであったが，700円の原因は判明しなかった。

(2)① 現金の帳簿残高は28,500円であり，実際有高は30,000円であった。

② ①の現金過剰額のうち，800円は受取利息の記帳漏れであったが，700円の原因は判明しなかった。

【解答】

	(1) 帳簿残高＞実際有高の場合		(2) 帳簿残高＜実際有高の場合	
①	(現金過不足) 1,500	(現　　金) 1,500	(現　　金) 1,500	(現金過不足) 1,500
②	(販 売 費) 800 (雑 損 失) 700 P/L営業外費用	(現金過不足) 1,500	(現金過不足) 1,500	(受取利息) 800 (雑 収 入) 700 P/L営業外収益

(2)決算時に現金過不足が発生した場合

決算にあたり，現金の実査を行った結果，帳簿残高（現金出納帳残高）と実際有高に原因不明の不一致が生じた場合には，**現金過不足**を用いずに，次のように処理する。

設　例　10 - 2

(1) 決算にあたり，現金の帳簿残高は1,000円であり，実際有高は900円であった。なお，不一致の原因は不明である。

(2) 決算にあたり，現金の帳簿残高は900円であり，実際有高は1,000円であった。なお，不一致の原因は不明である。

【解答】

(1) 帳簿残高＞実際有高の場合		(2) 帳簿残高＜実際有高の場合	
(雑 損 失) 100 P/L営業外費用	(現　　金) 100	(現　　金) 100	(雑 収 入) 100 P/L営業外収益

3. 預金とは

預金には，当座預金，普通預金，通知預金，別段預金，定期預金，郵便貯金，振替貯金，金銭信託などがある。これらの預金は，すべて預け入れたときはおのおのの預金勘定の借方に，引き出したときはその貸方に記入する。

なお，これらの預金の中で，当座預金は，銀行預金のうち最も代表的な預金であり，商取引の決済などのため，銀行で当座預金取引契約を締結して，預け入れには通貨および通貨代用証券を，その引き出しには小切手を使用する無利息の預金である。

2 銀行勘定調整表とは

1. 銀行勘定調整表とは

会社の当座預金勘定の残高と，銀行側の残高との不一致を明らかにする表を**銀行勘定調整表**という。不一致は，時間がたつとたいてい一致するが，決算日での不一致は貸借対照表に表示する当座預金の金額にも関係するので，特に銀行勘定調整表を作成して一致することを確認する必要がある。

2. 不一致の原因

まず不一致の原因について，当座預金勘定の増加および減少の取引例にしたがって示しておくが，修正仕訳が必要なものと必要でないものに大別される。

(1)**時間外預入**（じかんがいあずけいれ）：銀行の営業時間終了後の預け入れ（夜間金庫など）のため，銀行では翌（締後入金）営業日の預け入れとして処理される場合に，不一致となる。なお，時間外預入は，時間の経過により両者の残高は一致するので，**修正仕訳を必要としない。**

仕訳例 1

決算日に現金390円を預け入れた（決算日付けで記帳済み）が営業時間外のため銀行では翌日付けで入金の記帳がされた。

仕　訳　な　し

(2)**未取立小切手**（みとりたてこぎって）：相手方から入手した小切手について，取引銀行に取立依頼（預け入れ）をした段階で当社では当座預金の増加として処理するが，銀行ではまだ取り立てが完了していない場合に，不一致となる。なお，未取立小切手は，時間の経過により両者の残高は一致するので，**修正仕訳を必要としない。**

（注）実務的には，小切手を預け入れた段階で銀行でも入金処理するため（ただし，取り立てが完了するまでは引き出しはできない），会社の帳簿残高と銀行残高は一致する。この「未取立小切手」は学習簿記上の問題と考えること。

仕訳例 2

得意先から受け入れた小切手130円の取り立てを銀行に依頼していたが，決算日においてまだ銀行が取り立てていなかった。

仕　訳　な　し

(3)**未取付小切手**（みとりつけこぎって）：決済のために小切手を振り出して取引先に渡していたが，まだ取引先が銀行に呈示（取り付け）していない場合は，不一致となる。なお，未取付小切手は，時間の経過により両者の残高は一致するので，**修正仕訳を必要としない**。

仕訳例 3

仕入先に対して工事未払金支払いのために振り出した小切手20円（振出時に記帳済み）が，決算日において，まだ銀行に支払い呈示されていなかった。

仕　訳　な　し

(4)**連絡未通知**：銀行で当社に関係する当座振込や自動引落しなどがあったにもかかわらず，当社にその通知をしなければ，不一致となる。なお，連絡未通知は，すでに当座預金の入出金が行われているので，これにともなう**修正仕訳が必要になる**。

仕訳例 4

当座預金について，決算日に得意先からの完成工事未収入金200円の振り込みと，手形代金400円の引き落としが，当方に未達のため未記帳になっていた。

（当　座　預　金）	200	（完成工事未収入金）	200
（支　払　手　形）	400	（当　座　預　金）	400

(5)誤　記　入：実際の当座入金額，または当座出金額と異なる金額を記帳してしまう場合がある。なお，誤記入は，その訂正をしなければならないので，**修正仕訳が必要になる。**

仕訳例 5

得意先からの完成工事未収入金の振込額600円を，650円と誤記していた。

（完成工事未収入金）	50	（当　座　預　金）	50

(6)未渡小切手（みわたしこぎって）：決済のために小切手を振り出していたが，その小切手をまだ取引先に渡していない場合は，不一致となる。なお，未渡小切手は，小切手の管理という問題から，これを抹消するので，**修正仕訳が必要になる。**

仕訳例 6

工事未払金支払いのために振り出した小切手150円（振出時に記帳済み）が，決算日においてまだ金庫に保管されたままであった。

（当　座　預　金）	150	（工　事　未　払　金）	150

ここがPOINT!

「未渡小切手」のうち，費用や固定資産の購入代金を支払うために振り出した小切手が未渡しの場合，修正仕訳は貸借逆仕訳とはならない。

①工事未払金などの債務を支払うために振り出していた場合は，その処理を取り消すために**貸借逆仕訳**を行う。

・振出時	（工　事　未　払　金）	150	（当　座　預　金）	150
・修正仕訳	（当　座　預　金）	150	（工　事　未　払　金）	150

②費用や固定資産の購入代金を支払うために振り出していた場合は，費用はすでに発生し，固定資産はすでに増加しているので，これらは減らさず**未払金勘定**で処理する。

・振出時	（広　告　費）	150	（当　座　預　金）	150
・修正仕訳	（当　座　預　金）	150	（未　払　金）	150

3. 銀行勘定調整表の作成方法とひな型

銀行勘定調整表の作成方法にはいろいろあるが，このテキストでは，**両者区分調整法**について説明する。

銀行勘定調整表　(単位：円)

当社の帳簿残高		7,000	銀行の残高証明書残高		6,400
(加　算)			(加　算)		
(4) 入金連絡未通知	200		(1) 時間外預入	390	
(6) 未渡小切手	150	350	(2) 未取立小切手	130	520
(減　算)			(減　算)		
(4) 引落連絡未通知	400		(3) 未取付小切手		20
(5) 誤記入	50	450			
		6,900			6,900

(一致)

なお，銀行勘定調整表は照合表の１つであるため，摘要については「未渡小切手」などではなく，具体的な内容を示す方法（たとえば，○○商店分未渡小切手）によることもある。

基本例題17

次の資料により，銀行勘定調整表を作成し，修正仕訳を示しなさい。

（資料）

当社の当座預金の帳簿残高は1,951,800円，銀行残高証明書の残高は2,110,000円だったので，不一致の原因を調べたところ，次のことが判明した。

(1)　A工事の工事代金の回収分150,000円が当座預金に振り込まれていた。

(2)　手形の取立手数料1,800円が当座から差し引かれていた。

(3)　B工事の代金の回収として同店振り出しの小切手120,000円を受け取り，ただちに当座に預け入れたが，銀行では翌日入金としていた。

(4)　甲府工務店への未払金40,000円の支払いのため，小切手を振り出したが，まだ同店に渡されていなかった。

(5)　京都工務店への未払金の支払いとして振り出した小切手90,000円が，未取付であった。

銀行勘定調整表

令和×年３月31日　(単位：円)

当社の帳簿残高	(　　)	銀行の残高証明書残高	(　　)
(加算)		(加算)	
(　　)	(　　)	(　　)	(　　)
(　　)	(　　)		
(減算)		(減算)	
(　　)	(　　)	(　　)	(　　)
修正後残高	(　　)	修正後残高	(　　)

銀行勘定調整表の修正後残高は必ず一致する。また，決算日における修正後残高が，貸借対照表の当座預金の金額となることに注意すること。

SUPPLEMENT

その他の銀行勘定調整表の作成方法

⑴会社残高を基準とする方法

これは，会社残高を基準として，これに不一致原因を加減算して銀行残高を導く方法であり，［仕訳例１～６］により表を作成すれば次のようになる。

銀行勘定調整表

令和×年３月31日		（単位：円）
当社の帳簿残高		7,000
（加算）		
⑶　未取付小切手	20	
⑷　入金連絡未通知	200	
⑹　未渡小切手	150	370
		7,370
（減算）		
⑴　時間外預入	390	
⑵　未取立小切手	130	
⑷　引落連絡未通知	400	
⑸　誤記入	50	970
銀行の残高証明書残高		6,400

⑵銀行残高を基準とする方法

これは，銀行残高を基準として，これに不一致原因を加減算して会社残高を導く方法であり，［仕訳例１～６］により表を作成すれば次のようになる。

銀行勘定調整表

令和×年３月31日 （単位：円）

銀行の残高証明書残高		6,400
（加算）		
⑴ 時間外預入	390	
⑵ 未取立小切手	130	
⑷ 引落連絡未通知	400	
⑸ 誤記入	50	970
		7,370
（減算）		
⑶ 未取付小切手	20	
⑷ 入金連絡未通知	200	
⑹ 未渡小切手	150	370
当社の帳簿残高		7,000

SUPPLEMENT

テーマ*11* 有価証券

ここでは，有価証券の基本的な処理と端数利息，さらに，差し入れと貸借について学習する。

1 有価証券の範囲

簿記上の有価証券の範囲は，原則として金融商品取引法に定義する有価証券にもとづく。

具体的に，建設業経理士2級の試験で出題される有価証券は，⑴株式，⑵国債・社債等の債券などである。

2 有価証券の分類

1. 保有目的による分類

⑴売買目的有価証券 ⇨ 売買目的で保有

売買目的有価証券とは，時価の変動により利益を得ることを目的（トレーディング目的）として保有する有価証券をいい，通常は同一銘柄に対して相当程度の反復的な購入と売却が行われる。

⑵満期保有目的の債券 ⇨ 満期まで保有

満期保有目的の債券とは，満期まで所有する意図をもって保有する社債その他の債券をいい，あらかじめ償還日が定められており，かつ，額面金額による償還が予定されている。

⑶子会社株式・関連会社株式 ⇨ 支配目的などで保有

子会社株式とは，当社の子会社が発行している株式をいい，関連会社株式とは，当社の関連会社が発行している株式をいう。

親会社とは，他の企業の意思決定機関（株主総会，取締役会など）を支配している企業をいい，子会社とは，当該他の企業をいう。親会社および子会社または子会社が，他の企業の意思決定機関を支配している場合における当該他の企業も，その親会社の子会社とみなす。

関連会社とは，企業（当社の子会社を含む）が，出資，人事，資金，技術，取引などの関係を通じて，子会社以外の他の企業の意思決定に対して重要な影響を与えられることができる場合における当該子会社以外の他の企業をいう。

親会社	他の企業の意思決定機関を支配している企業
子会社	他の企業に意思決定機関を支配されている企業
関連会社	他の企業の意思決定に重要な影響を与えることができる場合における当該子会社以外の他の企業

（注１）他の企業の意思決定機関を支配している企業とは，①他の企業の議決権の過半数（50％超）を所有している企業または②議決権の40％以上50％以下を所有し，かつ，一定の要件を満たす企業などをいう。
（注２）他の企業の意思決定機関に重要な影響を与えることができる企業とは，①子会社以外の他の企業の議決権の20％以上を所有している企業または②子会社以外の他の企業の議決権の15％以上20％未満を所有し，かつ，一定の要件を満たす企業などをいう。

⑷その他有価証券 ⇨ 長期保有目的などで保有

その他有価証券とは，売買目的有価証券，満期保有目的の債券，子会社株式および関連会社株式以外の有価証券をいう。その他有価証券には，長期的な時価の変動により利益を得ることを目的として保有する有価証券や持ち合い株式のように業務提携の目的で保有する有価証券が含まれる。

2. 表示科目と表示区分による分類

有価証券は，貸借対照表に記載する表示科目と勘定科目が異なるので注意が必要である。ただし，建設業経理士２級の試験では，貸借対照表上の表示科目をもって仕訳を解答させる問題が出題されている。

売買目的有価証券および１年以内に満期の到来する社債その他の債券は，流動資産に「有価証券」として表示する。

その他の有価証券は，原則として，固定資産（投資その他の資産）に「投資有価証券」として表示するが，子会社株式および関連会社株式は，「関係会社株式」として表示する。

保有目的による分類	B/S上の表示科目	B/S上の表示区分
売買目的有価証券	有価証券	流動資産
満期保有目的の債券	投資有価証券	固定資産（投資その他の資産）（注）
子会社株式 関連会社株式	関係会社株式	固定資産（投資その他の資産）
その他有価証券	投資有価証券	固定資産（投資その他の資産）（注）

（注）１年以内に満期の到来する社債その他の債券は，売買目的有価証券と同様に，流動資産に「有価証券」として表示する。

3 株式の購入と売却

1. 株式と受取配当金

株式を取得すると会社の株主となる。株主は会社のオーナーの一員として利益の分配を受けることができる。これを**配当**という。

所有する株式について配当を株式配当金領収証により受け取ったときは，通貨代用証券（＝現金）として取り扱われ，**受取配当金**（収益）を計上する。

仕訳例 1

かねてより所有している東日本電力株式会社の株式10,000株について，同社から株式配当金領収証300,000円が郵送されてきた。

（現　　　　金）	300,000	（受 取 配 当 金）	300,000

SUPPLEMENT

配当と基準日

株式会社は，配当金の支払い等について基準日を定めることができる。基準日を定めた場合，配当金は基準日に株式を所有している者（株主）に対して支払われる。配当は一般的に年2回，決算配当（定時株主総会の決議による配当），中間配当（定時株主総会後，取締役会の決議による配当）という形で行われるが，それぞれ，その基準日が定められる。したがって，基準日の日に株主であればその期間の配当金を受け取ることができるが，基準日の日に株主でなければその期間の配当金を受け取ることはできない。

SUPPLEMENT

2. 株式の購入と売却

株式を購入により取得した場合は，購入代価に購入手数料などの付随費用を加算した額をもって取得原価とする。

取得原価 ＝（1株あたりの）買入単価 × 買入株数 ＋ 購入手数料

また，株式を売却した場合は，売却した株式の売却価額と帳簿価額の差額を**有価証券売却益勘定**（収益），または，**有価証券売却損勘定**（費用）で処理する。

売却価額 － 帳簿価額 ＝ ｛（＋）有価証券売却益／（－）有価証券売却損｝

なお，同一銘柄のものを異なる価格で購入し，その一部を売却した場合の単価（1単位あたりの取得原価）は，平均原価法（移動平均法または総平均法）により計算する。

設例 11－1

次の取引について仕訳を示しなさい。

⑴ 売買目的により，A社の株式1,000株を1株80円で購入し，代金は現金で支払った。

⑵ ⑴のA社の株式500株を1株86円で追加購入し，代金は現金で支払った。

⑶ A社の株式 500株を1株100円で売却し，代金は現金で受け取った。

【解答・解答への道】

	借方科目	金額	貸方科目	金額
⑴	(有 価 証 券)＊1	80,000	(現　　　金)	80,000
⑵	(有 価 証 券)＊2	43,000	(現　　　金)	43,000
⑶	(現　　　金)＊3	50,000	(有 価 証 券)＊4	41,000
			(有価証券売却益)＊5	9,000

＊1　@80円×1,000株＝80,000円（取得原価）

＊2　@86円×500株＝43,000円（取得原価）

$$\therefore \frac{80,000円+43,000円}{1,000株+500株}=\frac{123,000円}{1,500株}=@82円（平均単価）$$

＊3　@100円×500株＝50,000円（売却代金）

＊4　@82円×500株＝41,000円（売却原価）

＊5　50,000円－41,000円＝9,000円（売却益）

SUPPLEMENT

売却手数料が問題となる場合

有価証券の売却時において，証券会社等に手数料を支払う場合，その売却手数料の処理は次の2つの方法が考えられる。［設例11－1］⑶において，売却手数料1,000円を支払う場合，その仕訳は以下のとおりである。

⑴「支払手数料」を計上しないで「有価証券売却益」に加減する方法

借方科目	金額	貸方科目	金額
(現　　　金)＊1	49,000	(有 価 証 券)	41,000
		(有価証券売却益)＊2	8,000

＊1　売却価額50,000円－手数料1,000円＝49,000円

＊2　手取額49,000円－帳簿価額41,000円＝8,000円

⑵「支払手数料」として，営業外費用に計上する方法

借方科目	金額	貸方科目	金額
(現　　　金)＊1	49,000	(有 価 証 券)	41,000
(支 払 手 数 料)	1,000	(有価証券売却益)＊2	9,000

＊1　売却価額50,000円－手数料1,000円＝49,000円

＊2　売却価額50,000円－帳簿価額41,000円＝9,000円

SUPPLEMENT

4 公社債（債券）の購入と売却

1. 公社債（債券）と利息

公社債，たとえばある会社の社債を取得すると，その会社の債権者として，一定期間ごとに利息を受け取ることができる。なお，公社債に係る利息の授受は債券証書のクーポン（利札）によってなされることに注意する。

凸
¥1,000,000
壱百万円
凸凹 商事株式会社
第10回無担保社債券
（社債間限定同順位特約付）
金壱百万円
利率年 2.95% D券0399××号
償還期限 令和×6年6月28日
利渡日 毎年6月28日・12月28日
本社債券は、凸凹商事株式会社が令和×1年6月4日に開催した取締役会の決議に基づき、裏面記載の要項により発行するものである。
令和×1年6月28日
凸凹商事株式会社
取締役社長 渡辺雅紀
第10回 D券0399××号

凸凹商事株式会社第10回無担保社債
（社債間限定同順位特約付）
この部分は償還等の際使用しますので、本券から切り離さないで下さい。
4016116004000399××

（ご注意）
この債券及び利札は機械処理をしますので、次の点にご留意下さい。
1．利札は点線どおりお切り取り下さい。
2．機械読取用活字の部分（クリアー・ゾーン）は、汚したり、折り曲げたり、文字の記入や押印等を行わないで下さい。

また，簿記上期日の到来した公社債のクーポンは通貨代用証券（＝現金）として取り扱われるため，その期日の到来をもって利息の受け取りを認識し，**有価証券利息**（収益）を計上する。

仕訳例 2

かねてより所有している凸凹商事株式会社の社債につき，社債利札14,750円の期限が到来した。

（現　　　　金）	14,750	（有価証券利息）	14,750

2. 公社債の購入と売却

公社債を購入により取得した場合は，購入代価に購入手数料などの付随費用を加算した額をもって取得原価とする。

$$\text{取得原価} = （\text{1口あたりの}）\text{買入単価} \times \frac{\text{額面金額}}{100\text{円}} + \text{購入手数料}$$

公社債を売却したときの処理は株式の場合と同様である。

なお，公社債の売買においては，通常，端数利息の授受が問題となる。**端数利息**とは，公社債の売買が利払日と利払日の間で行われるとき，その買主が売主に対して支払うクーポン（利札） の経過利息をいい，原則として以下のように計算する。

$$\text{端数利息} = \text{公社債の額面金額} \times \text{年利率} \times \frac{\text{前利払日の翌日から売買日までの日数}}{365\text{日}}$$

(1)売却と端数利息の受け取り

売主は，売買日において期日の到来していない利札をつけたまま公社債の債券を渡す代わりに，原則として，売買日直前の利払日の翌日から売買日までの期間に相当する利息（端数利息）を買主より受け取る。

仕訳例 3

令和×1年11月12日に，かねて売買目的により額面100円につき96円で購入していた額面20,000円の社債を額面100円につき97円で売却し，代金は前利払日の翌日から売買日までの端数利息540円とともに小切手で受け取った。なお，この社債は利率年7.3%，利払日は6月末，12月末の年2回で，端数利息は1年を365日として日割計算する。

（現　　　　金）	19,940	（有　価　証　券）＊1	19,200
		（有価証券売却益）＊2	200
		（有価証券利息）＊4	540

＊1　帳簿価額：$@96\text{円} \times \frac{20,000\text{円}}{100\text{円}}$（200口）＝19,200円

＊2　売却損益：19,400円－19,200円＝200円〈売却益〉

〈利息の計算〉

問題文では数値を与えているが，以下のように計算することができる。

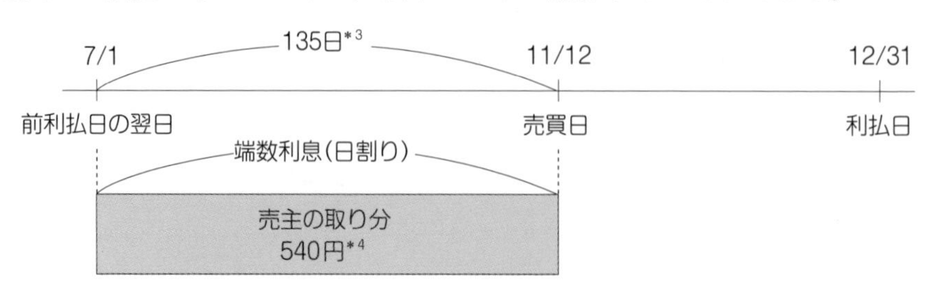

＊3　前利払日の翌日から売買日当日までの日数：
31日〈7/1～31〉＋31日〈8/1～31〉＋30日〈9/1～30〉＋31日〈10/1～31〉＋12日〈11/1～12〉＝135日

＊4　端数利息：20,000円×7.3％×$\frac{135日}{365日}$＝540円

公社債の売却取引は，「売却」の仕訳と「端数利息の受け取り」の仕訳に分けて考えるとよい。

①売　却

(現　　　金)＊5	19,400	(有 価 証 券)＊1	19,200
		(有価証券売却益)＊2	200

＊5　売却価額：@97円×$\frac{20,000円}{100円}$（200口）＝19,400円 … 端数利息の金額を含まない債券の時価で「裸相場」とよばれる額

②端数利息の受け取り

(現　　　金)	540	(有価証券利息)＊4	540

(2)購入と端数利息の支払い

買主は，売買日において期日の到来していない利札をつけたまま債券を受け取る代わりに，原則として，売買日直前の利払日の翌日から売買日までの売主分の利息（端数利息）を売主に対して支払う。その後，次の利払日に売主分の利息を含めた利息を債券の発行者から受け取ることとなるため，端数利息の支払いは立替払いの意味となる。

仕訳例 4

① 令和×１年11月12日に，売買目的により額面20,000円の社債を額面100円につき97円で購入し，端数利息540円とともに小切手を振り出して支払った。なお，この社債は利率年7.3%，利払日は６月末，12月末の年２回で，端数利息は１年を365日として日割計算する。

（有価証券）＊1	19,400	（当座預金）	19,940
（有価証券利息）＊4	540		

＊1 @97円×$\frac{20,000円}{100円}$（200口）＝19,400円

② 令和×１年12月31日，所有している社債の利札730円の期限が到来した。

（現金）	730	（有価証券利息）＊2	730

＊2 20,000円×7.3%×$\frac{6カ月}{12カ月}$＝730円（月割り）

〈利息の計算〉

問題文では数値を与えているが，以下のように計算することができる。

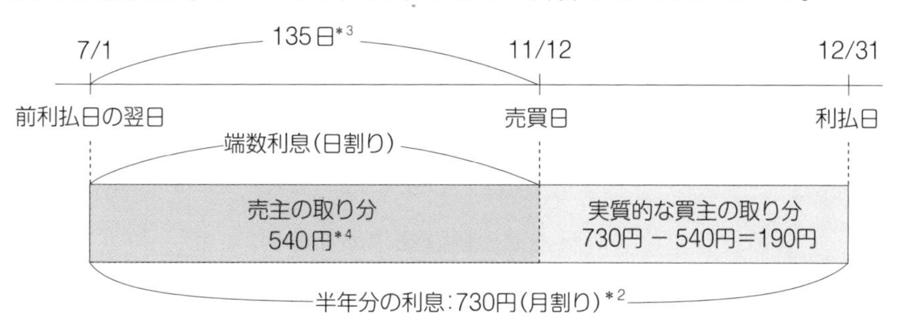

＊3 前利払日の翌日から売買日当日までの日数：
31日〈7/1～31〉＋31日〈8/1～31〉＋30日〈9/1～30〉＋31日〈10/1～31〉＋12日〈11/1～12〉＝135日

＊4 端数利息：20,000円×7.3%×$\frac{135日}{365日}$＝540円

［仕訳例４］にもとづいて勘定図を示すと，次のようになる。

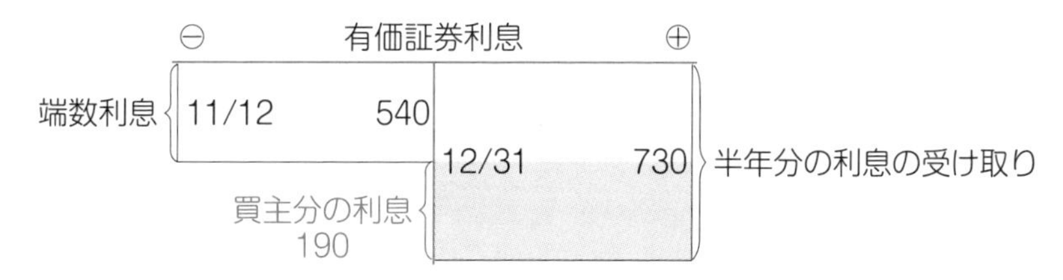

5 有価証券の期末評価

有価証券は，期末に貸借対照表上の価額を算定するために評価する。ここでは，売買目的有価証券と子会社株式および投資有価証券（その他有価証券）を取り上げる。

(1)売買目的有価証券

売買を目的として保有する有価証券は，時価で評価する。

有価証券を時価で評価した場合は，帳簿価額と時価の差額を**有価証券評価損勘定**（費用）または，**有価証券評価益勘定**（収益）で処理する。

なお，建設業経理士2級では，有価証券評価損を学習する。

仕訳例 5

売買目的の株式500株（取得原価@780円）を時価@750円に評価替えした。

（有価証券評価損）*	15,000	（有　価　証　券）	15,000

*（@750円－@780円）×500株＝△15,000円（評価損）

(2)子会社株式

子会社株式は原則として取得原価で評価する。

設　例 11－2

次に示す有価証券の貸借対照表上の価額を求めなさい。

銘　柄	帳簿価額	時　価	保有目的
A社株式	@600円　1,000株	@570円	子会社支配

貸借対照表上の価額　600,000円

(3)投資有価証券（その他有価証券）

投資有価証券（その他有価証券）は時価で評価する。

仕訳例 6

長期保有目的で所有する株式120,000円を時価110,000円に評価替えした。

（投資有価証券評価損）*	10,000	（投資有価証券）	10,000

*　110,000円－120,000円＝△10,000円（評価損）

なお，投資有価証券勘定は，その他有価証券勘定で処理することもある。

基本例題18

関西建設株式会社は，期末に次の有価証券を所有していた。下記の条件にしたがって，必要な決算仕訳を行いなさい。

銘　柄	帳簿価額		時　価	保有目的等
A社株式	@530円	10,000株	@510円	売買目的
B社株式	380	20,000	355	売買目的
C社株式	750	10,000	700	子会社支配
D社株式	550	12,000	520	投資目的

SUPPLEMENT

満期保有目的の債券の評価について

満期（償還期限の到来）まで所有する目的で保有する社債その他の債券は，取得原価をもって貸借対照表価額とする。

ただし，債券を債券金額より低い価額（または高い価額）で取得した場合，その差額が金利の調整と認められるときは，償還期限の到来までの期間にわたり，これを貸借対照表価額に一定の方法により加算（または減算）しなければならない。

これを償却原価法という。なお，決算整理事項については「テーマ17」参照。

銘　柄	額面金額	取得価額	備　考
C社社債	10,000円	9,700円	満期保有目的（償還まで3年）

なお，取得価額と額面金額の差額は，すべて金利調整差額と認められ，償却方法は定額法による（取得日令和×1年4月1日，会計期間1年，決算日3月31日）。

C社社債　(投資有価証券)＊　100　(有価証券利息)　100

＊　(10,000円－9,700円) ÷ 3年＝100円
なお，投資有価証券勘定に代えて，満期保有目的債券勘定を用いることもある。

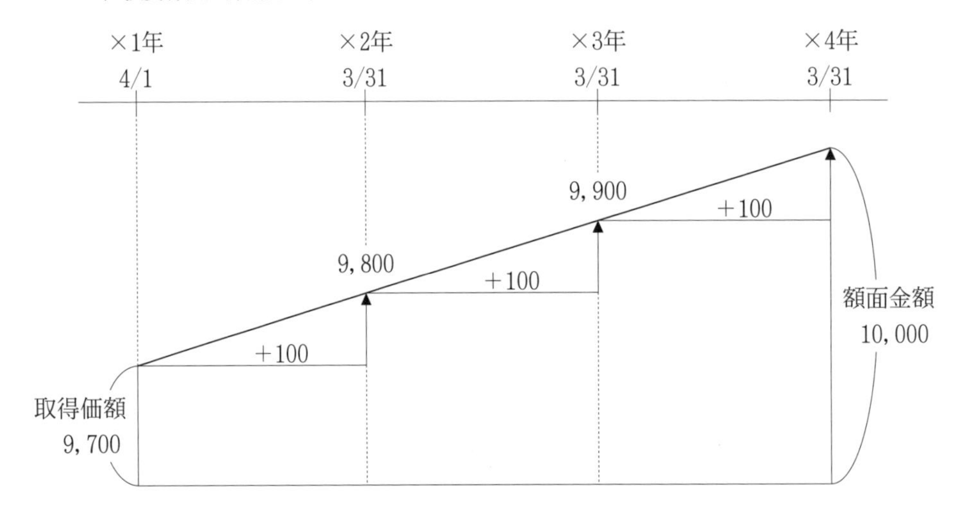

SUPPLEMENT

有価証券の保有目的による分類と表示区分および評価については，何度も［仕訳例］や［基本例題］を確認のうえ，しっかり覚えること。

6 差し入れと保管・貸付けと借入れ

1. 有価証券の差し入れ・保管

⑴差し入れ・保管とは

営業保証金または借入金の担保として有価証券を預けることを**差し入れ**といい，預かることを**保管**という。

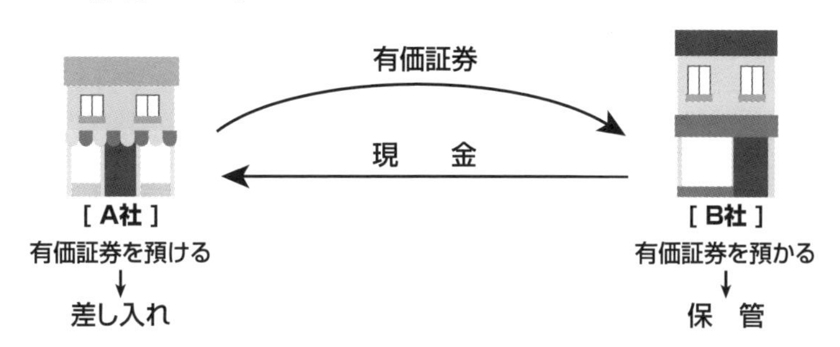

所有権は移転せず，債務を履行すれば同一の有価証券を返還してもらえるので，本来は簿記上の取引ではないが，備忘記録（びぼうきろく）として仕訳をするのが一般的である。

⑵差し入れた側の記帳

手許有価証券と区別するため，簿価により**差入有価証券勘定**（さしいれゆうかしょうけん）に振り替える。これは，将来返還を受ける権利を表す有価証券であることを明示するためである。

仕訳例 7

福井建設株式会社は金沢商事株式会社より現金500,000円を借り入れ，担保としてA社社債（満期保有目的，満期日５年後）を差し入れた。額面金額600,000円，帳簿価額@95円，時価@96円。なお，借入期間は３カ月である。

借方	金額	貸方	金額
（現　　　　金）	500,000	（短 期 借 入 金）	500,000
（差入有価証券）	570,000	（投資有価証券）	570,000

⑶預かる側の記帳

本来の自分の資産である有価証券と区別するため，借方に**保管有価証券勘定**とし，将来においてその有価証券を返還しなければならない債務を示すため，貸方に**預り有価証券勘定**とする。

保管有価証券勘定および預り有価証券勘定は，担保能力を示すためのものであるので時価により記帳される。ただし，時価が不明のときは額面によることもある。

仕訳例 8

金沢商事株式会社は［仕訳例７］の借入金500,000円を現金で貸し付け，担保としてＡ社社債（額面金額600,000円，時価@96円）を受け取った。

（短期貸付金）	500,000	（現　　　　金）	500,000
（保管有価証券）	576,000	（預り有価証券）	576,000

2. 有価証券の貸付けと借入れ

⑴貸借とは

有価証券の貸付けや借入れは，有価証券を取引先から借り入れ，この有価証券を下図のように，①担保として資金の貸付けを受け，または，②それを売却して現金化することにより資金を調達するという金融手段の１つとして利用されている。

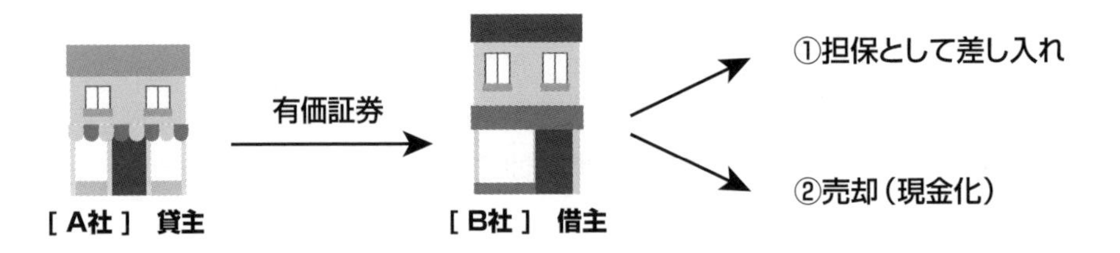

⑵貸した側の記帳

貸し付けた分だけ手許から有価証券がなくなるので，帳簿価額により次の仕訳を行う。

仕訳例 9

宮城建設株式会社は，長崎物産株式会社に売買目的で所有している新日本鉄工株式会社の株式（帳簿価額950,000円，時価1,200,000円）を貸し付けた。

（貸付有価証券）	950,000	（有　価　証　券）	950,000

⑶借りた側の記帳

自分の本来の資産である有価証券と区別するため保管有価証券とし，一方，返還すべき義務として**借入有価証券**とする。このときの金額は，有価証券の価値を示すため時価による。

仕訳例 10

長崎物産株式会社は，取引先の宮城建設株式会社より新日本鉄工株式会社の株式（時価1,200,000円）を借り入れた。

（保管有価証券）	1,200,000	（借入有価証券）	1,200,000

なお，借主がその有価証券を他に差し入れたときは，次のようになる。

仕訳例 11

借り入れている有価証券（簿価1,200,000円）を担保として，差し入れた。

（差入保管有価証券）	1,200,000	（保管有価証券）	1,200,000

（注）差入保管有価証券勘定は，差入有価証券勘定でもよい。

テーマ12 手形取引

ここでは，偶発債務，不渡り，更改，さらにその他の手形取引について学習する。

1 偶発債務

1. 偶発債務とは

偶発債務とは，債務の保証，手形の割引き・裏書き，引渡し済みの請負作業または売渡し済みの商品に対する各種の保証，係争事件に係る賠償義務，先物売買契約，受注契約，その他現実には発生していない債務で，将来において会社の現金支出等の負担となる可能性のあるものをいう。

2. 債務の保証とは

債務の保証とは，他人の債務に対して債務者が返済できないとき，その債務者に代わって支払うことを保証することをいう。つまり，保証人となることである。債務の保証をしただけでは簿記上の取引ではないが，偶発債務であることを考慮して備忘記録をしておくのが一般的である。

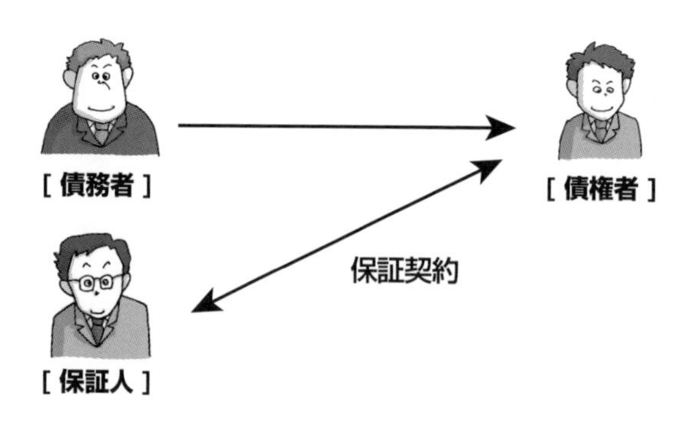

⑴債務の保証をしたとき

簿記上の取引ではないが，備忘記録として**対照勘定**を用いる。対照勘定とは，借方は権利を，貸方は義務を表すものと考えるとよい。

仕訳例 1

債務85,000円の保証を行った。

(保証債務見返)	85,000	(保　証　債　務)	85,000

(注) 偶発債務は，確定した金銭債務（借入金，工事未払金など）ではないので，貸借対照表の本文ではなく，脚注として表示される。ただし，精算表ではそのまま貸借対照表欄に記入される。

⑵債務者が返済したとき

偶発債務が消滅するので，逆仕訳を行い備忘記録を消去する。

仕訳例 2

かねて保証していた債務85,000円が無事に返済された。

(保　証　債　務)	85,000	(保証債務見返)	85,000

⑶債務者に代わって返済するとき

偶発債務は消滅するので，逆仕訳をするとともに，代わって支払った分の仕訳を行う。

仕訳例 3

かねて保証していた債務85,000円につき，債務者が支払い不能となったので現金で返済を行った。

(未　収　入　金)	85,000	(現　　　　金)	85,000
(保　証　債　務)	85,000	(保証債務見返)	85,000

(注) 未収入金勘定は，立替金勘定，貸付金勘定のいずれでもよい。
また，遅延利息などを一緒に支払った場合には，その金額は未収入金に含める。

基本例題19

次の一連の取引を仕訳しなさい。

⑴ 広島建設の借入金500,000円と神戸建設の借入金2,000,000円について，連帯保証人となる。

⑵ 神戸建設の借入金が期日に完済されたとの連絡があった。

⑶ 大阪建設が振り出した約束手形200,000円について，連帯保証人となる。

⑷ 広島建設の借入金につき，広島建設が支払い不能となったので，遅延利息15,000円とともに小切手を振り出して支払った。

⑸ 大阪建設の約束手形が不渡りとなり，手形債務者に代わって手形代金を小切手を振り出して支払った。

⑹ ⑸の債権が回収不能となった。なお，貸倒引当金の残高はないものとする。

2 手形権利の譲渡

1. 手形権利の譲渡

受け取っていた手形は，割引きや裏書きなどの方法により譲渡されるが，割引き・裏書きをして自分の手許から手形がなくなっても，**手形の遡求義務**（そきゅうぎむ）により，万一，その手形代金が決済日に決済されなかったとき（**不渡り**になるという）にはその責任を問われる。したがって，割引きした金額，裏書きした金額に対し，同額を偶発債務として備忘記録することがある。

SUPPLEMENT

手形の遡求義務

最初Bが受け取った手形が裏書きされて，Cに移動し，Cが最終的な所持人となり，決済日にAに手形代金を請求したが，拒絶され不渡りになったとする。

この場合に，CはAの代わりにBに対して，BはAに対して順にその手形代金を請求することができる。このように，裏書人が被裏書人（手形を譲渡された人）に対して手形代金を支払う義務を「遡求義務」という。

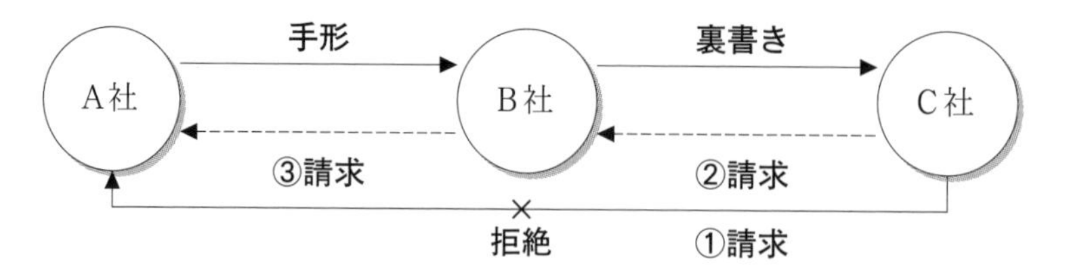

SUPPLEMENT

3 手形の裏書き

1. 手形の裏書きと偶発債務

手形の裏書きとは，**所有する手形を他人に譲り渡すこと**をいい，裏書きした金額は，貸借対照表上では注記表示される。

このことから，裏書きをした金額は偶発債務として備忘記録をする必要があり，処理方法には対照勘定法と評価勘定法の２つがある。

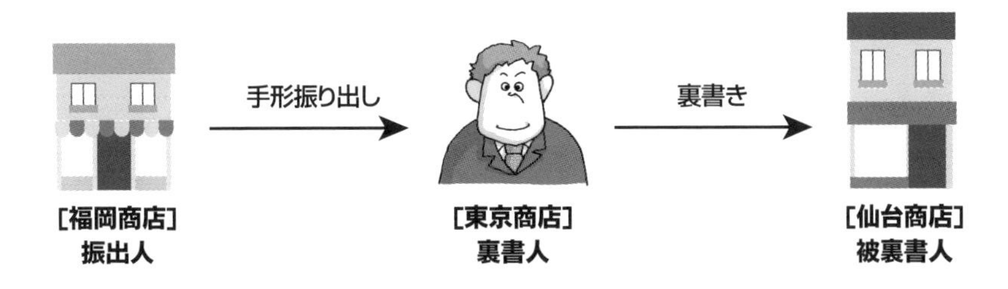

2. 対照勘定法

(1)手形を裏書きしたとき

裏書きにより手許からなくなった金額を受取手形勘定の貸方に記入して減らすとともに，同額を偶発債務として一対の対照勘定で備忘記録する。なお，対照勘定は**手形裏書義務見返勘定**と**手形裏書義務勘定**を用いる。

仕訳例 4

東京商店は手持ちの手形300,000円のうち福岡商店振出の約束手形70,000円を仙台商店へ裏書譲渡し，工事未払金の支払いに充てた。なお，遡求義務については対照勘定を用いる。

借方	金額	貸方	金額
(工事未払金)	70,000	(受取手形)	70,000
(手形裏書義務見返)	70,000	(手形裏書義務)	70,000

受取手形

借方	貸方
300,000	工事未払金 70,000

手形裏書義務見返

借方	貸方
手形裏書義務 70,000	

手形裏書義務

借方	貸方
	手形裏書義務見返 70,000

⑵裏書きをした手形が決済されたとき

受取手形勘定の貸方への記入は済んでいるので，ここでは，偶発債務の備忘記録を消滅させるために対照勘定を逆仕訳する。

仕訳例 5

東京商店はかねて仙台商店へ裏書譲渡していた福岡商店振出の約束手形70,000円が決済された報告を受けた。なお，この手形に対する遡求義務については対照勘定を用いている。

借方	金額	貸方	金額
（手形裏書義務）	70,000	（手形裏書義務見返）	70,000

手形裏書義務見返

借方	貸方
手形裏書義務 70,000	手形裏書義務 70,000

手形裏書義務

借方	貸方
手形裏書義務見返 70,000	手形裏書義務見返 70,000

3. 評価勘定法

⑴手形を裏書きしたとき

裏書きにより手許からなくなった金額は受取手形勘定から減らさず，受取手形勘定を評価する**裏書手形勘定**（資産のマイナス勘定）の貸方に記入する。

仕訳例 6

東京商店は手持ちの手形300,000円のうち福岡商店振出の約束手形70,000円を仙台商店へ裏書譲渡し，工事未払金の支払いに充てた。なお，遡求義務については評価勘定を用いる。

借方	金額	貸方	金額
（工事未払金）	70,000	（裏書手形）	70,000

受取手形

借方	貸方
300,000	

裏書手形

借方	貸方
	工事未払金 70,000

⑵裏書きをした手形が決済されたとき

偶発債務の備忘記録を消滅させるために裏書手形勘定の借方に金額を記入するとともに，受取手形勘定の貸方に金額を記入し，減少させる。

仕訳例 7

東京商店はかねて仙台商店へ裏書譲渡していた福岡商店振出の約束手形70,000円が決済された報告を受けた。なお，この手形に対する遡求義務については評価勘定を用いている。

（裏　書　手　形）　70,000　　（受　取　手　形）　70,000

受取手形			
	300,000	裏書手形	70,000

裏書手形			
受取手形	70,000	工事未払金	70,000

4 手形の割引き

1. 手形の割引きと偶発債務

手形の割引きとは，**所有する手形を満期日前に換金すること**をいう。

割引きの場合も，裏書き時と同様に偶発債務を備忘記録する必要があり，処理方法は対照勘定法と評価勘定法がある。

2. 対照勘定法

(1)手形を割り引いたとき

割引きにより手許からなくなった金額を受取手形勘定の貸方に記入して減らすとともに，同額を偶発債務として一対の対照勘定で備忘記録する。なお，対照勘定は**手形割引義務見返勘定**と**手形割引義務勘定**を用いる。

仕訳例 8

東京商店は手持ちの手形300,000円のうち福岡商店振出の約束手形70,000円を取引銀行で割り引き，割引料を差し引いた残額は当座預金とした。なお，割引額は利率年10%，割引日数は73日で１年間は365日として計算する。
また遡求義務については対照勘定を用いる。

（当座預金）	68,600	（受取手形）	70,000
（手形売却損）＊	1,400		
（手形割引義務見返）	70,000	（手形割引義務）	70,000

＊　$70,000円 \times 10\% \times \frac{73日}{365日} = 1,400円$

受取手形

300,000	諸　　口 70,000

手形割引義務見返

手形割引義務 70,000	

手形割引義務

	手形割引義務見返 70,000

（注）手形売却損勘定に代えて，手形割引料勘定，支払割引料勘定とすることもある。

(2)割引きをした手形が決済されたとき

受取手形勘定の貸方への記入は済んでいるので，ここでは，偶発債務の備忘記録を消滅させるために対照勘定を逆仕訳する。

仕訳例 9

東京商店はかねて取引銀行で割引きをしていた福岡商店振出の約束手形70,000円が決済された報告を受けた。なお，この手形に対する遡求義務については対照勘定を用いている。

（手形割引義務）	70,000	（手形割引義務見返）	70,000

手形割引義務見返

手形割引義務 70,000	手形割引義務 70,000

手形割引義務

手形割引義務見返 70,000	手形割引義務見返 70,000

3. 評価勘定法

⑴手形を割り引いたとき

割引きにより手許からなくなった金額は受取手形勘定から減らさず，受取手形勘定を評価する**割引手形勘定**（資産のマイナス勘定）の貸方に記入する。

仕訳例 10

東京商店は手持ちの手形300,000円のうち福岡商店振出の約束手形70,000円を取引銀行で割り引き，割引料を差し引いた残額は当座預金とした。なお，割引額は利率年10%，割引日数は73日で１年間は365日として計算する。

また，遡求義務については評価勘定を用いる。

（当　座　預　金）	68,600	（割　引　手　形）	70,000
（手 形 売 却 損）	1,400		

受取手形

借方	貸方
300,000	

割引手形

借方	貸方
	諸　口　70,000

⑵割引きをした手形が決済されたとき

偶発債務の備忘記録を消滅させるために割引手形勘定の借方に金額を記入するとともに，受取手形勘定の貸方に金額を記入し，減少させる。

仕訳例 11

東京商店はかねて取引銀行で割引きをしていた福岡商店振出の約束手形70,000円が決済された報告を受けた。なお，この手形に対する遡求義務については評価勘定を用いている。

（割　引　手　形）	70,000	（受　取　手　形）	70,000

受取手形

借方	貸方
300,000	割引手形　70,000

割引手形

借方	貸方
受取手形　70,000	諸　口　70,000

基本例題 20

次の取引を仕訳しなさい。

(1) さきに得意先千葉商事株式会社より受け取った同店振り出しの約束手形400,000円を，工事未払金支払いのため群馬土木株式会社へ裏書き譲渡した。なお，遡求義務については対照勘定を用いる。

(2) (1)の手形が満期日に決済されたとの連絡があった。

(3) さきに石川商事株式会社より受け取った同店振り出しの約束手形300,000円を東西銀行で割り引き，割引料5,000円を差し引かれ，手取金は当座預金とした。なお，遡求義務については評価勘定を用いる。

(4) (3)の手形が満期日に無事決済された旨の連絡があった。

「かねて～」「かつて～」「さきに～」の問題文は，すでに処理している取引の説明なので，仕訳を行う取引をしっかり読み取る必要がある。

5 手形の不渡り

1. 手形の不渡りとは

手形の不渡りとは，所持している手形，または裏書きした手形や割引きした手形が，満期日に支払いを拒絶されることをいう。このとき，不渡りとなった手形については，振出人またはその裏書人に対して，不渡りによって生じた満期日以後の利息や買戻しに要した諸費用を請求することができる。

振出人または裏書人に対する請求額は，**不渡手形勘定**（資産）で処理する。

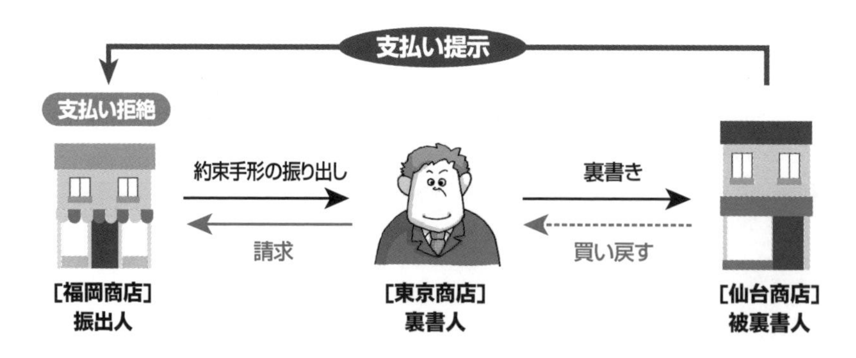

2. 手許にある手形の不渡り

手許にある手形が不渡りになったときは，受取手形勘定の貸方に記入するとともに，振出人または裏書人に対する請求額を不渡手形勘定の借方に記入する。

仕訳例 12

所有している受取手形70,000円が不渡りとなった。

(不渡手形)	70,000	(受取手形)	70,000

3. 裏書手形や割引手形の不渡り

この場合，不渡りとなった手形を買い戻すとともに，振出人・裏書人に手形代金と不渡りにともなう諸費用を請求するので，その請求額を不渡手形勘定の借方と当座預金などの支払いの諸勘定の貸方に記入する。

また，偶発債務の備忘記録は手形が決済されたときと同様に消滅させる。

仕訳例 13

東京商店は，かねて仙台商店に裏書譲渡した約束手形について償還請求を受け，手形金額70,000円および拒絶証書作成費用4,000円ならびに満期日までの法定利息1,000円とともに，小切手を振り出して支払った。なお，ただちに振出人である福岡商店に対して償還請求を行った。

⑴ **対照勘定法**

(不渡手形)	75,000	(当座預金)	75,000
(手形裏書義務)	70,000	(手形裏書義務見返)	70,000

⑵ **評価勘定法**

(不渡手形)	75,000	(当座預金)	75,000
(裏書手形)	70,000	(受取手形)	70,000

仕訳例 14

東京商店は，福岡商店に対する不渡手形75,000円について，10,000円を現金で受け取ったが，残りは貸倒れ処理することにした。なお，貸倒引当金の残高はない。

(現金)	10,000	(不渡手形)	75,000
(貸倒損失)	65,000		

SUPPLEMENT

手形の割引きおよび裏書きにともなう保証債務

受取手形の割引き時または裏書き時において手形債権に対する支配が移転しているため，その時点で「受取手形」の消滅を認識する（手形の売却とみなす）。ただし，裏書人としての遡求義務という新たな債務（二次的責任である保証債務）が同時に発生することになる。その会計処理は，原則として新たに生じた二次的責任である「保証債務」を金融負債として時価評価して認識するとともに，消滅した手形に対する「貸倒引当金」を取り崩す。

以下，手形の割引きを例に一連の仕訳を示しておく。

⑴対照勘定法

①手形の割引きをしたとき

保証債務の時価を700円とし，割引きをした手形に対する貸倒引当金が700円設定されているとき。

借方	金額	貸方	金額
（当座預金）	68,600	（受取手形）	70,000
（手形売却損）	1,400		
（手形割引義務見返）	70,000	（手形割引義務）	70,000
（保証債務費用） 費用	700	（保証債務） 負債	700
（貸倒引当金）	700	（貸倒引当金戻入）	700

②割引きをした手形が決済されたとき

借方	金額	貸方	金額
（手形割引義務）	70,000	（手形割引義務見返）	70,000
（保証債務）	700	（保証債務取崩益） 収益	700

③割引きをした手形が不渡りになったとき

償還請求の合計額が75,000円のとき。

借方	金額	貸方	金額
（不渡手形）	75,000	（当座預金）	75,000
（手形割引義務）	70,000	（手形割引義務見返）	70,000
（保証債務）	700	（保証債務取崩益）	700

⑵評価勘定法

①手形を割引きしたとき

保証債務の時価を700円とし，割引きをした手形に対する貸倒引当金が700円設定されているとき。

借方	金額	貸方	金額
（当座預金）	68,600	（割引手形）	70,000
（手形売却損）	1,400		

(保証債務費用)	700	(保　証　債　務)	700
(貸 倒 引 当 金)	700	(貸倒引当金戻入)	700

②割引きをした手形が決済されたとき

(割　引　手　形)	70,000	(受　取　手　形)	70,000
(保　証　債　務)	700	(保証債務取崩益)	700

③割引きをした手形が不渡りになったとき

償還請求の合計額が75,000円のとき。

(不　渡　手　形)	75,000	(当　座　預　金)	75,000
(割　引　手　形)	70,000	(受　取　手　形)	70,000
(保　証　債　務)	700	(保証債務取崩益)	700

SUPPLEMENT

基本例題21

次の仕訳をしなさい。

(1) かねて鹿成建設株式会社から受け取っていた同店振り出しの約束手形400,000円につき，本日，不渡りとなった旨の連絡を受けた。

(2) かねて取引銀行で割り引いていた手形350,000円が不渡りとなったので，同額の小切手を振り出して買い戻した。なお，遡求義務については対照勘定法を用いている。

6 手形の更改

1. 手形の更改とは

手形の書き替えともいい，手形の支払期日になっても資金の都合がつかないときに，手形の所持人の承諾を得て，支払期日を延長してもらうことをいう。

これは，新しい手形を振り出して旧手形と交換する手続きによって行うが，その際，支払期日の延長日数に応じた利息を支払うのが普通である。

2. 更改の記帳

(1)利息分を新手形代金に含めない場合

手形の更改は，支払期日を延期した新手形を交付し，旧手形を回収するため貸借に同一の科目が計上されるが，これは決して相殺してはならない。

仕訳例 15

① 債務者側

高知建設は，かねて振り出した約束手形300,000円につき，資金の都合から手形所持人である佐賀工務店に手形の更改を申し込み，同意を得た。そこで新手形と旧手形を交換した。ただし，利息10,000円については小切手を振り出して支払った。

(支払手形)→旧手形	300,000	(支払手形)→新手形	300,000
(支払利息)	10,000	(当座預金)	10,000

② 債権者側

佐賀工務店は，かねてより所有する約束手形300,000円につき，振出人高知建設より更改の申し込みを受け，同意した。そこで新手形と旧手形を交換した。ただし，利息10,000円については同店振り出しの小切手で受け取った。

(受取手形)→新手形	300,000	(受取手形)→旧手形	300,000
(現金)	10,000	(受取利息)	10,000

(2) 利息分を新手形代金に含める場合

仕訳例 16

① 債務者側

広島建設は，さきに振り出した約束手形200,000円につき，資金の都合から手形所持人である鳥取工務店に手形の更改を申し込み，同意を得た。そこで，利息5,000円を含めた新手形205,000円を振り出し，旧手形と交換した。

(支払手形)	200,000	(支払手形)	205,000
(支払利息)	5,000		

② 債権者側

鳥取工務店は所有する約束手形200,000円につき，振出人広島建設より更改の申し込みを受け，同意をした。なお，利息5,000円については新手形の額面金額に含めるものとし，旧手形と交換した。

(受取手形)	205,000	(受取手形)	200,000
		(受取利息)	5,000

7 営業外取引における約束手形

1. 営業外取引における約束手形

(1)営業外支払手形

固定資産や有価証券などの購入にもとづいて生じた手形債務は，主たる営業取引にもとづいて生じた手形債務（支払手形）とは区別して，**営業外支払手形勘定**で処理する。

仕訳例 17

店舗を拡張するため建物20,000,000円を購入し，代金のうち5,000,000円は小切手を振り出して支払い，残額は約束手形を振り出して支払った。

（建　　　　物）	20,000,000	（当　座　預　金）	5,000,000
		（営業外支払手形）	15,000,000

(2)営業外受取手形

固定資産や有価証券などの売却にもとづいて生じた手形債権は，主たる営業取引にもとづいて生じた手形債権（受取手形）とは区別して，**営業外受取手形勘定**で処理する。

仕訳例 18

資材置場として利用していた土地（帳簿価額10,000,000円）を40,000,000円で売却し，代金は約束手形で受け取った。

（営業外受取手形）	40,000,000	（土　　　　地）	10,000,000
		（土　地　売　却　益）	30,000,000

基本例題22

次の取引の仕訳をしなさい。

(1) 飛林建設株式会社では本社ビルを拡張するため建物5,000,000円を購入し，代金のうち600,000円は小切手を振り出して支払い，残額は約束手形を振り出して支払った。

(2) 資材置場として利用していた土地（帳簿価額2,300,000円）を2,750,000円で売却し，代金は約束手形で受け取った。

ここがPOINT! 固定資産や有価証券などの売買によって生じた手形債権・債務は，主たる営業取引にもとづいて生じた受取手形・支払手形と区別して，営業外受取手形勘定・営業外支払手形勘定で処理することになる。

SUPPLEMENT

金銭債権の評価

金銭債権とは，将来，金銭をもって返済を受ける債権であり，具体的には受取手形，貸付金などの債権をいう。

金銭債権の貸借対照表価額は，次のいずれかによることができる。

①取得原価基準　②債権金額基準　③取得原価基準（償却原価法）

金銭債権をその債権金額より低い価額（または高い価額）で取得したときは，債権金額と取得価額との差額について弁済期に至るまでの期間にわたり，逐次，貸借対照表価額を増額（または減額）することができる。このような方法を償却原価法という。

設　例

期首に得意先へ現金900,000円を返済期間５年で貸し付け，同店振り出しの約束手形1,000,000円を受け取った。

① 取得原価基準

	借方	金額	貸方	金額
貸付時：	(手形貸付金)	900,000	(現　　金)	900,000
決算時：	(未収利息)	20,000	(受取利息)＊	20,000

＊（1,000,000円－900,000円）×$\frac{1}{5}$＝20,000円

債権のB/S価額：900,000円（長期貸付金）

② 債権金額基準

	借方	金額	貸方	金額
貸付時：	(手形貸付金)	1,000,000	(現　　金)	900,000
			(受取利息)	100,000
決算時：	(受取利息)	80,000	(前受利息)＊	80,000

＊（1,000,000円－900,000円）×$\frac{4}{5}$＝80,000円

債権のB/S価額：1,000,000円（長期貸付金）

③ 取得原価基準（償却原価法）

	借方	金額	貸方	金額
貸付時：	(手形貸付金)	900,000	(現　　金)	900,000
決算時：	(手形貸付金)	20,000	(受取利息)＊	20,000

＊（1,000,000円－900,000円）×$\frac{1}{5}$＝20,000円

債権のB/S価額：920,000円（長期貸付金）

営業保証手形

外注業者との円滑な取引関係の維持や，建設資材の安定供給を確保するために，取引先に保証金を預けることがある。この保証金について手形を用いた場合，これを「営業保証手形」という。

	借方	金額	貸方	金額
預ける側：	(差入営業保証金) 流動資産または固定資産	300,000	(営業保証支払手形) 流動負債または固定負債	300,000
預かる側：	(営業保証受取手形) 流動資産または固定資産	300,000	(営業保証預り金) 流動負債または固定負債	300,000

（注）流動資産（負債）または固定資産（負債）の判定は「一年基準」による。

SUPPLEMENT

テーマ13 株式の発行

ここでは，株式の発行にともなう処理について学習する。

1 株式会社とは

1. 会社とは

建設業経理士２級では会社を前提とした簿記を学習する。**会社**(かいしゃ)とは，利益の追求を目的とする団体であり，法律上「人」として扱われることとなるが，会社のうちこのテキストでは**株式会社**(かぶしきがいしゃ)について説明する。

（注）会社には「合名会社(ごうめいがいしゃ)」「合資会社(ごうしがいしゃ)」「合同会社(ごうどうがいしゃ)」「株式会社」の４種類がある。

2. 株式会社の本質

株式会社とは「よい商品やアイデアはあるが，お金がない。もうかったら分け前をあげるので，だれかお金を出して」といって出資者を募り，元手（資本）を調達するシステムといえる。株式会社の設立にあたり会社に出資をした人たちは，会社の所有者としての地位（**株式**(かぶしき)）を取得し，会社に対して一定の権利を行使することができる。また，この株式を所有する人を**株主**(かぶぬし)といい，これを証券化したものを株券(かぶけん)という。

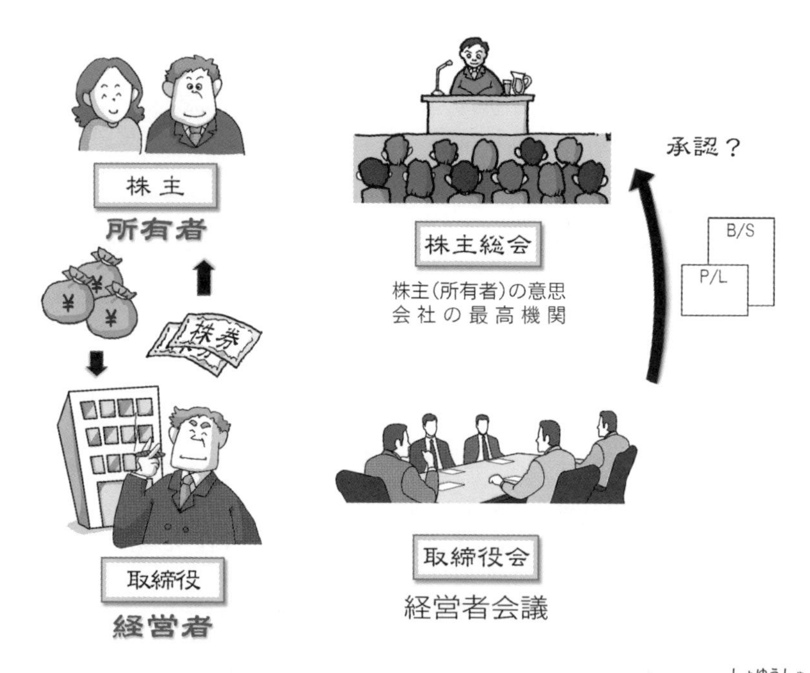

株主は，会社から配当金を受け取る権利や議決権などをもつ**会社の所有者**(しょゆうしゃ)である。ただし，仮に会社が倒産した場合，出資分は戻ってこないが，それ以上の責任を取る必要はない。これを，**株主の有限責任**(ゆうげんせきにん)という。有限責任だからこそ，出資者は安心し

て株式を買うことができ，株式会社は資金を集めやすいといえる。

株主は資金を出し，経営は商売のプロである取締役に任せる（**所有と経営の分離**）。そして，取締役または**取締役会**が会社の運営を決めていくが，株主自身の利益に重大な影響を与えるような事柄については，会社の最高機関である**株主総会**で決議する。

SUPPLEMENT

株式会社の機関の種類

会社は機関設計の最低限の規律を守りながら，その会社の実態に合わせて必要な機関を選択し，組織を作る必要がある。株式会社に設置される主な機関には次のようなものがある。

① **株主総会**：すべての株式会社で必ず設置すべき最高意思決定機関であり，取締役や監査役の選任および解任など株式会社の組織・運営・管理などに関する重要事項を決定する機関である。

株主総会には決算期ごとに開催される定時株主総会と必要に応じて開催される臨時株主総会がある。

② **取締役**：株式会社の業務執行を行う機関をいう。

③ **取締役会**：３人以上の取締役によって構成される。代表取締役の選任や重要な業務について意思決定を行う機関である。

④ **監査役**：取締役の職務執行や会社の会計を監査する機関をいう。

このほかに⑤監査役会，⑥委員会，⑦会計監査人，⑧会計参与がある。

上記②～⑧の機関は，その会社が株式譲渡制限会社であるか否か，また大会社であるか否かなどにより，その設置が任意設置または強制設置とに分かれる。

（注）株式譲渡制限会社とは，すべての株式の譲渡を制限している株式会社であり，大会社とは資本金５億円以上または負債総額200億円以上の株式会社をいう。

SUPPLEMENT

2 純資産（資本）とは

純資産とは，資金の調達源泉の一つであり，資産と負債の差額で求めたものである。純資産は基本的に株主の持分を表しており，資本（株主資本または自己資本）ともいわれる。ただし，今日の貸借対照表では，資産，負債，資本（株主資本）のいずれにも属さない項目があるため，貸借対照表の，「純資産の部」は「株主資本」とその他の項目に区別する。

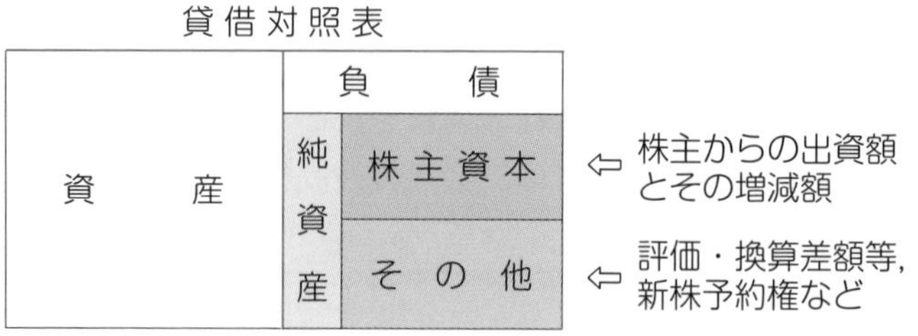

貸借対照表

<table>
<tr><td rowspan="3">資　　産</td><td colspan="2">負　　債</td><td></td></tr>
<tr><td rowspan="2">純資産</td><td>株主資本</td><td>⇦ 株主からの出資額とその増減額</td></tr>
<tr><td>その他</td><td>⇦ 評価・換算差額等，新株予約権など</td></tr>
</table>

1. 株主資本の分類

株主資本は，株主からの出資額である**元手**と企業の経済活動から獲得した**もうけ**からなり，資本金，資本剰余金，利益剰余金に分類される。

<table>
<tr><td rowspan="5">株主資本</td><td rowspan="3">株主からの払込を源泉とする株主資本</td><td colspan="2">資本金</td><td rowspan="3">元手</td></tr>
<tr><td rowspan="2">資本剰余金</td><td>資本準備金</td></tr>
<tr><td>その他資本剰余金</td></tr>
<tr><td rowspan="2">会社が獲得した利益を源泉とする株主資本</td><td rowspan="2">利益剰余金</td><td>利益準備金</td><td rowspan="2">もうけ</td></tr>
<tr><td>その他利益剰余金</td></tr>
</table>

(1)資本金

資本金とは，**会社法が定める法定資本**であり，株式会社が最低限維持しなければならない金額をいう。

（注）株主は出資義務を負うのみで，債権者に対する責任を負わないため（株主の有限責任），会社法が債権者を保護するために規定したものである。

(2)資本剰余金

資本剰余金とは，株主からの出資額のうち，資本金以外の部分をいい，企業内に維持または拘束されるべき金額をいう。

①資本準備金

資本準備金とは，資本剰余金のうち，会社法の規定にもとづき，資本金に準じるものとして，企業内に維持・拘束されるべき金額をいう。

②その他資本剰余金

その他資本剰余金とは，資本剰余金のうち資本準備金以外の部分をいい，資本金および資本準備金の減少にともなって生じた差額などをいう。

(3)利益剰余金

利益剰余金とは，企業の経済活動から生じた純資産の増加部分であり，利益を源泉とするものをいう。

①利益準備金

利益準備金とは，会社法の規定にもとづき，債権者を保護するため，強制的に積み立てられた留保利益をいう。具体的には，配当金の10分の１を，資本準備金の額とあわせて資本金の４分の１に達するまで積み立てなければならない。

また，資本準備金と利益準備金をあわせて，**準備金**または**法定準備金**という。

（注）積立額の具体的な計算方法は，「テーマ14 剰余金の配当と処分・合併と事業譲渡」で説明する。

②その他利益剰余金

その他利益剰余金とは，利益準備金以外の利益剰余金であり，任意積立金と繰越利益剰余金に分けられる。

ⓐ任意積立金

任意積立金とは，会社法の規定によらず，定時株主総会の決議などにより積み立てた留保利益をいう。任意積立金には，特定の使途目的がある新築積立金などと特定の使途目的がない別途積立金がある。

新築積立金	将来の建物や設備などの新築・増設・購入のために，定時株主総会の決議によって積み立てた利益の留保額である。
配当平均積立金	毎期一定の配当水準を維持するために，定時株主総会の決議によって積み立てた利益の留保額である。
欠損填補積立金	将来の損失の発生に備え，定時株主総会の決議によって積み立てた利益の留保額である。
減債積立金	社債の償還のために，定時株主総会の決議によって積み立てた利益の留保額である。
別途積立金	将来の不特定の資金需要に備え，定時株主総会の決議によって積み立てた利益の留保額である。

(注) なお，準備金や積立金を積み立てるということは，現在保有している資産総額のうち一定額について拘束性をもたせる（維持する）ことをいい，実際に現金を銀行などに積み立てることを意味するものではないので注意していただきたい。

ⓑ繰越利益剰余金

繰越利益剰余金とは，利益準備金および任意積立金以外の利益剰余金であり，株主総会等の決議により，配当および処分が決定される。

(注) 詳しくは「テーマ14 剰余金の配当と処分・合併と事業譲渡」で学習する。

3 株式の発行

会社を設立するとき，株式会社は，株式を発行して資金調達を行う。また，設立後において，定款（注）で定めた授権株式数（発行可能株式総数）の範囲内で，新株式を発行して資金調達（増資）を行うことができる。

(注) 定款：会社の目的，名称，組織などを定めた会社の根本規則。

1. 資本金組入額

会社が株式を発行して調達した資金は，会社法の規定により，その払込金額を**資本金**として計上する（原則）。ただし，払込金額の一部を資本金としないで**資本準備金**として計上することができる（容認）。

〈資本金の計上額（組入額）〉

原　則	払込金額（1株の払込金額×発行株式数）の全額
容　認	払込金額の2分の1以上

2. 設立時の株式発行

会社の設立にあたり株式を発行した場合，上記，会社法の規定にもとづき**資本金**を計上する。また，株式の発行費用は**創立費**として，原則，費用処理する。

 1

(1) **原　則**

神戸建設株式会社は，会社の設立にあたり，株式500株を1株の払込金額60,000円で発行し，全株式の払い込みを受け，払込金額は当座預金とした。

なお，株式発行のための諸費用280,000円を現金で支払った。

（当　座　預　金）	30,000,000	（資　　本　　金）*	30,000,000
（創　　立　　費）	280,000	（現　　　　　金）	280,000

*　60,000円〈1株の払込金額〉×500株〈発行株式数〉＝30,000,000円〈資本金〉

(2) **容　認**

神戸建設株式会社は，会社の設立にあたり，株式500株を1株の払込金額60,000円で発行し，全株式の払い込みを受け，払込金額は当座預金とした。払込金額のうち「会社法」で認められる最低額を資本金に組み入れることとした。

なお，株式発行のための諸費用280,000円を現金で支払った。

（当　座　預　金）	30,000,000	（資　　本　　金）*	15,000,000
		（資 本 準 備 金）	15,000,000
（創　　立　　費）	280,000	（現　　　　　金）	280,000

*　60,000円〈1株の払込金額〉× $\frac{1}{2}$ ×500株〈発行株式数〉＝15,000,000円〈資本金〉

（注）「資本準備金」は「株式払込剰余金」とすることもある。

特に指示がない場合には，原則である「払込金額の全額」が資本金となることに注意すること。

3. 授権株式制度

株式会社は定款で定めた発行可能株式総数（授権株式数）の範囲内で自由に株式を発行し，資金調達を行うことができる。これを授権株式制度という。ただし，公開会社(注) の場合，株式の発行は取締役会が決定するため，株式の乱発による既存株主の利益（株式の所有割合に関する利益）を保護する必要がある。そのため，授権株式数を発行済株式総数の4倍を超えて増加することはできないという，いわゆる「4倍規制」が設けられている。また，その関係で会社の設立に際して発行する株式の総数は授権株式数の４分の１以上であることが要請される。

（注）公開会社：株式の内容として，譲渡による株式の取得について株式会社の承認を要する旨の定款の定めを設けていない株式会社をいう。

仕訳例 2

神戸建設株式会社は，会社の設立にあたり，授権株式数2,000株の株式を１株の払込金額60,000円で発行し，全株式の払い込みを受け，払込金額は当座預金とした。払込金額のうち「会社法」で認められる最低額を資本金に組み入れることとした。

なお，株式発行のための諸費用280,000円を現金で支払った。

借方	金額	貸方	金額
（当座預金）	30,000,000	（資本金）	* 15,000,000
		（資本準備金）	15,000,000
（創立費）	280,000	（現金）	280,000

＊　60,000円〈１株の払込金額〉$\times \frac{1}{2} \times$ 2,000株〈授権株式数〉$\times \frac{1}{4}$ ＝15,000,000円

4. 増資時の株式発行

会社設立後，取締役会等の決議により新株式を発行した場合も，設立時と同様に会社法の規定にもとづき**資本金**を計上する。また，株式の発行費用は**株式交付費**として，原則，費用処理する。

 3

(1) 原　則

大阪建設株式会社は，取締役会の決議により，未発行株式のうち500 株を１株の払込金額90,000円で発行し，全株式について払い込みを受け，払込金額を当座預金に預け入れた。

なお，株式発行のための諸費用400,000円を現金で支払った。

借方	金額	貸方	金額
（当座預金）	45,000,000	（資本金）	* 45,000,000
（株式交付費）	400,000	（現金）	400,000

＊　90,000円〈払込金額〉×500株〈発行株式数〉＝45,000,000円〈資本金〉

(2) 容　認

大阪建設株式会社は，取締役会の決議により，未発行株式のうち500 株を１株の払込金額90,000円で発行し，全株式について払い込みを受け，払込金額を当座預金に預け入れた。払込金額のうち「会社法」で認められる最低額を資本金に組み入れることにした。

なお，株式発行のための諸費用400,000円を現金で支払った。

（当 座 預 金）	45,000,000	（資　　本　　金）*	22,500,000
		（資 本 準 備 金）	22,500,000
（株 式 交 付 費）	400,000	（現　　　　　金）	400,000

*　90,000円〈払込金額〉× $\frac{1}{2}$ ×500株〈発行株式数〉＝22,500,000円〈資本金〉

（注）「資本準備金」は「株式払込剰余金」とすることもある。

4 新株式申込証拠金

申込証拠金とは，新株を発行する場合に新株の引受人から申し込みの証拠として払い込まれた預り金をいう。

新株発行の手順は，まず新株の発行条件を公告して株主を募集する。次に，新株を引き受けようと思う人は自分が引き受ける予定額の全部を申込証拠金として申込期日までに払い込み，株式の割り当てが済むまで会社側がこれを預かる。このとき，申込証拠金は株式の割り当てが済むまで別段預金に預け入れる。そして，割り当てが済めば当座預金に預け替え，株式を割り当てられなかった人には申込証拠金を返却する。

申込証拠金を受け取ったときは，その払込金額について**新株式申込証拠金**（純資産）と**別段預金**（資産）を計上する。その後，払込期日において新株式申込証拠金を**資本金・資本準備金**に振り替える。また，これと同時に別段預金を**当座預金**に振り替える。

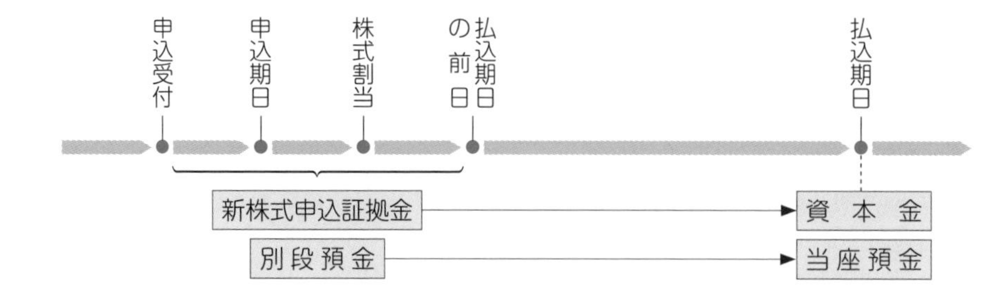

仕訳例 4

(1) 申込証拠金を受け取ったとき

北陸建材株式会社は，取締役会の決議により，未発行株式のうち500 株を１株の払込金額90,000円で募集し，申込期日までに全株式が申し込まれ，払込金額の全額を申込証拠金として受け入れ，別段預金とした。

(別　段　預　金)	45,000,000	(新株式申込証拠金)＊	45,000,000

＊　90,000円〈払込金額〉×500株〈発行株式数〉＝45,000,000円〈新株式申込証拠金〉
「新株式申込証拠金」は「株式申込証拠金」とすることもある。

(2) 払込期日になったとき

北陸建材株式会社は，申込証拠金45,000,000円をもって払込金に充当し払込期日に資本金に振り替え，同時に別段預金を当座預金に預け替えた。

(新株式申込証拠金)	45,000,000	(資　　本　　金)＊	45,000,000
(当　座　預　金)	45,000,000	(別　段　預　金)	45,000,000

＊　90,000円〈払込金額〉×500株〈発行株式数〉＝45,000,000円〈資本金〉
(注) なお，株式を割り当てられなかった人に，申込証拠金を返却した分については，受け取ったときの貸借逆仕訳を行う。

テーマ14 剰余金の配当と処分・合併と事業譲渡

個人商店の利益はすべて店主個人のものであるが，株式会社の利益は会社の所有者である株主のものである。この株式会社の利益がどのように処分されるかを学習する。

1 利益剰余金の配当と処分とは

株式会社は，決算において当期純利益を計算すると，どのように利益（利益剰余金）を配当したり処分したりするかを株主総会で決めることとなる。これを**利益剰余金の配当と処分**という。

利益剰余金の配当とは，株主に対する利益の分配として現金などを支出することをいい，会社財産の社外流出をともなうものをいう。また，**利益剰余金の処分**とは，利益準備金，任意積立金などを積み立てることをいい，現金などの社外流出をともなわないものをいう。

(1) **社外流出項目**（現金などの社外流出をともなうもの）
株主配当金：株主に対する利益の分配。

(2) **社内留保項目**（剰余金の処分項目）
利益準備金：会社法により，その積み立てが強制される利益の留保額。
任意積立金：会社の将来の計画にしたがって積み立てる利益の留保額。なお，任意積立金には，新築積立金や別途積立金などがある（「テーマ13 株式の発行」参照）。

2 会計処理

1. 当期純利益の振り替え

株式会社の当期純利益は，損益勘定で計算され，**繰越利益剰余金勘定**（純資産）に振り替えられる。

決算において計算された当期純利益は，株主総会まで，いまだ処分の決まっていない剰余金として繰越利益剰余金勘定にプールしておくのである。

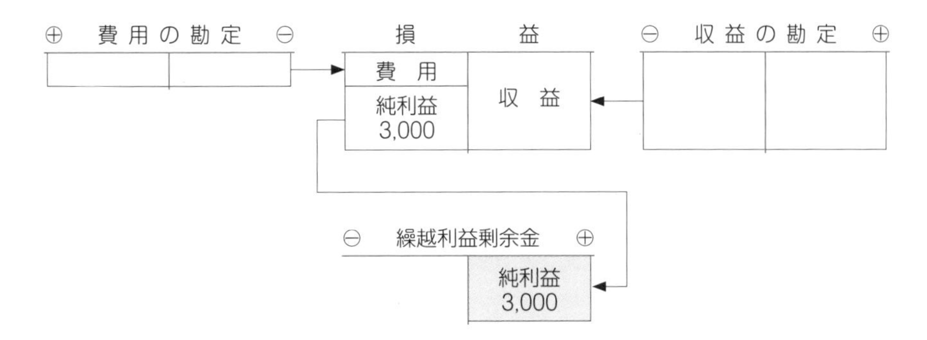

1

令和×2年3月31日，横浜建設株式会社は，第1期決算において当期純利益3,000円を計上した。

（損　　　益）　3,000　　　（繰越利益剰余金）　3,000

2. 利益剰余金の配当と処分のとき

株主総会の決議によって処分が確定した金額は，以下の勘定科目を用いてその貸方に振り替える。

(1) **社外流出**（現金などの社外流出をともなうもの）
　株主への配当金：**未払配当金勘定**（負債）

(2) **社内留保**（繰越利益剰余金勘定から他の純資産の勘定に振り替えられるだけのもの）
　利益準備金の積み立て：**利益準備金勘定**（純資産）
　任意積立金の積み立て：**新築積立金勘定**や**別途積立金勘定**など（純資産）
　次回の剰余金処分までの繰越額：**繰越利益剰余金勘定**にそのまま残しておく

仕訳例 2

令和×２年６月28日，横浜建設株式会社の第１期の株主総会において，繰越利益剰余金3,000円が次のように配当および処分され，残額は次回の剰余金の処分まで繰り越した。

利益準備金： 180円　　別途積立金：800円

株主配当金：1,800円

（繰越利益剰余金）	2,780	（利 益 準 備 金）	180
		（未 払 配 当 金）	1,800
		（別 途 積 立 金）	800

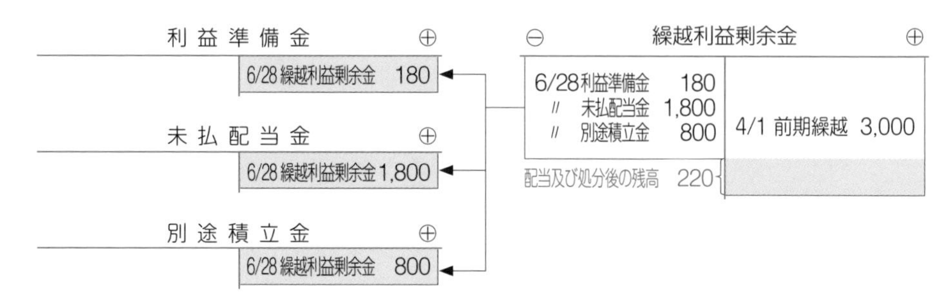

（注）なお，繰越利益剰余金勘定への転記については，相手科目が複数であったとしても「諸口」を使わない。

3. 株主配当金を支払ったとき

確定した配当金を支払ったときは，**未払配当金**（みばらいはいとうきん）を減少させる。

仕訳例 3

令和×２年７月２日，株主配当金1,800円を小切手を振り出して支払った。

（未 払 配 当 金）	1,800	（当 座 預 金）	1,800

4. 決算のとき

当期純利益を損益勘定から繰越利益剰余金勘定に振り替える。

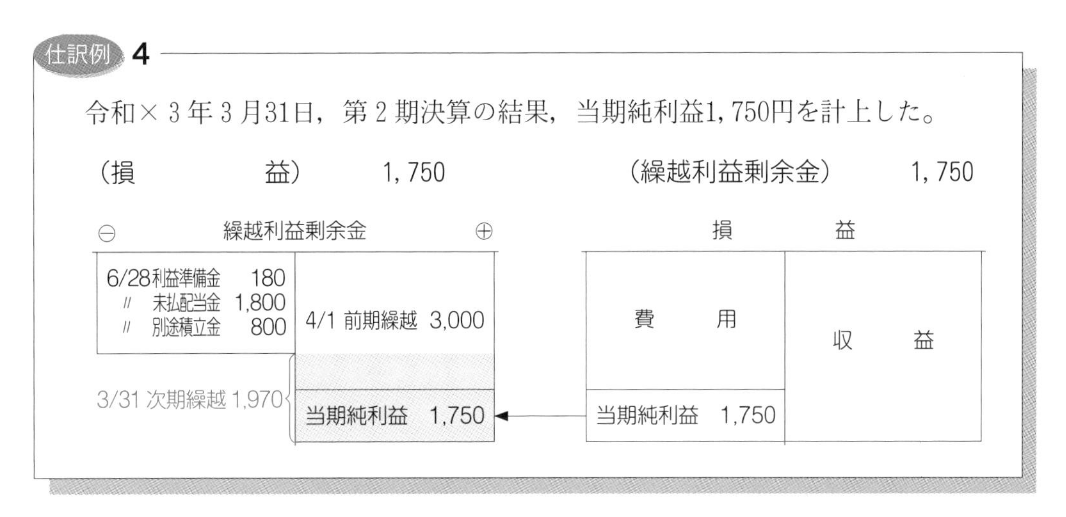

上記の仕訳が転記されると，繰越利益剰余金勘定の残高は当期純利益（1,750円）と前回の利益剰余金処分後の残高（220円）を合算した金額（1,970円）となる。この繰越利益剰余金勘定の残高が次期へ繰り越されるが，その後行われる株主総会で配当及び処分されることとなる。

SUPPLEMENT

剰余金の配当と処分の流れ

利益剰余金の配当および処分は，取締役会が剰余金の配当および処分案を作成してこれを株主総会に提出し，株主総会においてその承認を受けることにより確定する。

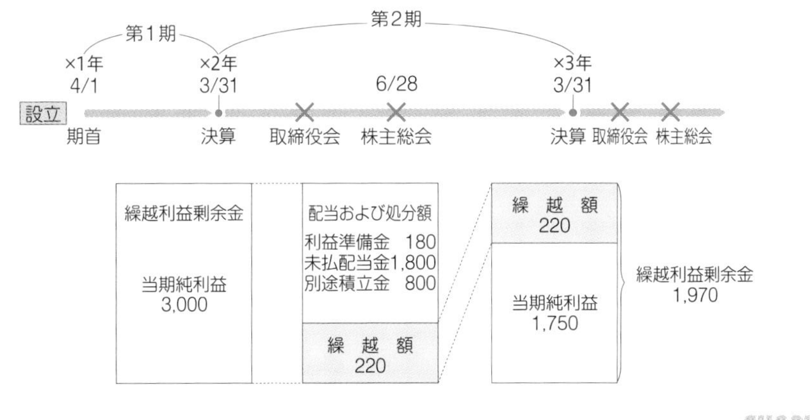

SUPPLEMENT

SUPPLEMENT

中間配当と中間配当積立金

中間配当および中間配当積立金に関する一連の会計処理は，次のようになる。

〈例〉⑴　×１年６月20日。株主総会の決議により利益剰余金の処分として中間配当積立金10,000円を積み立てることが決議された。

⑵　×１年12月20日。取締役会の決議により利益剰余金の処分として中間配当10,000円を支払うことが決議された。また，利益準備金1,000円の積立てと中間配当積立金の取崩しを行う。

⑶　×１年12月25日。上記の中間配当が当座預金から支払われた。

【解答】

⑴株主総会決議時

借方	金額	貸方	金額
（繰越利益剰余金）	10,000	（中間配当積立金）	10,000

⑵取締役会決議時

借方	金額	貸方	金額
（繰越利益剰余金）	11,000	（未払中間配当金）	10,000
		（利　益　準　備　金）	1,000
（中間配当積立金）	10,000	（繰越利益剰余金）	10,000

⑶中間配当支払時

借方	金額	貸方	金額
（未払中間配当金）	10,000	（当　座　預　金）	10,000

SUPPLEMENT

3 利益剰余金の配当における利益準備金の積立額

利益剰余金の配当における利益準備金の積み立ては，会社法において次のように規定されており，両方の要件を満たす必要がある。

① 配当金の10分の1を積み立てなければならない。
② 利益準備金の積み立ては，資本準備金の額と合わせて資本金の4分の1に達するまでとする。よって，4分の1に達した場合には，積み立てる必要はない。

この場合，利益準備金の積立額は次のように計算する。

① 株主配当金 × $\frac{1}{10}$
② 資本金 × $\frac{1}{4}$ －（資本準備金 ＋ 利益準備金）
} いずれか小さい方

（注）準備金の合計額が資本金の4分の1（これを基準資本金額という）に達すれば，それ以上の準備金を積み立てる必要はない。

仕訳例 5

令和×3年6月29日の定時株主総会において，繰越利益剰余金1,970円を次のとおり配当および処分することが承認された。

利益準備金：各自計算　　　別途積立金：1,000円
株主配当金：800円

なお，資本金，資本準備金および利益準備金の勘定残高は，それぞれ10,000円，2,200円，180円であった。利益準備金は「会社法」で規定する金額を積み立てる。

（繰越利益剰余金）	1,880	（利益準備金）＊	80
		（未払配当金）	800
		（別途積立金）	1,000

＊ ① 800円×$\frac{1}{10}$＝80円〈要積立額〉

② 10,000円×$\frac{1}{4}$ －（2,200円＋180円）＝120円〈積立可能額〉
（10,000円×$\frac{1}{4}$：基準資本金額(積立限度額)）

③ ①と②のいずれか小さい方　∴ 80円

SUPPLEMENT

その他資本剰余金による配当

株主に対する配当は，本来，利益剰余金から支払われるべきであるが，会社法では，資本剰余金のうち法定準備金である資本準備金だけに配当制限を設けている。したがって，資本準備金以外の資本剰余金（**その他資本剰余金**）を財源として配当を支払うことが認められている。また，その他資本剰余金による配当が行われた場合には，利益準備金と同様の基準により**資本準備金**を積み立てなければならない。なお，利益準備金の積み立てが強制されるのは，「その他利益剰余金」を財源として配当を行った場合であって，「その他資本剰余金」を財源として配当した場合は，「資本準備金」を積み立てなければならない。

仕訳例

(1) **決議時**

その他資本剰余金150円のうち100円を配当し，10円を資本準備金とすることが株主総会で決議された。

（その他資本剰余金）	110	（資本準備金）	10
		（未払配当金）	100

(2) **支払時**

株主配当金100円を小切手を振り出して支払った。

（未払配当金）	100	（当座預金）	100

なお，会社法では，その他資本剰余金とその他利益剰余金をあわせて**剰余金**（じょうよきん）とよび，株主に対する配当および資本金や準備金の減少にともなう株主への払い戻しを一括して**剰余金の配当**（じょうよきんのはいとう）とよんでいる。

SUPPLEMENT

4 当期純損失が計算された場合

1. 当期純損失の振り替え

株式会社の当期純損失は，損益勘定で計算され，**繰越利益剰余金勘定**（純資産）の借方に振り替えられる。

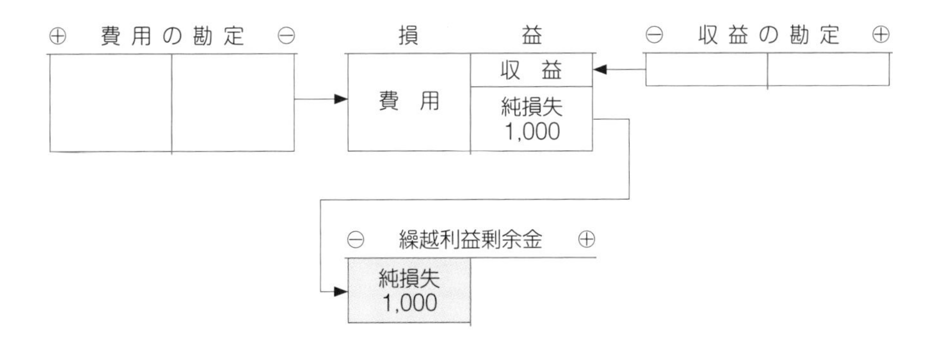

当期純損失を振り替えた際に，繰越利益剰余金勘定が借方残高（マイナス）になった場合は，株主総会で処理を決めることとなる。

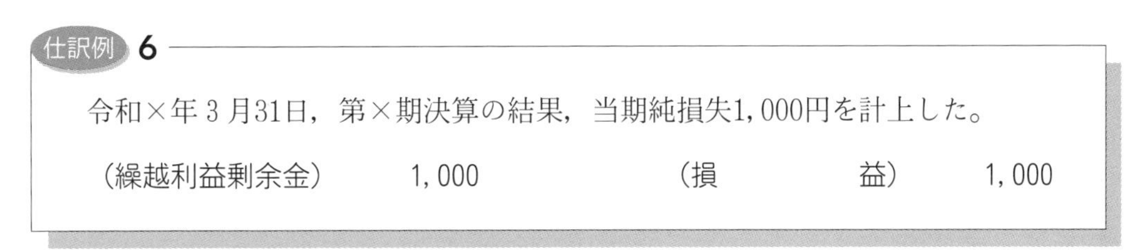

仕訳例 6

令和×年３月31日，第×期決算の結果，当期純損失1,000円を計上した。

（繰越利益剰余金）	1,000	（損　　益）	1,000

2. 繰越利益剰余金勘定が借方残高のとき

株主総会において，繰越利益剰余金の借方残高（マイナス）は任意積立金などを取り崩すことによって補てんすることができる。

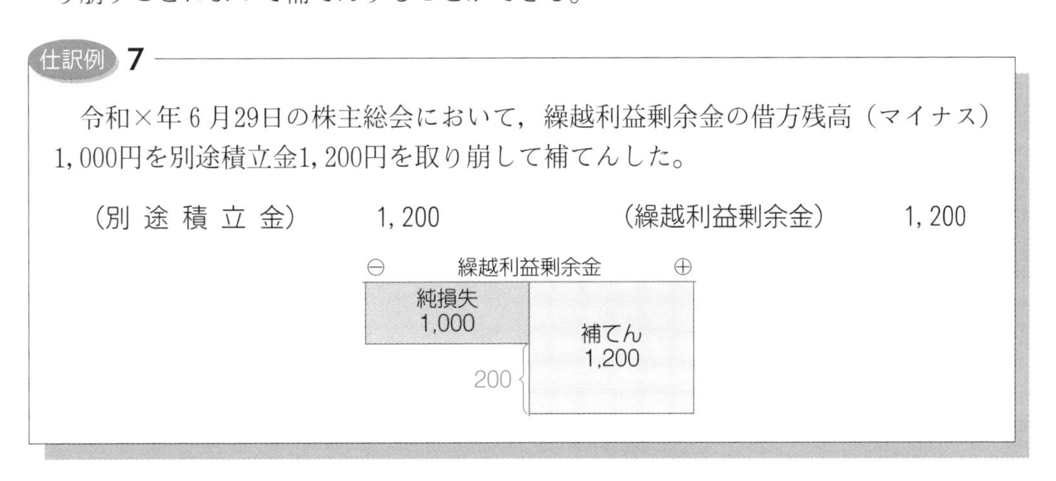

仕訳例 7

令和×年６月29日の株主総会において，繰越利益剰余金の借方残高（マイナス）1,000円を別途積立金1,200円を取り崩して補てんした。

（別 途 積 立 金）	1,200	（繰越利益剰余金）	1,200

借方残高の補てんは会社の任意で行うことなので，繰越利益剰余金の借方残高（マイナス）の全額を補てんする必要はなく，補てんしなかった金額は次期に繰り越すこともできる。

5 株主資本の計数の変動

株式会社は，株主総会等の決議により，株主資本の計数を変動させることができる。株主資本の計数の変動とは，株主資本のなかで，ある科目から別の科目へ振り替えを行うことにより，株主資本の内訳を変更することをいい，配当政策その他の財務上，経営上の判断により行われる。

仕訳例 8

株主総会の決議により，資本準備金50,000円および利益準備金30,000円を取り崩し，それぞれ，その他資本剰余金および繰越利益剰余金に振り替える。

（資 本 準 備 金）	50,000	（その他資本剰余金）	50,000
（利 益 準 備 金）	30,000	（繰越利益剰余金）	30,000

6 合併

1. 合併とは

合併（がっぺい）とは，2つ以上の会社が1つの会社に合体することをいう。

合併は，市場における過当競争（かとうきょうそう）の回避（かいひ），経営組織の合理化，市場占有率（しじょうせんゆうりつ）の拡大などを目的として行われ，その形態には①吸収合併と②新設合併の2つがある。

吸収合併とは，ある会社が他の会社を吸収する合併形態をいう。このとき，存続する会社を**存続会社**（**合併会社**），消滅する会社を**消滅会社**（**被**（ひ）**合併会社**）という。

新設合併とは，すべての会社を消滅させ，新会社を設立する合併形態をいう。

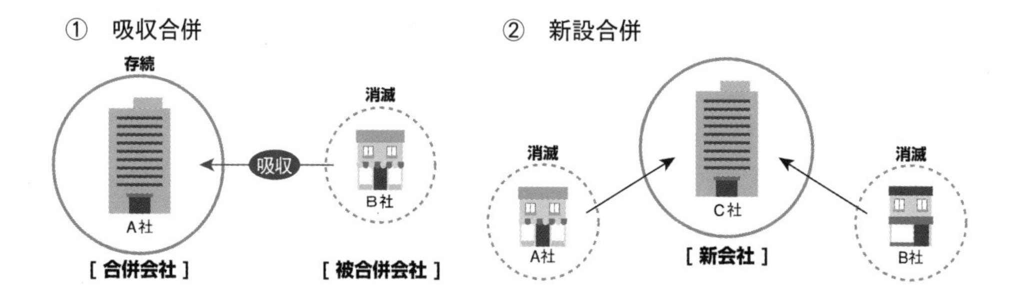

2. 吸収合併

吸収合併は，合併会社が被合併会社の資産および負債をすべて引き継ぎ，その対価として被合併会社の株主に対して株式を交付する。これによって，被合併会社の株主は新たに合併会社の株主となる。

A社を合併会社，B社を消滅会社としたときに，合併の前後における会社と株主の関係は次のようになる。

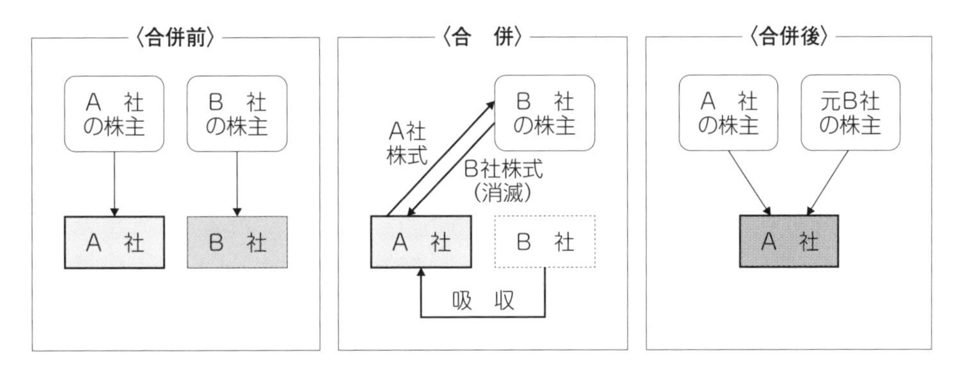

吸収合併による場合，合併会社は被合併会社の資産および負債を引き継ぐため，これらを引き受ける仕訳を行う。このとき引き受ける資産および負債の価額は，**時価**などを基準とした**公正な価値**となる。

(諸 資 産)	×× 時価	(諸 負 債)	×× 時価
		(資 本 金)	××

3. のれんの計上

合併により受け入れた資産と負債の差額（時価純資産）と新たに交付される株式の価額（時価）とを比較して，時価純資産の額が少ないときは，その差額を**のれん**（資産）として計上する。

被合併会社の修正貸借対照表

資 産 / 負 債 / 時価純資産 / のれん / 交付される株式の価額 / 資本金

(諸　資　産)	×× 時価	(諸　負　債)	×× 時価
(の　れ　ん)	××	(資　本　金)	××

仕訳例 9

A社は下記に示すB社を吸収合併した。A社はB社の株主に対して新株を交付した。合併直前のB社の資産・負債の公正な価値は諸資産225,000円，諸負債は150,000円である。

なお，A社株式の時価は80,000円であり，発行した株式については全額を資本金とする。

(諸　資　産)	225,000	(諸　負　債)	150,000
(の　れ　ん)*	5,000	(資　本　金)	80,000

*　80,000円－（225,000円－150,000円）＝5,000円

（注）諸資産・諸負債は具体的な勘定科目を使うが，「諸資産」「諸負債」とすることもあるので，検定試験では問題の指示に従うこと。

4. 資本金等の計上

合併により新たに交付される株式の価額（時価）をもって資本金を計上するが，その一部を資本金としないこともできる。この場合，その残額を**資本準備金**（純資産）または**その他資本剰余金**（純資産）として計上する。

被合併会社の修正貸借対照表

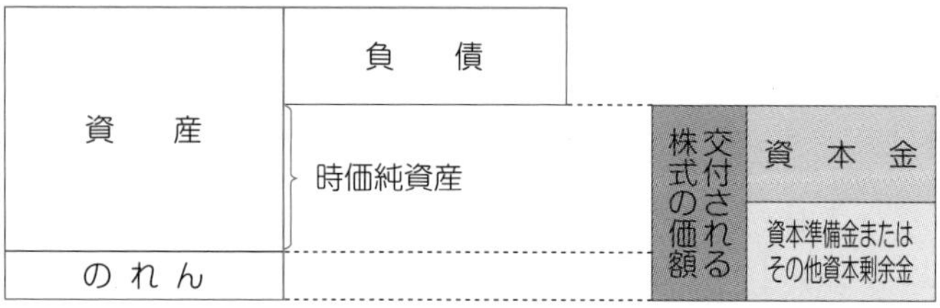

資　産
のれん
負　債
時価純資産
交付される株式の価額
資　本　金
資本準備金または
その他資本剰余金

仕訳例 10

A社は下記に示すB社を吸収合併した。A社はB社の株主に対して新株を交付した。合併直前のB社の資産・負債の公正な価値は諸資産225,000円，諸負債は150,000円である。

なお，A社株式の時価は80,000円であり，発行した株式について50,000円を資本金に組み入れ，残額を資本準備金とする。

借方	金額	貸方	金額
（諸資産）	225,000	（諸負債）	150,000
（のれん）＊1	5,000	（資本金）	50,000
		（資本準備金）＊2	30,000

＊1　80,000円－（225,000円－150,000円）＝5,000円
＊2　80,000円－50,000円＝30,000円

7 事業譲渡

1. 事業譲渡とは

事業譲渡（じぎょうじょうと）とは，ある企業が他の企業を構成する事業の全部または一部を現金など，有償により譲り受けることをいい，買収などと表されることもある。

なお，事業を譲り受ける会社を譲受企業（取得企業），事業を譲渡する会社を譲渡企業といい，ここでは譲受企業について学習する。

A社（譲受企業）が，B社の甲事業部について事業譲渡を受けたとき，その前後の関係は次のようになる。

なお，事業譲渡の対価が現金である場合，会社と株主の関係に変更はない。

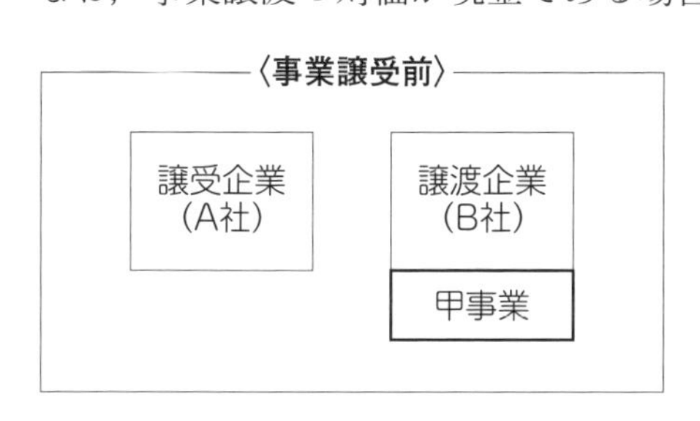

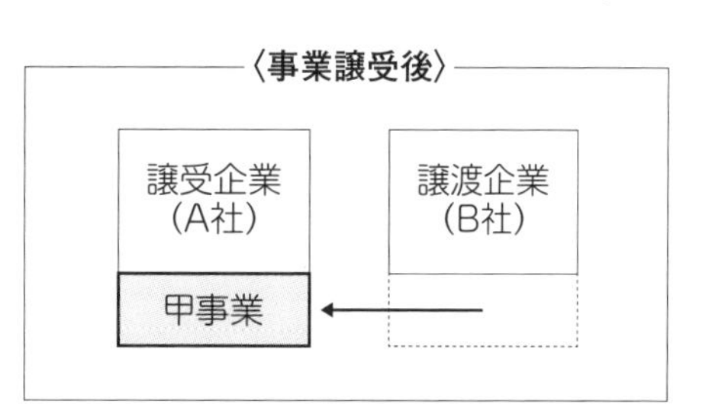

2. 会計処理

事業を譲り受ける企業は，事業を譲渡する企業から譲り受けた資産と負債を**時価**などを基準とした**公正な価値**で受け入れ，その差額（時価純資産）に対する対価を現金等で支払う。

事業を譲渡する会社の技術力が優れているなどの理由により，時価純資産より多額の対価を支払ったとき，その差額は**のれん**（資産）として計上する。

（諸　資　産）	××（時価）	（諸　負　債）	××（時価）
（の　れ　ん）	××	（現 金 預 金）	××

仕訳例 11

A社は期首に事業拡大のためB社の甲事業部を現金50,000円で譲り受けた。なお，B社・甲事業部を取得した際の資産および負債は，受取手形55,000円，商品30,000円，買掛金45,000円である。A社は商品取引について三分法を用いている。

（受 取 手 形）	55,000	（買　掛　金）	45,000
（仕　　　入）	30,000	（現　　　金）	50,000
（の　れ　ん）*	10,000		

*　50,000円－（55,000円＋30,000円－45,000円）＝10,000円

（注）商品の記帳については「仕入」のほかに「商品」「繰越商品」とすることもあるので，検定試験では問題の指示に従うこと。

8 のれんの償却

合併または事業譲渡の取引により，のれん（無形固定資産）を取得したときは，**取得後20年以内**の期間で償却を行う。

償却は，原則として，**残存価額をゼロ**とする**定額法**により計算し，**直接法**で記帳する。

仕訳例 12

A社は決算にあたり，先のB社の甲事業部の買収の際に発生したのれん10,000円を定額法，償却期間20年により償却することとした。

（の れ ん 償 却）*	500	（の　れ　ん）	500

*　$10,000円 \times \frac{12カ月}{240カ月} = 500円$

MEMO

テーマ15　固定資産と繰延資産

ここでは，固定資産の取得，売却，減価償却と繰延資産について学習する。

1　有形固定資産

1. 固定資産

(1)固定資産とは

固定資産とは，長期にわたって企業の営業活動に役立つものであり，次のように分類される。

①　有形固定資産
②　無形固定資産
③　投資その他の資産

(2)有形固定資産とは

長期にわたって営業活動に使用する目的で保有される資産で，具体的な形を有するものをいい，次のように分類される。

①　建　　物
②　構築物（こうちくぶつ）
③　機械装置
④　船　　舶
⑤　車両運搬具
⑥　工具器具備品
⑦　土　　地
⑧　建設仮勘定

構築物とは，橋，岸壁などの土木設備または工作物をいい，工具器具備品とは，耐用年数１年以上で相当価額以上のものをいう。

2. 有形固定資産の取得原価

(1)購入の場合

購入により取得した固定資産の取得原価は，次の算式により計算される。

（購入代金 － 値引き）＋ 付随費用 ＝ 取得原価

なお，購入に際して値引きを受けたときは，これを購入代金からマイナスする。

また，付随費用とは，固定資産を使用可能な状態にするまでに要した費用であり，買入手数料，運送費，荷役（にやく）費，据付（すえつけ）費，試運転費などがある。付随費用は取得原価に加える。

1

大阪建設は機械装置500,000円を買い入れ，代金は約束手形を振り出して支払った。なお，付随費用20,000円は小切手を振り出して支払った。

(機　械　装　置)	520,000	(営業外支払手形)	500,000
		(当　座　預　金)	20,000

⑵自家建設の場合

固定資産を自家建設した場合には，適正な原価計算基準にしたがって計算された工事原価を取得原価とする。なお，建設に要した借入金の利息のうち，稼働前の期間に属するものは取得原価に算入することができるが，これは問題の指示にしたがう。通常は取得原価に算入しない。

2

自社ビルを自家建設した。これに要した工事原価は，材料費300,000円，労務費500,000円，経費200,000円である。

(建　　　　物)	1,000,000	(材　　　　料)	300,000
		(労　務　費)	500,000
		(経　　　　費)	200,000

⑶交換の場合

自己所有の固定資産と交換に固定資産を取得した場合には，提供した自己資産の帳簿価額を取得原価とする。

3

当社所有の土地（帳簿価額800,000円，時価2,500,000円）とB社所有の土地（帳簿価額850,000円，時価2,600,000円）を交換し，交換差金100,000円を現金で支払った。

(土　　　　地)	900,000	(土　　　　地)	800,000
		(現　　　　金)	100,000

交換は通常，等価交換（時価が等しいものどうしの交換）が原則であるが，時価が異なる場合には，その差額については現金など（交換差金）で支払うのが普通である。[仕訳例３]においては，当社所有の土地の時価と相手方の土地の時価とに差があるため，交換差金を支払っている。

2 減価償却

1. 減価償却とは

減価償却(げんかしょうきゃく)とは，利用または時の経過による固定資産の価値の減少を見積り，その取得原価を各事業年度に費用として配分するための手続きである。

なお，土地のように，使用しても価値が減少しない固定資産は減価償却の対象とならない。

2. 計算要素

減価償却費を計算において，次の3つの要素を考慮する。

取得原価	固定資産を取得するために要した支出額
耐用年数	見積りによる固定資産の利用可能な年数
残存価額	耐用年数経過後の処分可能見込額

検定試験では，建物などの有形減価償却資産の耐用年数は「○年」，また残存価額は「取得原価の10%」もしくは「残存価額はゼロ」と出題されることが多いが，問題の指示に従うこと。

3. 減価償却費の計算方法

固定資産の価値の減少は客観的に把握することが困難であるため，一定の仮定にもとづいて価値の減少を把握し減価償却を行う。

⑴定額法

①意　義

定額法とは，固定資産の耐用年数中，毎期均等額の減価償却費を計算する方法である。したがって，定額法では1年あたりの減価償却費は同じになる。

固定資産の耐用年数が到来した時には，残存価額だけ固定資産の価値が残っているため，残存価額分は減価償却しない。なお，取得原価から残存価額を差し引いた金額を「要償却額」という。

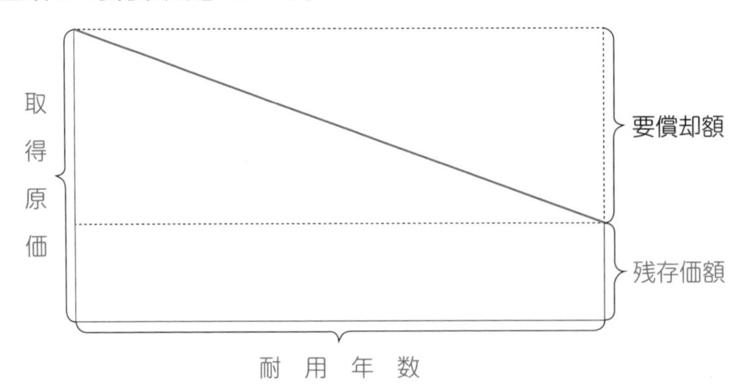

②計算式

$$1年あたりの減価償却費 = \frac{取得原価 - 残存価額}{耐用年数}$$

なお，受験上は残存価額を取得原価の10%またはゼロとする場合が多いため，以下の式を用いた方が計算は速いであろう。

ⓐ残存価額が取得原価の10%の場合

1年あたりの減価償却費 ＝ 取得原価 × 0.9 ÷ 耐用年数

ⓑ残存価額がゼロの場合

1年あたりの減価償却費 ＝ 取得原価 ÷ 耐用年数

仕訳例 4

決算につき，当期の期首に取得した営業用の建物（取得原価：60,000円，耐用年数：30年，残存価額：取得原価の10%，償却方法：定額法）の減価償却を行う。なお，会計期間は1年とし，記帳方法は間接法によること。

(減価償却費)*	1,800	(減価償却累計額)	1,800

＊ 60,000円×0.9÷30年＝1,800円

なお，会計期間の途中で取得した固定資産については，取得し使用開始した月から決算の月までの減価償却費を次のように**月割計算**（つきわりけいさん）する。

$$1年分の減価償却費 \times \frac{使用開始日から決算日までの月数}{12カ月}$$

また，実務では月の途中で取得しても，その月の初めから使用したとみなして計算するが，検定試験では問題の指示に従うこと。

⑵定率法

①意　義

定率法とは，固定資産の帳簿価額（取得原価－期首減価償却累計額）に毎期一定の償却率を乗じて，減価償却費を計算する方法である。したがって，期間が経過するにともない，毎期の償却額は逓減する。

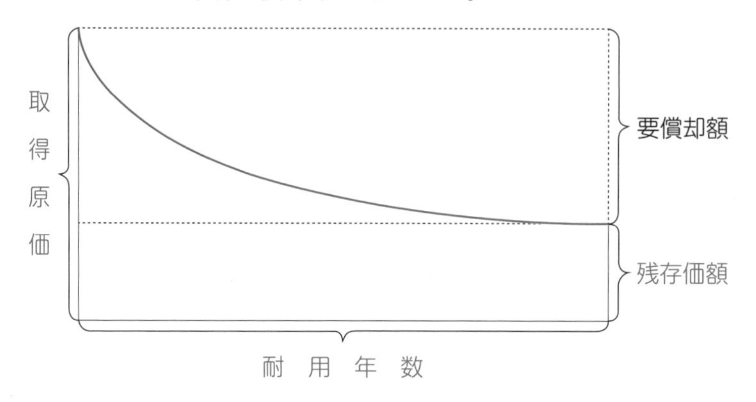

②計算式

1年あたりの減価償却費 ＝（取得原価 － 期首減価償却累計額）× 年償却率

なお，会計期間の途中で取得した場合は，減価償却費を月割計算する。

設例 15－1

第１期の期首に取得した備品5,000円について，第１期，第２期および第３期の決算で計上する減価償却費を定率法（償却率：20%）により求め，決算整理仕訳を行いなさい。なお，記帳方法は間接法による。

【解答・解答への道】

(1) 第１期決算

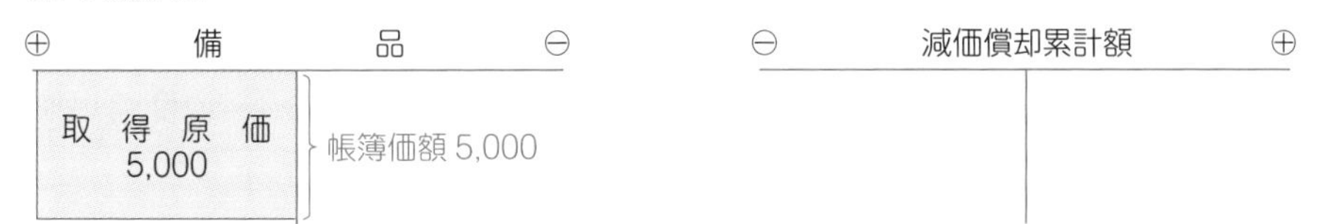

（減価償却費）*	1,000	（減価償却累計額）	1,000

＊ (5,000円－０円）×20%＝1,000円

(2) 第２期決算

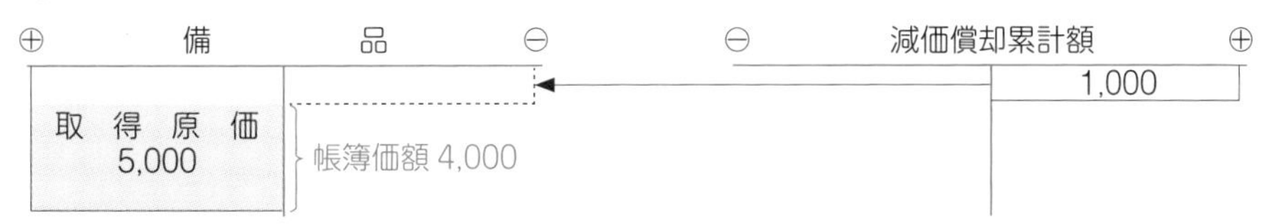

（減価償却費）*	800	（減価償却累計額）	800

＊ (5,000円－1,000円）×20%＝800円

(3) 第３期決算

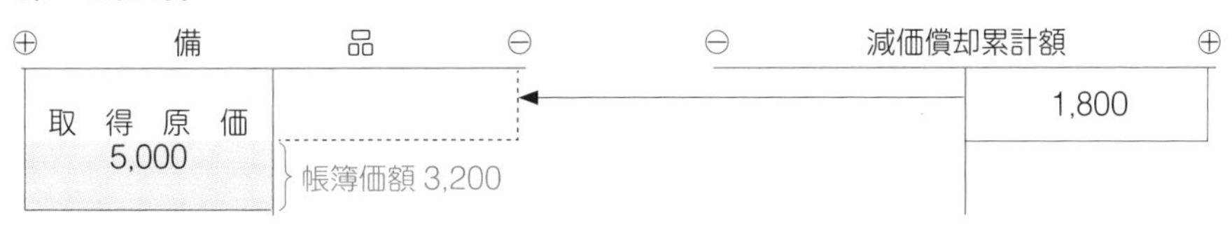

（減価償却費）*	640	（減価償却累計額）	640

＊ {5,000円－（1,000円＋800円)} ×20%＝640円

(4) 各期の減価償却費と各期末における帳簿価額

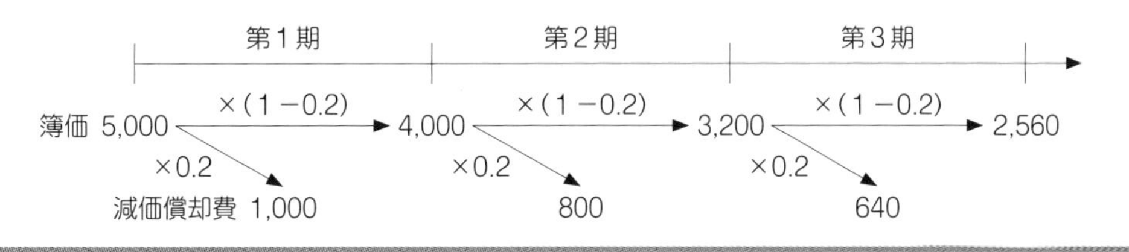

(3)生産高比例法

生産高比例法とは，毎期その資産による生産または用役（利用）の度合いに比例した減価償却費を計上する方法である。

$$(\underbrace{\text{取得原価}-\text{残存価額}}_{\text{要償却額}})\times\frac{\text{当期利用量}}{\text{総利用可能量}}=\text{当期の減価償却費}$$

生産高比例法を適用できる資産は，総利用可能量が物理的に確定できる自動車や航空機などに限られている。なお，生産高比例法の場合，会計期間の途中で取得したとしても，「月割計算」を行う必要はない。これは，上記の式における「当期利用量」がすでに取得日から期末日までの生産または用役（利用）の度合いを正しく反映しているためである。

仕訳例 5

決算につき，車両運搬具200,000円について，生産高比例法により減価償却を行う（間接法）。この車両運搬具の可能走行距離は10,000km，当期走行距離は2,000km，残存価額は取得原価の10％とする。

（減価償却費）＊	36,000	（減価償却累計額）	36,000

＊ $200,000\text{円}\times0.9\times\frac{2,000\text{km}}{10,000\text{km}}=36,000\text{円}$

4. 記帳方法

減価償却の記帳方法には，**直接法**と**間接法**がある。

(1)直接法

減価償却費の額を固定資産の勘定から直接控除する方法である

（減価償却費）	××	（固定資産）	××

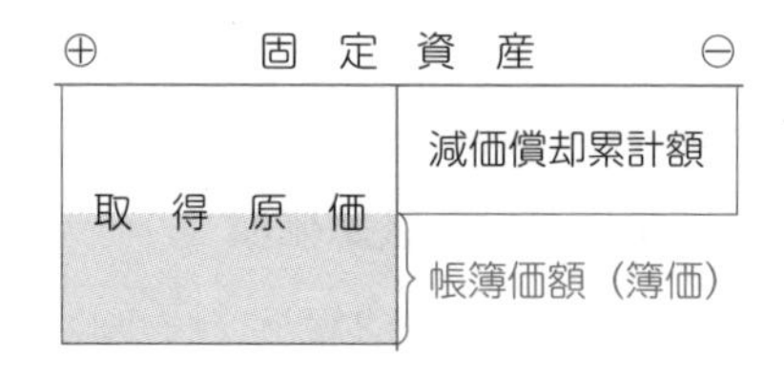

(2)間接法

減価償却費の額を固定資産の勘定から直接控除しないで，**減価償却累計額勘定**（資産のマイナス勘定）を使って間接的に控除する方法である。この減価償却累計額勘定は固定資産の勘定を評価して帳簿価額（帳簿上の価値）を明らかにすることから，**評価勘定**とよばれる。

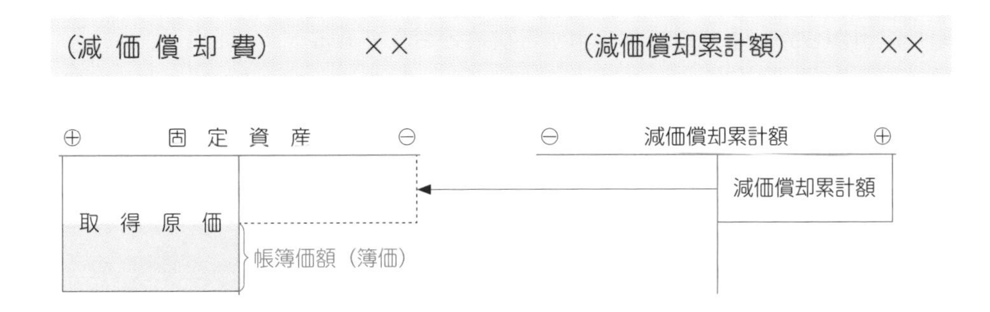

3 固定資産の売却

固定資産を売却したときは，売却時点の帳簿価額と売却価額を比べて，売却損益を求め，固定資産売却益または固定資産売却損を計上する。

売却価額 − 売却時点の帳簿価額 ＝ {（＋）固定資産売却益（特別利益）／（−）固定資産売却損（特別損失）}

これ以降，売却時点の違いによって期首売却，期中売却に分けて説明する。

1. 期首に売却した場合

売却時点の帳簿価額は次のとおりであり，売却日の減価償却費の計上は行わない。

売却時点の帳簿価額 ＝ 取得原価 − 期首減価償却累計額

設 例 15 - 2

令和×３年４月１日，備品（取得原価5,000円，期首減価償却累計額1,800円）を3,000円で売却し，代金は小切手で受け取った。なお，決算日は３月31日（年１回）であり，間接法（定率法，償却率20%）により処理している。

【解答・解答への道】

借方	金額	貸方	金額
(減価償却累計額)	1,800	(備　　品)	5,000
(現　　金)	3,000		
(固定資産売却損)	200		

取得から売却までの流れを示すと次のとおりである。

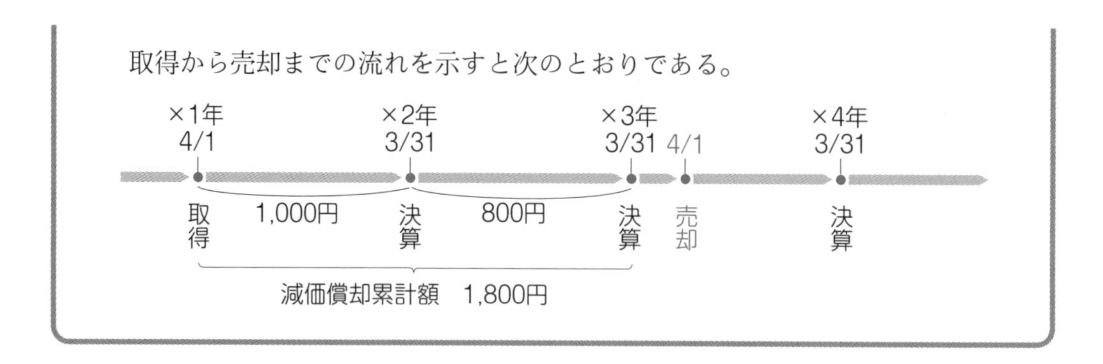

2. 期中に売却した場合

売却時点の帳簿価額は次のとおりであり，売却した期の期首から売却月までの減価償却費を月割計算して計上する。

売却時点の帳簿価額 ＝ 取得原価 － 期首減価償却累計額 － 期首から売却月までの減価償却費

$$\text{期首から売却月までの減価償却費} = \text{その1年分の減価償却費} \times \frac{\text{期首から売却月までの月数}}{\text{12カ月}}$$

設例 15 - 3

令和×３年６月30日，備品（取得原価5,000円，期首減価償却累計額1,800円）を3,000円で売却し，代金は小切手で受け取った。なお，決算日は３月31日（年１回）であり， 間接法により処理している。減価償却は定率法（償却率20％）で行い，月割計算すること。

【解答・解答への道】

借方科目	金額	貸方科目	金額
(減価償却累計額)	1,800	(備　　　品)	5,000
(減 価 償 却 費) ＊1	160		
(現　　　金)	3,000		
(固定資産売却損) ＊2	40		

＊１　期首から売却月までの減価償却費（月割計算）

$$(5,000円 - 1,800円) \times 20\% \times \frac{3カ月}{12カ月} = 160円$$

＊２　3,000円－（5,000円－1,800円－160円）＝△40円〈売却損〉
売却価額（3,000円）　帳簿価額（5,000円－1,800円－160円）

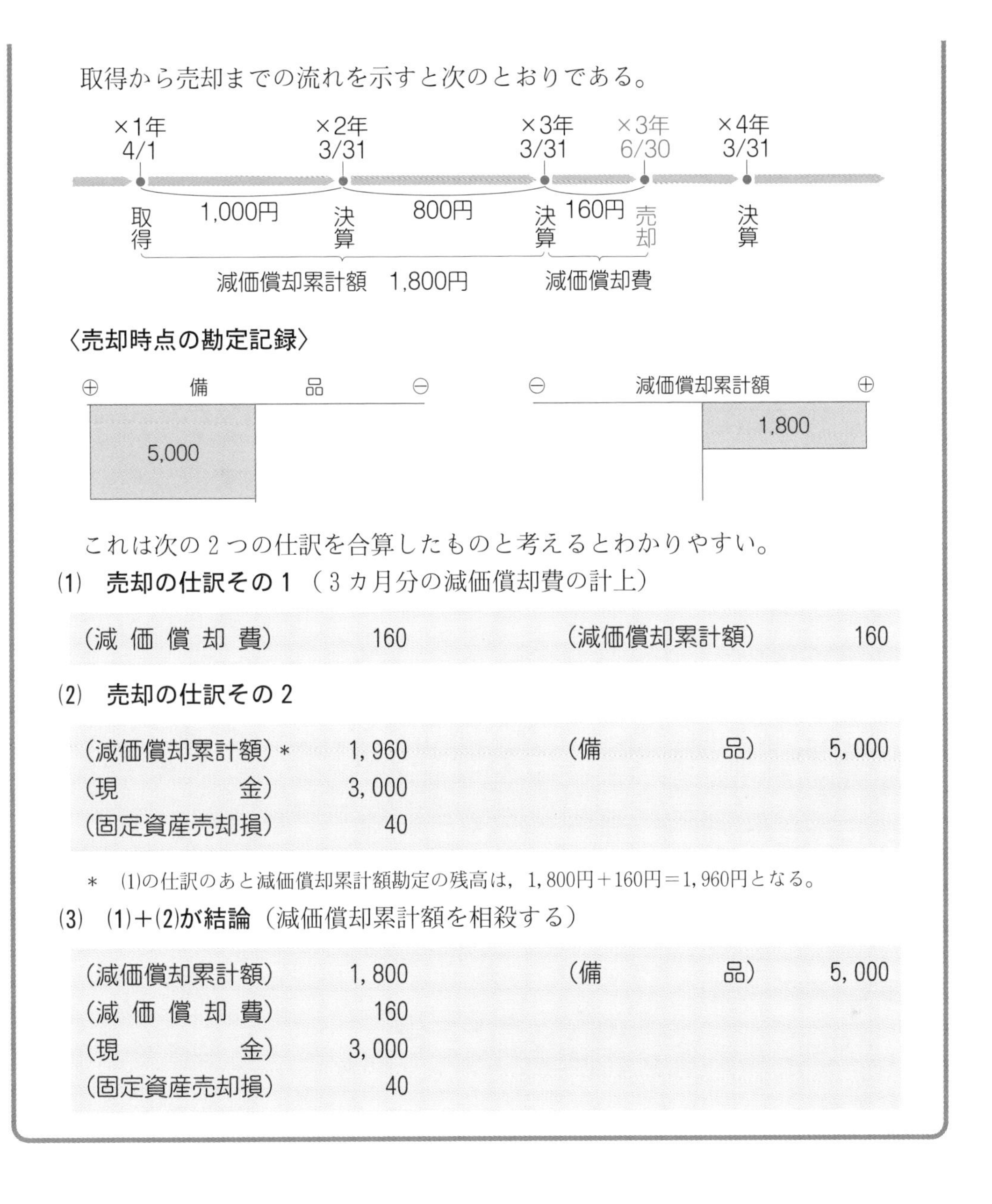

取得から売却までの流れを示すと次のとおりである。

〈売却時点の勘定記録〉

これは次の2つの仕訳を合算したものと考えるとわかりやすい。

(1) **売却の仕訳その1**（3カ月分の減価償却費の計上）

借方	金額	貸方	金額
（減価償却費）	160	（減価償却累計額）	160

(2) **売却の仕訳その2**

借方	金額	貸方	金額
（減価償却累計額）＊	1,960	（備品）	5,000
（現金）	3,000		
（固定資産売却損）	40		

＊ (1)の仕訳のあと減価償却累計額勘定の残高は，1,800円＋160円＝1,960円となる。

(3) **(1)＋(2)が結論**（減価償却累計額を相殺する）

借方	金額	貸方	金額
（減価償却累計額）	1,800	（備品）	5,000
（減価償却費）	160		
（現金）	3,000		
（固定資産売却損）	40		

3. 総合償却

⑴総合償却とは

総合償却とは，耐用年数の異なる各有形固定資産について，平均耐用年数を用いて一括して減価償却計算および記帳を行う方法であり，平均耐用年数の算出がポイントになる。

⑵平均耐用年数の計算

平均耐用年数は，定額法による個別償却を基礎に計算される。

$$\frac{\text{各有形固定資産の要償却額合計}}{\text{個別償却における定額法年償却額合計}} = \text{平均耐用年数（1年未満切り捨て）}$$

各有形固定資産の要償却額合計 ÷ 平均耐用年数 ＝ 減価償却費

なお，定率法による総合償却は，定額法により求めた平均耐用年数を求め，その平均耐用年数に該当する償却率により減価償却費を計算する。

設　例　15 - 4

次の資料により，定額法により平均耐用年数を計算しなさい。

（資　料）

	取得原価	残存価額	耐用年数
A機械	240,000円	取得原価の10%	6年
B機械	360,000円	〃	8年
C機械	400,000円	〃	10年

【解答・解答への道】

$$\text{平均耐用年数：}\frac{900{,}000\text{円}}{112{,}500\text{円}} = 8\text{年}$$

－計算過程－

	取得原価	要償却額合計	年償却額合計
A機械	240,000円	240,000円×0.9＝216,000円	216,000円÷6年＝36,000円
B機械	360,000円	360,000円×0.9＝324,000円	324,000円÷8年＝40,500円
C機械	400,000円	400,000円×0.9＝360,000円	360,000円÷10年＝36,000円
		900,000円	112,500円

4 建設仮勘定

1. 建設仮勘定とは

建設仮勘定とは，現在建設中（または製作中）の固定資産をいう。

建物・構築物・機械装置などの建設や製作は，完成し引き渡しを受けるまでに長期間を要するため，建設中に代金の一部を手付金等として支払うことがある。この建設中に支払った工事代金などの支払額は，一時的に**建設仮勘定**（資産）で処理しておき，完成し引き渡しを受けたときに建物などの勘定に振り替える。

なお，建設仮勘定は固定資産をまだ使用していないので，減価償却は行わない。

2. 手付金を支払ったとき

建設中の固定資産に対する工事代金の支払額を，建設仮勘定として計上する。

6

大宮建設に倉庫の新築を5,000円で請け負わせ，代金の一部1,500円を小切手を振り出して支払った。

（建 設 仮 勘 定）	1,500	（当　座　預　金）	1,500

3. 完成し引き渡しを受けたとき

建設中の固定資産が完成し引き渡しを受けたときは，該当する固定資産を取得原価で計上し，建設仮勘定を精算する。

仕訳例 7

大宮建設に建設を依頼しておいた倉庫が完成し，請負代金5,000円のうち未払分3,500円を小切手を振り出して支払った。なお，支払額の全額を建物勘定に振り替えた。

（建　　　物）	5,000	（建 設 仮 勘 定）	1,500
		（当　座　預　金）	3,500

5 改良と修繕

改良（かいりょう）とは，固定資産に対する支出のうち避難（ひなん）階段の増設や取替部品の改良などその固定資産の価値を高めたり，耐用年数が延長するような支出をいい，**資本的支出**（しほんてきししゅつ）という。

修繕（しゅうぜん）とは，固定資産に対する支出のうち定期的に行う修繕のように，固定資産の価値を維持するための支出をいい，**収益的支出**（しゅうえきてきししゅつ）という。

(1)改良を行ったとき（資本的支出）

改良を行ったときは，その固定資産の取得原価に加算し，これ以後の期間に減価償却費として費用配分する。

（固　定　資　産） 取得原価に加算	××	（現　金　預　金）	××

(2)修繕を行ったとき（収益的支出）

修繕を行ったときは，支出した期の費用として，**修繕費**（しゅうぜんひ）（費用）を計上する。

（修　　繕　　費） 支出した期の費用	××	（現　金　預　金）	××

固定資産に関する支出
- → 耐用年数の延長，価値の増加 → 資本的支出（資産計上）
- → 本来の機能の維持 → 収益的支出（費用処理）

仕訳例 8

建物の改良と修繕を行い，その代金30,000円を小切手を振り出して支払った。なお，このうち20,000円は改良とみなされた。

（建　　　物）	20,000	（当　座　預　金）	30,000
（修　繕　費）	10,000		

6 除却と廃棄

1. 除却したとき

除却（じょきゃく）とは，固定資産を事業の用途から取り除くことをいう。

固定資産を除却したときは，除却した固定資産の処分可能価額（評価額）を見積り，**貯蔵品**（ちょぞうひん）（資産）として計上する。処分可能価額と除却時の帳簿価額との差額は**固定資産除却損**（こていしさんじょきゃくそん）（費用）とする。固定資産除却損は損益計算書の「特別損失」に表示する。

仕訳例 9

当期首に機械装置（取得原価5,000円，減価償却累計額4,500円）を除却した。除却した機械装置の処分可能価額は100円で倉庫に保管したままである（間接法）。

（減価償却累計額）	4,500	（機　械　装　置）	5,000
（貯　蔵　品）	100		
（固定資産除却損）＊	400		

＊　100円－（5,000円－4,500円）＝△400円〈固定資産除却損〉

2. 廃棄したとき

廃棄した固定資産の帳簿価額を**固定資産廃棄損**（こていしさんはいきそん）（費用）として計上する。なお，廃棄の際に廃棄費用が発生するときは，固定資産廃棄損に含めて処理する。固定資産廃棄損は損益計算書の「特別損失」に表示する。

仕訳例 10

当期首に機械装置（取得原価5,000円，減価償却累計額4,500円）を廃棄した。なお，減価償却は間接法で記帳している。

（減価償却累計額）	4,500	（機　械　装　置）	5,000
（固定資産廃棄損）	500		

7 臨時損失

資産が火災や盗難などにより失われた場合において，臨時的に行われる簿価の切り下げを臨時損失といい，その資産に保険が掛けられているかどうかにより処理が異なる。ここでは，火災を例にとって説明する。

1. 保険を掛けていない場合

焼失した資産の火災時の帳簿価額を**火災損失**（かさいそんしつ）（費用）として計上する。火災損失は損益計算書の「特別損失」に表示する。

仕訳例 11

当期首に火災により商品倉庫（取得原価200,000円，減価償却累計額120,000円）が焼失した。

（減価償却累計額）	120,000	（建　　　　物）	200,000
（火　災　損　失）	80,000		

2. 保険を掛けている場合

(1)火災が発生したとき

保険金が確定するまで焼失した資産の火災時の帳簿価額を**火災未決算**（かさいみけっさん）（資産）または**未決算**（みけっさん）（資産）として計上する。

仕訳例 12

当期首に火災により商品倉庫（取得原価200,000円，減価償却累計額120,000円）が焼失した。なお，火災保険契約100,000円を結んでいる。

（減価償却累計額）	120,000	（建　　　　物）	200,000
（火 災 未 決 算）	80,000		

(2)保険金が確定したとき

保険会社より保険金を支払う旨の連絡を受けた場合には，その確定した保険金の額を**未収入金**（資産）として計上し，火災未決算を精算する。

①保険金確定額 > 火災未決算（火災時の帳簿価額）

保険金確定額と火災未決算との差額は**保険差益**（収益）を計上する。保険差益は損益計算書の「特別利益」に表示する。

仕訳例 13

［仕訳例12］の損害について，100,000円の保険金を支払う旨の連絡があった。

（未　収　入　金）	100,000	（火 災 未 決 算）	80,000
		（保　険　差　益）	20,000

②保険金確定額 < 火災未決算（火災時の帳簿価額）

保険金確定額と火災未決算との差額は**火災損失**（費用）を計上する。

仕訳例 14

［仕訳例12］の損害について，70,000円の保険金を支払う旨の連絡があった。

（未　収　入　金）	70,000	（火 災 未 決 算）	80,000
（火　災　損　失）	10,000		

基本例題23

〔設問１〕次の取引について仕訳をしなさい。

⑴　西山土木株式会社は機械装置@10,000,000円を５台買い入れ，代金は約束手形を振り出して支払った。なお，引取費用等の付随費用500,000円は小切手を振り出して支払った。

⑵　前川建設株式会社は自社ビルを自家建設し，そのために材料3,000,000円，賃金4,500,000円，諸経費2,300,000円を消費した。このほかに，登記料200,000円を小切手を振り出して支払った。

⑶　株式会社浅井工務店は自己所有の建物（帳簿価額4,800,000円，時価3,500,000円）と株式会社町田組所有の建物（帳簿価額4,500,000円，時価3,500,000円）を交換した。

〔設問２〕当社は送電線の付設用に自家用ヘリコプターを所有しているが，次の資料にもとづき，⑴定額法，⑵定率法，⑶生産高比例法により，当期末（当期は第10期）の減価償却費を計算しなさい（円未満切り捨て）。

（資料）

取得価額　100,000,000円　　当期飛行時間　2,250時間
耐用年数　８年　　定率法償却率　0.25
残存価額　10%　　事業提供日　第８期　期首
総飛行可能時間　10,000時間

〔設問３〕次の取引について仕訳しなさい。

建物の定期修繕および改良を行い，代金12,000,000円を小切手を振り出して支払った。このうち，10,000,000円は新たにエレベーターを設置するのにかかった金額であり，残りの2,000,000円は修繕にかかった費用である。

8 無形固定資産

1. 無形固定資産とは

⑴無形固定資産とは

法律上の権利として企業活動に長期にわたって役立つものと，経済的にみて長期間にわたり事実上価値を有するもので，具体的な形を有しないものをいう。

建設業に関係する主な**無形固定資産**は次のようなものがあり，そのおのおのの額を記帳する。

① の　れ　ん：有償取得した「のれん」の金額
② 特　許　権：特許権を取得した際に要した金額
③ 借　地　権：借地権（土地の上に存在する権利を含む）を取得した際に要した金額
④ 施設利用権：施設を利用するために支払った施設負担金の金額
⑤ 実用新案権：実用新案権を取得した際に要した金額

⑵のれんとは

商標・商号の浸透，有利な立地条件，資本的な優位性，豊富な経験，秘伝・秘訣，取引関係の優位性などによって企業が他の同種企業以上に収益をあげると予想されるとき，その企業の有する超過収益力を認めた場合に，買収や合併などによって生じる財産をいう。

 15

三井工務店を買収し，買収代金500,000円は現金で支払った。なお，三井工務店の諸資産は1,200,000円，諸負債は750,000円であった。

（諸　資　産）	1,200,000	（諸　負　債）	750,000
（の　れ　ん）	50,000	（現　　　金）	500,000

2. 無形固定資産の償却

⑴償却期間

種　類	償却方法	耐用年数	残存価額	償却額の計算
法律上の権利	定額法	法定耐用年数	ゼロ	法定耐用年数内で月割計算
の　れ　ん	定額法	20 年 以 内	ゼロ	20年以内で月割計算

なお，借地権については，通常は償却しない。

また，一定の法律上の権利については，法定されている期間より税法上の耐用年数が短いので，これらについては注意すること。

⑵償却時の記帳

無形固定資産の残存価額はゼロであるから，耐用年数が到来すれば消滅する。また，償却時の記帳方法は直接法による。

仕訳例 16

当期は4月1日から3月31日までの1年間である。よって下記の⑴および⑵の資料により当期の償却を行いなさい。

（資料）

⑴ 決算整理前試算表

特許権	3,600,000
借地権	4,200,000
のれん	1,200,000

⑵決算整理事項

① 特許権は当期の7月1日に取得したもので，8年間で償却する。

② 借地権は当期に土地賃借のために支払った権利金である。

③ のれんは，当期首に乙社を吸収合併した際に計上したもので，20年間で償却する。

①

（特許権償却）	337,500	（特許権）	337,500

②

仕訳なし

③

（のれん償却）	60,000	（のれん）	60,000

決算整理後試算表

特許権	3,262,500
借地権	4,200,000
のれん	1,140,000
特許権償却＊1	337,500
のれん償却＊2	60,000

＊1　$3,600,000円 \times \frac{9カ月}{96カ月} = 337,500円$

＊2　$1,200,000円 \times \frac{1年}{20年} = 60,000円$

基本例題24

当期は4月1日から3月31日までの1年間であり，下記の⑴および⑵の資料により決算で行う償却の仕訳を示しなさい。

（資料）

⑴

決算整理前残高試算表

特　許　権	1,360,000	
借　地　権	4,600,000	
の　れ　ん	1,000,000	

⑵　決算整理事項

①　特許権は当期首に取得したもので，8年間で償却する。

②　借地権は当期に土地の賃借のために支払った権利金である。

③　のれんは，当期首にB社を吸収合併した際に計上したもので，20年間で償却する。

9　投資その他の資産

1. 投資その他の資産とは

固定資産のうち**投資その他の資産**に属する資産には，次のようなものがある。

投資その他の資産
- 投資の長期的な利殖を目的とする資産（投資有価証券，長期性預金など）
- 他の企業を支配したり，有利な事業関係を保つことを目的とする資産（関係会社株式など）
- 前払期間が決算日から1年を超える長期前払費用など

なお，投資その他の資産に属する主な科目は次のとおりである。

①　投資有価証券
②　関係会社株式
③　出　資　金
④　長期貸付金
⑤　長期前払費用
⑥　長期営業外受取手形
⑦　長期性預金
など

2. 一年基準と正常営業循環基準

(1)一年基準とは

一年基準とは，資産・負債について，決算日の翌日から起算して１年を超えて期限が到来するものを固定資産（投資その他の資産）・固定負債とする基準をいう。

仕訳例 17

浜松建設株式会社は当期の７月１日に神戸物流株式会社から同社所有の土地を資材置場として３年間借り受ける契約を結び，同地代5,400,000円（全額）を小切手で支払い，支払地代勘定で処理していたが，決算につき前払分を繰り延べる（決算３月末，年１回）。

（長期前払地代）	2,250,000	（支　払　地　代）	4,050,000
（前　払　地　代）	1,800,000		

なお，当期の費用と繰延額の関係は次のとおりである。

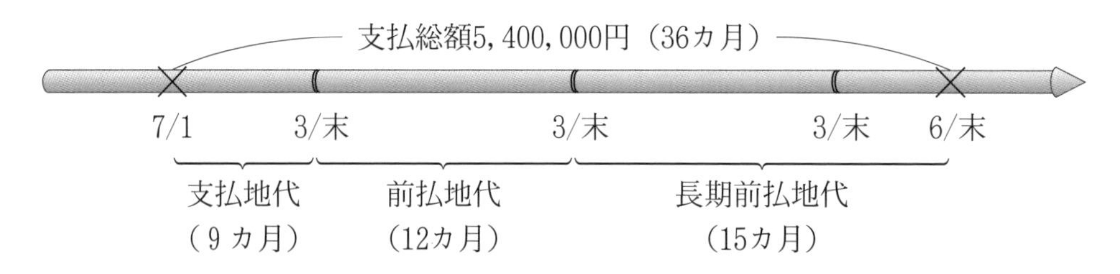

(2)正常営業循環基準とは

正常営業循環基準とは，受取手形や完成工事未収入金などの営業債権は，決算日の長短に関係なく，すべて流動資産とする基準をいう。同様に，支払手形や工事未払金などの営業債務は，すべて流動負債となる。

10 繰延資産

1. 繰延資産とは

すでに代価の支払いが完了し，または支払い義務が確定し，これに対応する役務の提供を受けたにもかかわらず，その効果が将来にわたって発現するものと期待されるため，その支出額を効果が及ぶ将来期間に費用として合理的に配分する目的で，経過的に貸借対照表に資産として計上された項目を**繰延資産**という。

種　類	内　　　容	償却期間
創　立　費	会社設立に必要な会社負担の設立費用，発起人への報酬，設立登記の登録免許税等の支出額	**5年**
開　業　費	会社設立後，営業開始までの開業準備のための支出額	
開　発　費	新技術の採用，新資源の開発，新市場の開拓のために特別に支出した額	
株式交付費	会社設立後，新たに株式を発行するために支出した額	**3年**
社債発行費	社債を発行するために支出した額	**社債の償還期限内**

2. 決算のとき

建物などの有形固定資産が減価償却を行うのと同じように，繰延資産についても償却を行う。なお，会計期間の途中で計上した繰延資産については，計上した月から決算の月までの償却額を月割計算する。ただし，次のような相違点がある。

	繰延資産の償却	有形固定資産の減価償却
残存価額	残存価額なし	残存価額あり
償却方法	定額法	定率法などもあり
記帳方法	直接法	原則として間接法

（注１）検定試験では，有形減価償却資産の残存価額について，「取得原価の10%」もしくは「残存価額はゼロ」と出題されることが多い。
（注２）繰延資産の残存価額，償却方法，記帳方法は無形固定資産の場合とまったく同じである。

3. 会計処理

(1)創立費

創立費とは，会社を設立するために必要な支出額であり，定款(ていかん)の作成費用，株式の発行費用，発起人(ほっきにん)の報酬，設立登記のための登録免許税などの合計額である。

創立費は，会社設立後5年以内に定額法により償却を行う。

（注）償却にあたって期間計算を「月割り」で行うか「年割り」で行うかは問題の指示にしたがうこと。

支出時	（創立費）	500	（現金預金）	500
決算時	（創立費償却） 費用	100	（創立費） 繰延資産	100

(2)開業費

開業費とは，会社設立後，営業開始（開業）までの開業準備のための支出額をいい，会社設立から開業までに支出されたすべての費用を含む。

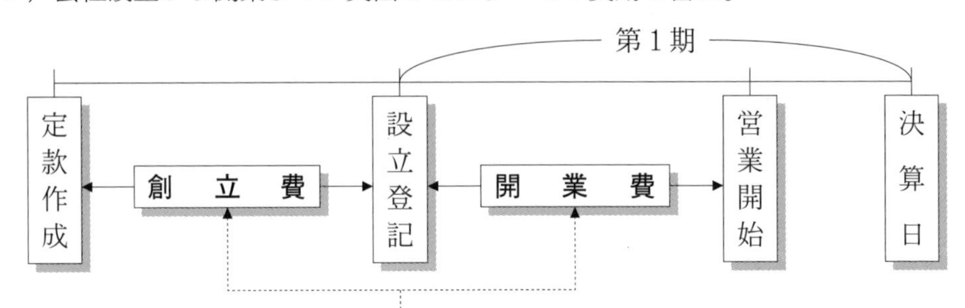

開業費は，会社開業後5年以内に定額法により償却を行う。

（注）償却にあたって期間計算を「月割り」で行うか「年割り」で行うかは問題の指示にしたがうこと。

支出時	（開業費）	500	（現金預金）	500
決算時	（開業費償却） 費用	100	（開業費） 繰延資産	100

⑶株式交付費

株式交付費とは，会社設立後，新たに株式を発行する場合（増資時）に直接支出した費用をいい，具体的には株式募集のための広告費，証券会社などに対する手数料，株券などの印刷費，変更登記のための登録免許税などの合計額である。

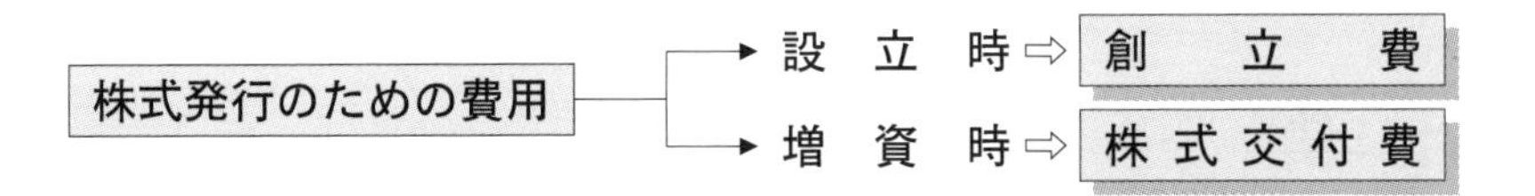

株式交付費は，新株発行後３年以内に定額法により償却を行う。

（注）償却にあたって期間計算を「月割り」で行うか「年割り」で行うかは問題の指示にしたがうこと。

支 出 時	（株 式 交 付 費）	300	（現 金 預 金）	300
決 算 時	（株式交付費償却） 費 用	100	（株 式 交 付 費） 繰延資産	100

テーマ16 社債・引当金・税金

ここでは，社債の発行，利払い，決算，償還について，また，貸倒引当金をはじめとする各種引当金の処理と，税金のうち租税公課と法人税等，消費税について学習する。

1 社債

1. 社債とは

(1)社債とは

社債とは，株式会社にだけ認められた長期的資金を調達するための手段であり，具体的には，一定利子の支払日および元本の償還日（決済日）などを約束した**社債券**を発行し，不特定多数の人たちから資金を借り入れることによって生じる債務をいう。

(2)発行形態

社債券の発行方法には，次の３つがある。

①平価（へいか）発行：額面金額で発行する方法であり，「額面発行」ともいう。
②打歩（うちぶ）発行：額面金額よりも高い価額で発行する方法をいう。
③割引（わりびき）発行：額面金額よりも低い価額で発行する方法をいう。

2. 社債の発行と社債利息

(1)社債の発行

社債を発行したときは，払込金額を**社債勘定**（負債）の貸方に記入する。

また，社債の発行には，広告費，社債申込証や社債券の印刷費などの費用がかかるが，この費用は**社債発行費勘定**（費用）の借方に記入される。なお，社債発行費は繰延資産として処理することもできる。

建設業経理士２級においては，社債の期首発行が問われるので，期首に社債が発行される場合について，以下説明する。

仕訳例 1

令和×１年４月１日，凹凸商事株式会社(決算日３月31日)は額面総額100,000円の社債を，額面100円につき94円，償還期限５年，利率年３％（利払日は３月末と９月末）により発行し，払込金は当座預金とした。

なお，社債発行のための諸費用600円は現金で支払い，繰延資産として処理することとした。

(当座預金)*	94,000	(社債)	94,000
(社債発行費)	600	(現金)	600

* 94円× $\frac{100,000円}{100円}$ (1,000口)＝94,000円〈払込金額〉

(2)社債利息

社債は，いわば長期の借入金であるから利息を支払わなければならない。**社債利息**とは，社債に付された利息をいい，通常，年2回一定の期日に支払われるが，その支払いの方法は，あらかじめ社債券に一定の支払利息額を記載してある「利札（りふだ）」をつけて，利払期ごとに利札と引き換えに支払われる。

額面金額 × 契約年利率 × $\frac{月数}{12}$ ＝ 社債利息

なお，契約年利率を乗じるのは額面金額であって，発行価額ではない。

仕訳例 2

令和×1年9月30日，前記の社債（額面総額100,000円，利率年3％）について，第1回目の利払日につき，利息を当座預金から支払った。

(社債利息)*	1,500	(当座預金)	1,500

* 100,000円〈額面総額〉×3％× $\frac{6カ月}{12カ月}$ ＝1,500円

仕訳例 3

令和×2年3月31日，前記の社債（額面総額100,000円，利率年3％）について，第2回目の利払日につき，利息を当座預金から支払った。

(社債利息)*	1,500	(当座預金)	1,500

* 100,000円〈額面総額〉×3％× $\frac{6カ月}{12カ月}$ ＝1,500円

(注) 3月31日は決算日と同じ日であるが，決算整理の前に利払日として期中処理で仕訳を行う。決算整理仕訳にはならないことに注意すること。

3. 社債の決算

⑴償却原価法

償却原価法とは，債券を額面金額より低い価額または高い価額で発行した場合において，額面金額と払込金額の差額（金利調整差額）を償還期に至るまで毎期一定の方法で貸借対照表価額に加減する方法をいう。なお，その加減額は定額法により社債利息に含めて処理される。

期首に，額面金額よりも低い価額で発行したとき（割引発行時）

(社　債　利　息) 費　用	××	(社　　　　　債) 負　債	××

$$（額面金額 － 払込金額）\times \frac{12カ月}{発行日から償還日までの月数} = 金利調整差額償却額$$

⑵社債発行費の償却

社債発行費を繰延資産とした場合は社債の償還期限内に定額法により償却をしなければならない。

社債発行費は「残存価額なし，償却方法は定額法，記帳方法は直接法」により処理することとなる。

(社債発行費償却) 費　用	××	(社　債　発　行　費) 繰延資産	××

仕訳例 **4**

令和×２年３月31日，決算にあたり，前記［仕訳例１］の社債（償還期限５年，額面総額100,000円，利率年３％，利払日は３月末と９月末）について，払込金額と額面金額の差額（金利調整差額）を，償却原価法（定額法）により当期分の償却額1,200円を計上する。また，社債発行費は繰延資産として社債の償還期限内において定額法により月割償却を行う。

(社　債　利　息)＊1	1,200	(社　　　　　債)	1,200
(社債発行費償却)＊2	120	(社　債　発　行　費)	120

（注）問題文では数値を与えているが，以下のように計算することができる。

＊1　$(100,000円〈額面総額〉-94,000円〈払込金額〉)\times \frac{12カ月（令和×1年4月1日～令和×2年3月31日）}{60カ月（令和×1年4月1日～令和×6年3月31日）}=1,200円$

＊2　$600円〈社債発行費〉\times \frac{12カ月（令和×1年4月1日～令和×2年3月31日）}{60カ月（令和×1年4月1日～令和×6年3月31日）}=120円$

4. 社債の償還

(1)償還とは

償還とは，社債により調達した資金を社債権者に返済することをいい，その償還の時期により，次のように区分される。

①**満期償還**：満期日に一括して額面金額により償還することをいう。
②**定時償還**：一定期日ごとに一定額ずつ抽選により償還することをいう。
（抽選償還）
③**臨時償還**：会社の資金に余裕ができたとき，または金融情勢の変化に対応するた
（買入償還）めに会社が任意（償還期限内）の時期に証券市場から随時，買い入れて償還することをいう。

(2)満期償還

社債の満期日になったら額面金額で償還する。

5

令和×6年3月31日，前記［仕訳例1］の社債（償還期限5年，額面総額100,000円，利率年3％，利払日は3月末と9月末）が満期となったので，額面総額と最終回の利息1,500円の合計額を当座預金から支払って償還した。

なお，払込金額と額面金額の差額である金利調整差額の当期分の償却額1,200円を計上した。

また，繰延資産として社債発行費の当期分の償却額120円を計上した。

借方	金額	貸方	金額
（社債利息）＊1	1,200	（社債）	1,200
（社債）	100,000	（当座預金）	101,500
（社債利息）＊2	1,500		
（社債発行費償却）＊3	120	（社債発行費）	120

（注）問題文では数値を与えているが，以下のように計算することができる。

＊1　$(100{,}000円〈額面総額〉-94{,}000円〈払込金額〉)\times\dfrac{12カ月（令和×5年4月1日〜令和×6年3月31日）}{60カ月（令和×1年4月1日〜令和×6年3月31日）}=1{,}200円$

＊2　$100{,}000円〈額面総額〉\times 3\%\times\dfrac{6カ月}{12カ月}=1{,}500円$

＊3　$600円〈社債発行費〉\times\dfrac{12カ月（令和×5年4月1日〜令和×6年3月31日）}{60カ月（令和×1年4月1日〜令和×6年3月31日）}=120円$

(3)定時償還（抽選償還）

定時償還も満期償還と同様に額面金額で償還されるため，その記帳方法は満期償還と同じである。

(4)臨時償還（買入償還）

買入償還（かいいれしょうかん）とは，発行会社に資金的余裕が生じたことなどにより，自社の発行した社債を市場（しじょう）から買い入れたほうが有利であると判断した場合，**償還期限（満期日）前に臨時に行う償還**をいう。買入償還は，市場からその時の相場（時価）で買い入

れてくるため，通常，社債償還損益が生じる。

仕訳例 6

次の取引を仕訳しなさい。

令和×3年4月1日，凹凸商事株式会社（決算日は3月末）は，発行済社債100,000円を100円につき96円で買入償還し，代金は小切手を振り出して支払った。この社債は，令和×1年4月1日に額面金額100,000円を100円につき94円，償還期限5年で発行したものであり，払込金額と額面金額の差額（金利調整差額）は，償却原価法（定額法）により月割償却を行っている。

（社　　　債）	96,400	（当座預金）	96,000
		（社債償還益）	400

(1)　買入償還する社債の帳簿価額

①　1年分の金利調整差額償却額

$$（100,000円-94,000円）\times \frac{12カ月}{60カ月} =1,200円$$

②　発行日から買入償還日までの金利調整差額償却額

1,200円（1年分）×2年（令和×1年4月1日～令和×3年3月31日）=2,400円

③　買入償還する社債の帳簿価額

94,000円（発行価額）+2,400円（上記②）=96,400円

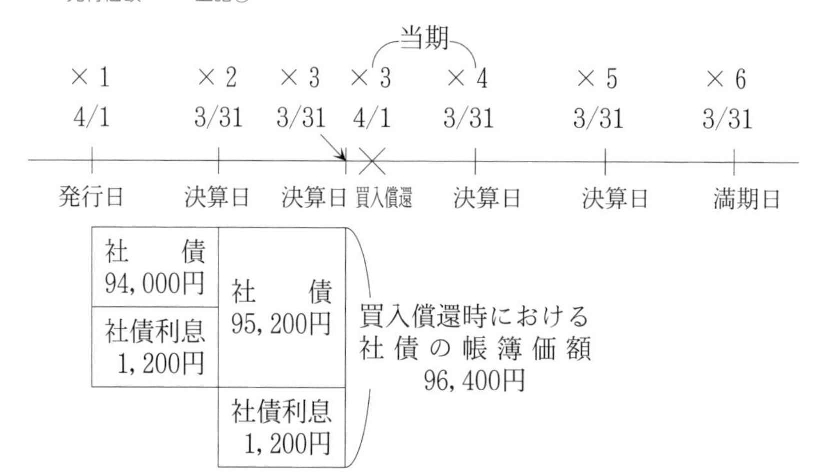

(2)　社債償還損益

96,400円（社債の帳簿価額）−96,000円（買入価額＊）=400円〈社債償還益〉

＊　買入価額：$96円\times\frac{100,000円}{100円}$（1,000口）=96,000円〈当座預金〉

SUPPLEMENT

社債の発行・社債の買入償還が期首以外の場合

⑴決算

①償却原価法

発行から期末までの期間で月割償却を行う。

$$(\text{額面金額}-\text{払込金額})\times\frac{\text{当期経過月数}}{\text{発行日から償還日までの月数}}=\text{金利調整差額償却額}$$

②未払社債利息の計上

利払日と決算日が一致しない場合には，決算日の直近の利払日（前利払日）の翌日から決算日までの期間に対応する社債利息を月割り計算し，未払社債利息勘定（負債）または未払費用勘定（負債）により見越計上する。

(社　債　利　息) 費用	××	(未払社債利息) 負債	××

また，翌期首において「再振替仕訳」を行う。

〈翌期首：再振替仕訳〉

(未払社債利息)	××	(社　債　利　息)	××

⑵期中買入償還の場合

①買入償還する社債の帳簿価額

期中において，買入償還する場合，期首から買入償還する日までの金利調整差額を社債の帳簿価額に加減してから，社債を減少させる。

$$(\text{額面金額}-\text{払込金額})\times\frac{\text{期首から買入償還日までの月数}}{\text{発行日から償還日までの月数}}=\text{期首から買入償還日までの金利調整差額償却額}$$

②社債償還損益の計算

買入償還した社債の帳簿価額から買入価額を差し引いた金額が社債償還損益となる。

買入償還時における社債の帳簿価額－買入価額＝ ⑴社債償還益 / ㈠社債償還損

SUPPLEMENT

基本例題25

次の取引を仕訳しなさい。

(1) 令和×1年4月1日，太平洋電力株式会社は，額面総額100,000円の社債（償還期間5年，利率年3％，利払日は3月末と9月末の年2回）を額面100円につき95円で発行し，手取金を当座預金とした。なお，社債発行に要した費用1,500円は繰延資産として現金で支払った。

(2) 令和×1年9月30日，利払日につき，上記社債について，第1回目の利息を当座預金から支払った。

(3) 令和×2年3月31日，利払日につき，上記社債について，第2回目の利息を当座預金から支払った。

(4) 令和×2年3月31日，決算にあたり，上記社債について，払込金額と額面総額の差額（金利調整差額）を，償却原価法（定額法）により当期分の償却額を計上する。また，社債発行費は社債の償還期限内にわたって定額法により月割償却を行うこととした。

(5) 令和×6年3月31日，上記社債が満期日となったので，額面総額と最終回の利息の合計額を小切手を振り出して支払った。

なお，払込金額と額面総額の差額である金利調整差額の当期償却額を計上した。また，社債発行費の未償却残高も計上する。

(6) 令和×1年4月1日，額面総額10,000,000円の社債を額面100円につき96円，償還期限5年で発行し，払込金額を当座預金とした（3月末決算）。

(7) 令和×4年3月31日，上記社債を額面100円につき99円で買入償還し，代金は小切手を振り出して支払った。なお，払込金額と額面総額の差額（金利調整差額）は，償却原価法（定額法）により月割償却を行っている。

2 引当金とは

引当金(ひきあてきん)とは，一会計期間の正しい損益を計算するために，将来発生すると予想される費用または損失のうち，当期に負担すべき額を費用として見越計上するときに設定される貸方科目をいい，次のようなものがある。

貸倒引当金，退職給付引当金，修繕引当金，完成工事補償引当金など

1. 貸倒引当金

貸倒引当金(かしだおれひきあてきん)とは，受取手形や完成工事未収入金などの売上債権が次期以降に貸し倒れると予想される場合に，当期に負担すべき額を費用として見越計上したときの貸方科目である。

2. 見積額の計算

貸倒れの見積額は，通常，受取手形や完成工事未収入金などの売上債権の期末残高に設定率を掛けて計算する。

売上債権の期末残高 × 設定率 ＝ 貸倒見積額

3. 差額補充法

貸倒れの見積額と貸倒引当金の期末残高との差額を計上する方法である。

①貸倒見積額＞貸倒引当金期末残高 の場合

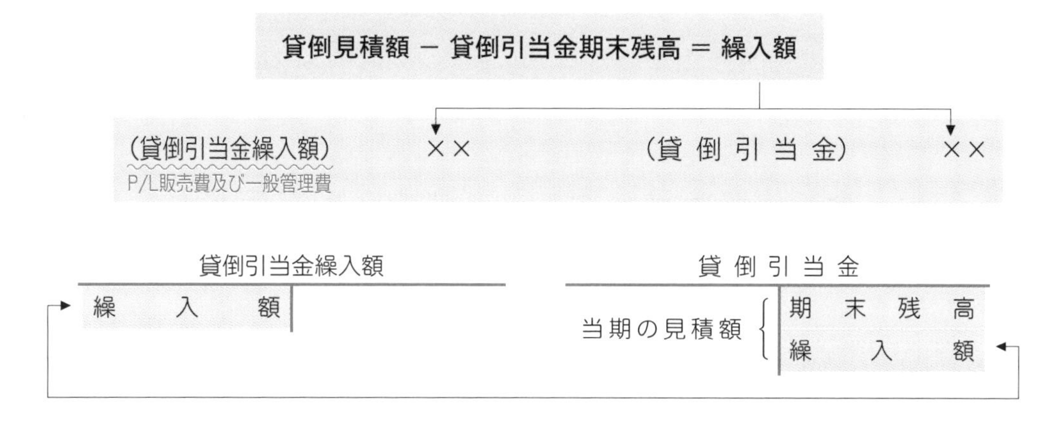

②貸倒見積額＜貸倒引当金期末残高 の場合

貸倒引当金期末残高 － 貸倒見積額 ＝ 戻入額

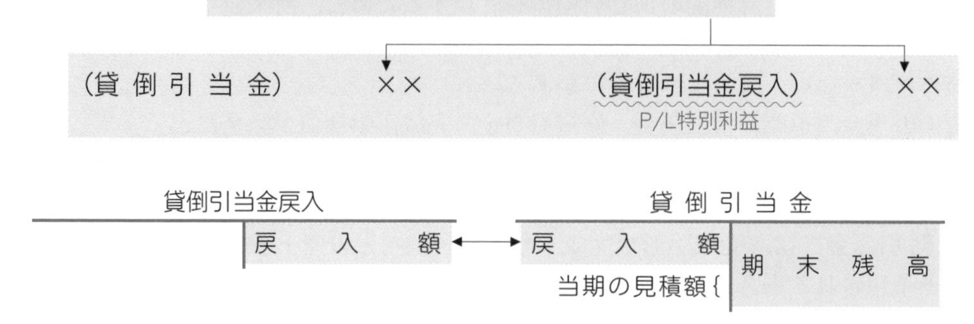

仕訳例 **6**

決算にあたり，完成工事未収入金の期末残高100,000円に対して，差額補充法により３％の貸倒れを見積る。なお，貸倒引当金の期末残高は1,800円である。

(貸倒引当金繰入額)	1,200	(貸 倒 引 当 金)	1,200

* 完成工事未収入金の期末残高100,000円×設定率0.03＝3,000円〈貸倒見積額〉
貸倒見積額3,000円－貸倒引当金の期末残高1,800円＝1,200円〈繰入額〉

ここがPOINT! 貸倒引当金繰入額については，これを販売費及び一般管理費勘定に含めて処理する場合もある。問題文の指示や解答用紙の形式にしたがうこと。

4. その他の引当金

⑴完成工事補償引当金

完成し引き渡した請負工事の修繕補修について，引き渡し時より一定期間無償でサービスする契約をしている場合に設定される引当金をいう。

なお，当期に負担すべき額は，工事原価に算入されるため，未成工事支出金勘定で処理する。

仕訳例 7 ①設定時

決算にあたり，当期の完成工事高100,000,000円に対し，0.2%の完成工事補償引当金を差額補充法により計上する。なお，同勘定の期末残高は120,000円である。

借方	金額	貸方	金額
(未成工事支出金) 完成工事補償引当金繰入額	80,000	(完成工事補償引当金)	80,000

＊　100,000,000円×0.2%－120,000円＝80,000円

仕訳例 8 ②取崩し時

前期に引き渡した建物に欠陥があったため，補修工事を行った。この補修工事に係る支出は，手持ちの材料の出庫30,000円と外注工事代50,000円（代金は未払い）であった。なお，完成工事補償引当金の残高は200,000円である。

借方	金額	貸方	金額
(完成工事補償引当金)	80,000	(材　　　料)	30,000
		(未　払　金)	50,000

補修費に係る代金の未払額は，工事未払金ではなく，「未払金」として処理することに注意すること。

なお，引当金が不足するときは，その不足分は「前期工事補償費」として処理する。

⑵退職給付引当金

退職給付引当金とは，将来，従業員が退職したとき，退職給与規定によって支払われる退職金および年金を各年度に公平に負担させるため，当期に負担する退職金および年金を見積り，これを費用として見越計上したときの貸方科目である。

なお，当期に負担すべき額のうち，直接作業員など施工部門に係る額は，工事原価に算入されるため，未成工事支出金勘定で処理し，事務員など管理部門に係る額は，主に販売費及び一般管理費に含めて処理する。

①設定時

借方		貸方	
(未成工事支出金) 退職給付引当金繰入額	××	(退職給付引当金)	××
(販売費及び一般管理費) 退職給付引当金繰入額	××		

②取崩し時（退職金支払時）

借方		貸方	
(退職給付引当金)	××	(現　　　　金)	××

なお，引当金が不足するときは，その不足分は「退職金」として処理することもある。

⑶修繕引当金

所有資産の修繕につき，当期に負担すべき修繕費が次期に支出される場合，その金額を見積計上することにより設定される引当金をいう。

このほかに企業会計原則では，「製品保証引当金」「債務保証損失引当金」「損害補償損失引当金」などをその例としてあげている。

3 会社の税金

1. 租税公課

⑴費用となる税金

会社は営業活動を行ううえで種々の税金を納めるが，下記のような税金は費用（損金）として取り扱われる。

①印紙税　②固定資産税　③自動車税　④関税　など

なお，上記の税目であっても，不納付加算税や重加算税のような罰金的性格のものは，費用であるが，税法上の損金とはならない。

⑵費用となる税金の納付

固定資産税のように，地方自治体で税額を計算してその納付時期と合わせて通知してくるものが大部分であるが，なかには印紙税のようにそのつど，支払いをするものもある。これらは，単独で**固定資産税勘定**を設けて処理してもよいが，まとめて**租税公課勘定**で処理するのが一般的である。

9

固定資産税120,000円について納税通知書を受け取るとともに，第１期分30,000円を現金で支払った

（租　税　公　課）	120,000	（現　　　金）	30,000
		（未　払　金）	90,000

2. 法人税等

⑴法人税等とは

会社の獲得した利益に対して課される税金には法人税や住民税，事業税があり，これらは通常，**法人税，住民税及び事業税勘定**として取り扱われる。

①法人税

株式会社などの法人の所得に対して課される国税であり，会社の計算した当期純利益を基礎に，法人税独自の加減算を行って課税所得を求め，法人税額を算定する。

②住民税

株式会社などの法人が地方自治体（都道府県および市町村）に事務所または事業所をもっていることに対して課される地方税であり，上記①の法人税額を基礎として住民税を，また，課税所得を基礎として，事業税を計算する。

(2)中間申告制度

一年決算を行う会社では，期首より6カ月を経過した日から2カ月以内に申告書を提出し，半年分の税金を前納する。これを**中間申告制度**といい，このときの税額は，前期の法人税額の2分の1か，半年間の仮決算（これを中間仮決算という）を行って利益を計算しそれにもとづいた税額を計算するか，のどちらかで決めることになる。

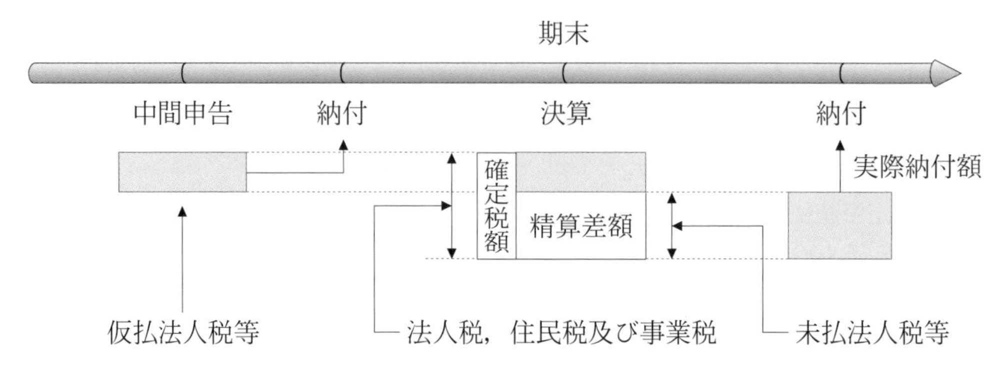

なお，中間納付額は「仮払法人税等」に代えて「仮払金」とすることもある。

10

中間申告にあたり，半年分の法人税50,000円を現金で前納した（仮払法人税等勘定で処理した)。

（仮払法人税等）	50,000	（現　　　金）	50,000

(3)確定申告

決算日の翌日から2カ月以内に，損益計算書で算定した利益を基礎として作成した申告書（確定申告書）を提出し，税金を納付しなければならない。

決算のときに1年分の税額を計算するが，そのうち一部は中間申告で前払いしているので，その残額がこれから支払わなければならない税金となり，その分を未払法人税等とする。

仕訳例 **11**

決算となり，法人税等90,000円を計上した。なお，中間申告して納税した分が50,000円あるが，これについては仮払法人税等勘定で処理している。

（法人税，住民税及び事業税）	90,000	（仮払法人税等）	50,000
		（未払法人税等）	40,000

SUPPLEMENT

法人税等の表示

損益計算書において法人税等は次のように表示される（会社計算規則）。

税引前当期純利益	180,000
法人税,住民税及び事業税	90,000
当期純利益	90,000

SUPPLEMENT

基本例題26

1　次の資料により，受取手形，完成工事未収入金の残高合計額に対し２％の貸倒引当金を見積った場合の仕訳を差額補充法により示しなさい。

決算整理前残高試算表

受取手形	3,200,000	貸倒引当金	106,500
完成工事未収入金	5,150,000		

2　次の取引を仕訳しなさい。

⑴　完成工事高に対し，160,000円の完成工事補償引当金を差額補充法により計上する。なお，同勘定の期末残高は110,000円である。

⑵　前期に引き渡した建物に欠陥があったため，補修工事を行った。この補修工事に係る支出は，手持ちの材料の出庫80,000円である。なお，完成工事補償引当金の残高は150,000円である。

⑶　固定資産税180,000円について納税通知書を受け取るとともに第１期分45,000円を現金で支払った。

⑷　上記の固定資産税につき第２期分45,000円を現金で支払った。

⑸　法人税，住民税及び事業税418,000円の中間申告を行い，仮払法人税等勘定に計上するとともに，小切手を振り出して支払った。

⑹　決算の結果，当期の法人税，住民税及び事業税が963,000円と計算され，確定した税額を法人税，住民税及び事業税勘定に計上するとともに，この税額から中間納付額418,000円を差し引いた残額を未払法人税等勘定に計上した。

3. 消費税

(1)消費税のしくみ

消費税は国内における商品の販売やサービスの提供に課税される税金である。この税金は製造および流通の過程で段階的に課税されるが，最終的には，物品を購入したりサービスの提供を受ける消費者が負担することになる（間接税）。したがって，消費税は原則として企業の損益に影響を及ぼさない税金といえる。

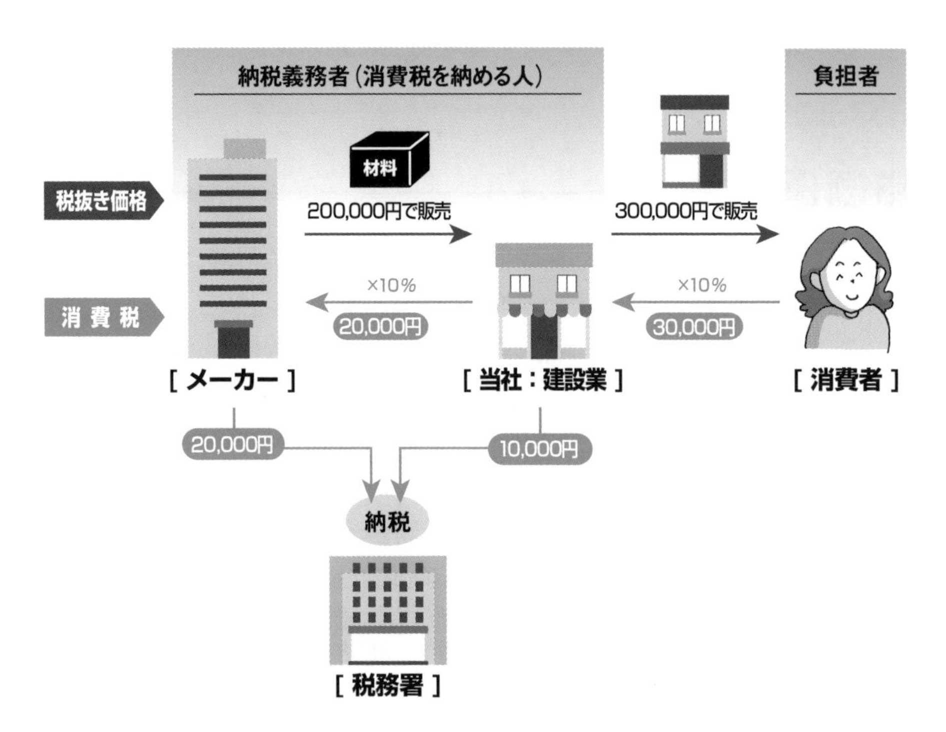

消費税の会計処理には，税抜方式と税込方式の２つの方法があるが，ここでは**税抜方式**について説明する。

(2)消費税を支払ったとき

支払った消費税は**仮払消費税勘定**（資産）で処理しておく。

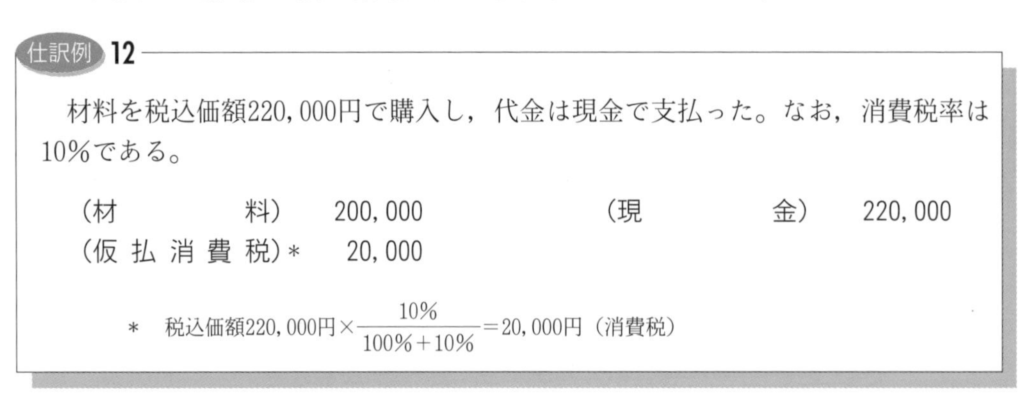

仕訳例 12

材料を税込価額220,000円で購入し，代金は現金で支払った。なお，消費税率は10%である。

（材　　料）	200,000	（現　　金）	220,000
（仮払消費税）＊	20,000		

＊　税込価額220,000円×$\frac{10\%}{100\%+10\%}$＝20,000円（消費税）

⑶消費税を受け取ったとき

受け取った消費税は，消費者に代わってあとで納付するために預かったと考えることから，**仮受消費税勘定**（負債）で処理する。

仕訳例 13

税込価額330,000円の請負工事が完成したので，これを引き渡し，代金は現金で受け取った。なお，消費税率は10%であり，この工事の工事原価は231,000円であった。

（現　　　　金）	330,000	（完 成 工 事 高）	300,000
		（仮 受 消 費 税）＊	30,000
（完 成 工 事 原 価）	231,000	（未成工事支出金）	231,000

＊　税込価額330,000円×$\frac{10\%}{100\%+10\%}$＝30,000円（消費税）

⑷決算のとき

決算時に，預かった消費税から支払った消費税を差し引いた差額を納税額として，**未払消費税勘定**（負債）に計上する。

仕訳例 14

本日決算につき，消費税の仮払分20,000円と仮受分30,000円を相殺し，納付額を確定する。

（仮 受 消 費 税）	30,000	（仮 払 消 費 税）	20,000
		（未 払 消 費 税）	10,000

（注）仮受消費税勘定の金額より仮払消費税勘定の金額が大きくなり，消費税の還付を受ける場合，その差額を未収消費税勘定（資産）に計上する。

⑸納付したとき

確定申告を行い，消費税を納付したときは，未払消費税勘定を減少させる。

仕訳例 15

本日納付期限につき，未払消費税10,000円を小切手を振り出して納付した。

（未 払 消 費 税）	10,000	（当　座　預　金）	10,000

基本例題27

次の取引を税抜方式で仕訳しなさい。なお，消費税率は10%とする。

(1) 材料55,000円（税込価額）を購入し，代金は現金で支払った。

(2) 請負工事297,000円（税込価額）が完成したので，これを引き渡し，代金は現金で受け取った。なお，この工事の工事原価は212,000円であった。

(3) 決算にあたり，消費税の仮払分5,000円と仮受分27,000円を相殺し，消費税の納付額を確定した。

(4) 確定申告を行い，確定した消費税22,000円を現金で納付した。

参考

消費税ってすべてに課税？

資産の譲渡や貸付け，サービスの提供といった取引に課税される消費税は，すべての取引にかかるわけではなく，たとえば次のようなものには消費税がかからない（非課税）こととなっている。

保険がきく治療代
埋葬代や火葬代
小学校や中学校などの指定教科書
出産にかかる費用
役所でかかる住民票・印鑑証明書代など
生命保険の保険料
損害保険の保険料
介護サービス代
切手代・収入印紙代
（住宅用であることが明らかな）アパート・マンションの家賃

…など

MEMO

テーマ17 決算と財務諸表

ここでは，建設業での決算整理事項にもとづいて，精算表や財務諸表の作成方法について学習する。

1 決算手続

1. 決算手続

期中で記帳された総勘定元帳の記録を基礎として，一会計期間の経営成績と期末での財政状態を明らかにする手続きを**決算**という。ここでは，「**英米式**」の**決算手続**を以下に示す。

(1)決算予備手続

決算予備手続とは，決算にあたって行うべき前準備であり，**試算表**の作成と**棚卸表**(たなおろしひょう)の作成の2つがある。

決算予備手続 {試算表の作成
棚卸表の作成

①試算表の作成

総勘定元帳の記録の正確性は，合計試算表の作成を通じて確認される。合計試算表の貸借の合計額が，仕訳帳の貸借の合計額と一致しているか否かを通じて，その正確性が確認される。また，補助元帳の記録の正確性は検証表の作成を通じて確認される。

②棚卸表の作成（決算整理事項の調査）

資産・負債・純資産の各勘定の実際有高は「実地調査」を通じて確定される。現金の実査，残高証明書による預金残高の確認，確認状による売上債権残高の捕捉，回収不能額の見積り，材料，貯蔵品の実地棚卸などを調査してその勘定口座の記録を修正しなければならない。これらの修正を要する項目を**決算整理事項**，また，これらを1つの表にまとめたものを**棚卸表**という。

(2)決算本手続

①決算整理事項の仕訳，転記
②収益・費用の損益勘定への振り替え
③損益勘定の貸借差額の繰越利益剰余金勘定への振り替え
④資産・負債・純資産の各勘定の繰越記入および繰越試算表の作成
⑤仕訳帳および総勘定元帳その他の全帳簿の締め切り

(3)財務諸表の作成

決算によって作成される財務諸表は次のとおりである。（会社法の個別計算書類の場合）

①貸借対照表　②損益計算書　③株主資本等変動計算書　④個別注記表

2. 決算手続の流れ

決算手続の流れを示すと，次のとおりである。期中取引と決算整理，さらに帳簿決算の違いを十分に理解してほしい。

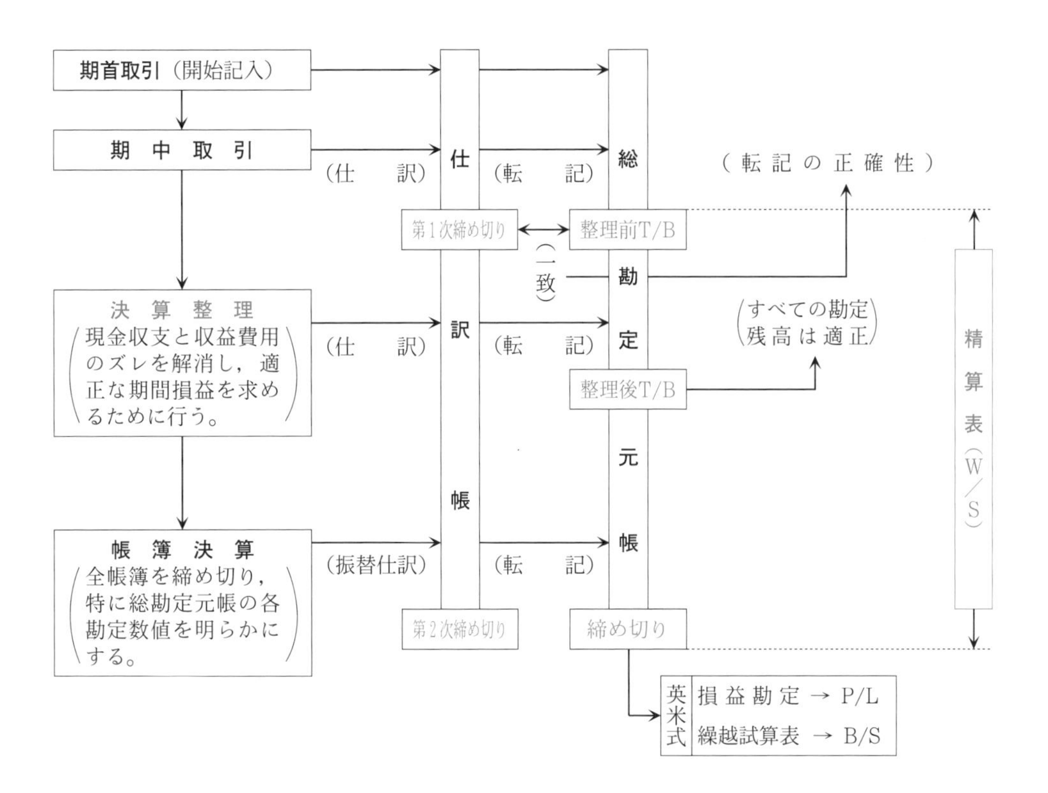

2 精算表の作成

1. 精算表の記入

精算表は，帳簿上で決算を行う前に，決算整理前残高試算表の数字を基礎として，損益計算書，貸借対照表の数字を決定するために作成される表をいう。

ここでは，決算整理事項を復習しながら精算表を記入することにする。なお，工事原価に算入すべき費用について，検定試験では代表科目仕訳法（未成工事支出金勘定）により処理することが多い。

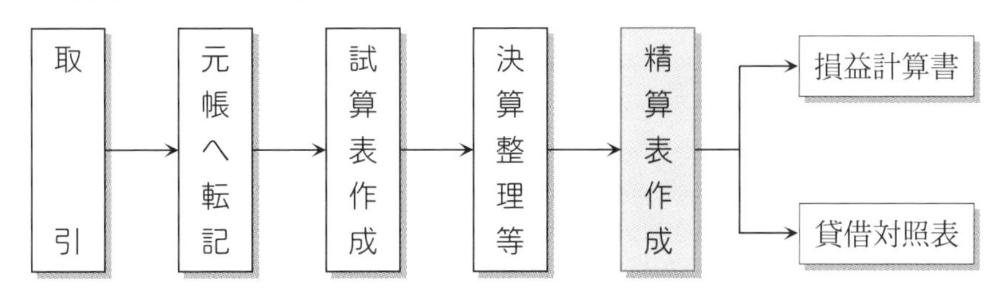

2. 決算整理

(1)貸倒引当金の計上

期末の売上債権（受取手形と完成工事未収入金）の残高に対して，その回収不能額として貸倒引当金を見積る。

仕訳例 1

売上債権の期末残高（受取手形58,000円および完成工事未収入金32,000円）に対して３％の貸倒れを見積る（差額補充法による）。なお，貸倒引当金の残高は2,000円である。

（貸倒引当金繰入額）＊	700	（貸　倒　引　当　金）	700

＊　(58,000円＋32,000円)×３％－2,000円＝700円

(2)有価証券の評価替え

売買を目的として短期的に所有する有価証券は，時価をもって貸借対照表価額とし，評価差額は当期の損益として処理する。これを**時価法**という。

決算期末に有価証券の帳簿価額を時価に修正するが，その際，時価の方が高いときの差額は**有価証券評価益勘定**，時価の方が低いときの差額は**有価証券評価損勘定**で処理する。

仕訳例 2

次の資料をもとに決算整理仕訳を行いなさい。なお，評価方法は時価法による。

銘　柄	帳簿価額	時　価	備　考
A社株式	66,000円	65,400円	売買目的

（有価証券評価損）	600	（有　価　証　券）	600

SUPPLEMENT

満期保有目的の債券の評価について

満期保有目的の債券については，償却原価法を適用する（「テーマ11」参照）。

銘　柄	額　面	取得価額	備　考
C社社債	10,000円	9,000円	満期保有目的（償還まで５年）
D社社債	12,000円	12,500円	満期保有目的（償還まで５年）

	借方		貸方	
C社社債	（投資有価証券）＊1	200	（有価証券利息）	200
D社社債	（有価証券利息）＊2	100	（投資有価証券）	100

＊１　（10,000円－9,000円）÷５年＝200円

＊２　（12,000円－12,500円）÷５年＝△100円

なお，投資有価証券勘定に代えて，満期保有目的債券勘定を用いることもある。

SUPPLEMENT

(3)棚卸減耗の計上

材料，貯蔵品などの**棚卸減耗**のうち，正常な原因によるものは工事原価の一部を構成するため，これを未成工事支出金勘定に振り替える。また，異常な原因によるものは，**棚卸減耗損勘定**（営業外費用）に振り替える。

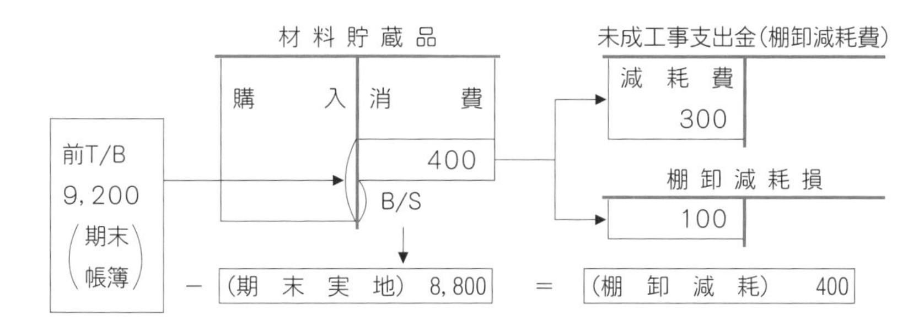

3

材料貯蔵品の棚卸減耗400円のうち300円を工事原価に算入し，100円を営業外費用として計上する。

（未成工事支出金） 棚卸減耗費	300	（材料貯蔵品）	400
（棚卸減耗損）	100		

(4)減価償却費

建設業では一般に建設機材等の**減価償却費**について，月次計算において見積計上（みつもりけいじょう）されている。

よって，決算では当期予定額と実際発生額との差額を調整する必要があるが，これらは未成工事支出金勘定に加減することにより行われる。

設例 17-1

減価償却費を次のとおり計上する。（残存価額：取得原価の10%）

決算整理前残高試算表（一部）

機　械	300,000	機械減価償却累計額	101,000
車　両	200,000	車両減価償却累計額	104,960
建　物	500,000	建物減価償却累計額	135,000

現　場　用：機　械　300,000円　耐用年数８年　定額法
　　　　　　車　両　200,000円　耐用年数５年　定率法　償却率0.369
一般管理部門：建　物　500,000円　耐用年数40年　定額法

なお，当社では月次計算において機械および車両の減価償却費を，おのおの月額2,825円，4,580円として予定計算している。

よって，当期の予定額と実際発生額との差額は当期の未成工事支出金に加減する。

【解答】

（機械減価償却累計額）	150	（未成工事支出金） 減価償却費	150
（未成工事支出金） 減価償却費	390	（車両減価償却累計額）	390
（販売費及び一般管理費）＊ 減価償却費	11,250	（建物減価償却累計額）	11,250

＊ 500,000円×0.9÷40年＝11,250円

【解答への道】

工事原価計算は１カ月ごとに行うため，あらかじめ１年分の減価償却費を見積り，12カ月に均等割した金額を工事原価に算入（予定計上）する。

(1) **各月の仕訳**

（未成工事支出金）	2,825	（機械減価償却累計額）	2,825
（未成工事支出金）	4,580	（車両減価償却累計額）	4,580

そして，期末になり当期の実際額が計算され差額を調整する。

〈機械〉

300,000円（取得原価）×0.9÷８年＝ 33,750円
（要償却額　270,000円）

〈車両〉

{200,000円－(104,960円－54,960円)}×0.369＝ 55,350円
（200,000円：取得原価，104,960円：前T/B累計額，54,960円：予定額１年分，(104,960円－54,960円)：期首累計額50,000円）

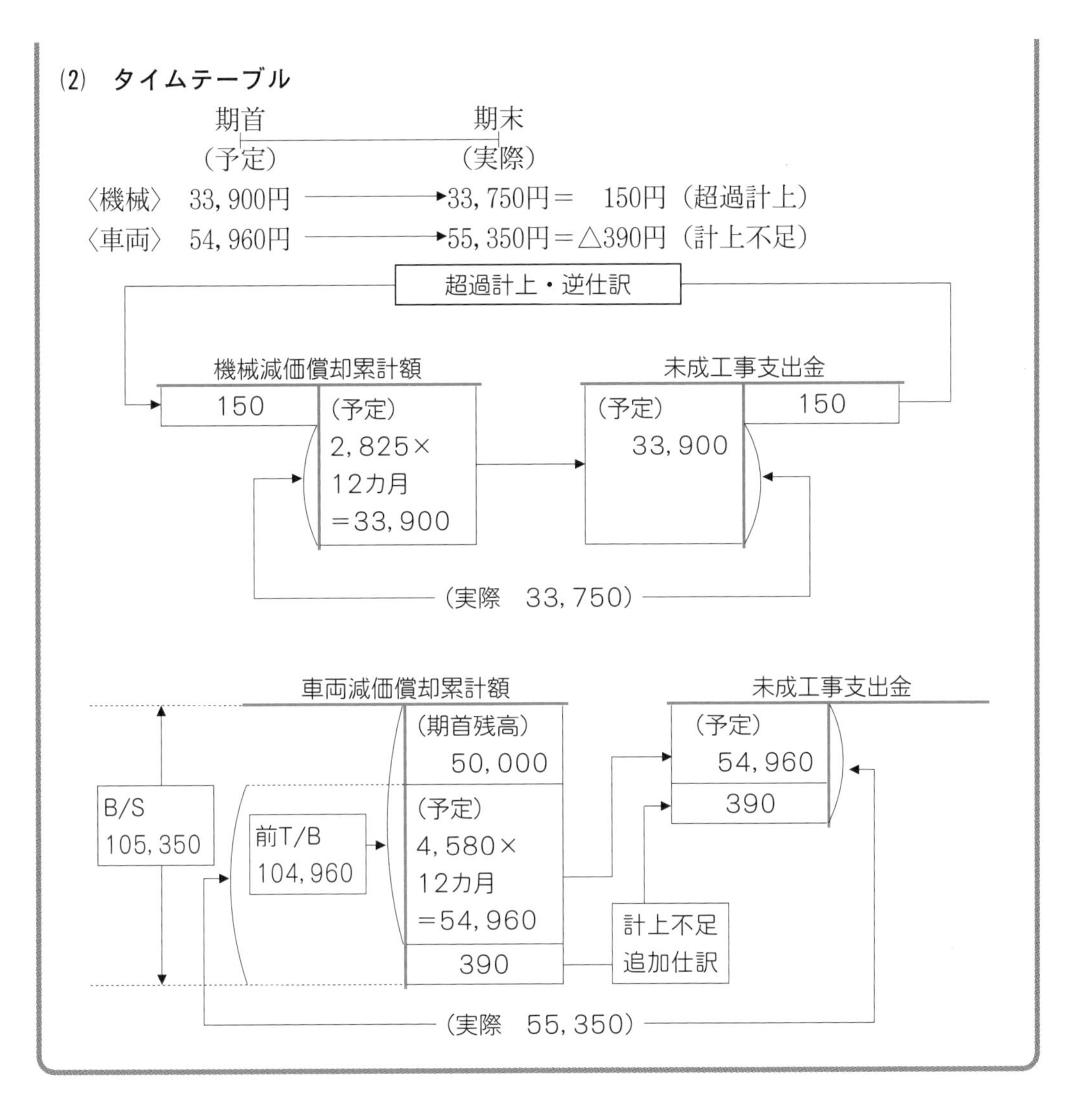

(5)完成工事補償引当金の計上

建設業では，完成した後，契約者に対して引き渡した工事物について一定額の補償を行う慣行がある。

この慣行により積み立てられるのが**完成工事補償引当金**であり，その見積額は過去の実績などによる。

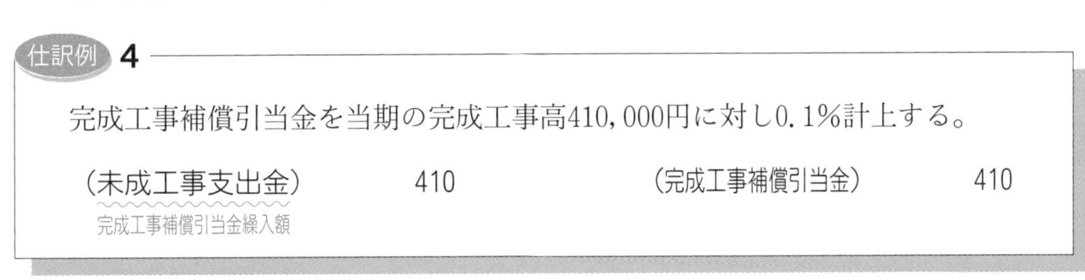

(6)退職給付引当金の計上

退職給付引当金について，月次計算において予定計算を実施しているときは，決算時に当期予定額と実際計上額との差額を調整する必要がある。

このとき，現場作業員に対する調整額は未成工事支出金勘定で処理するが，本社事務員の分は販売費及び一般管理費となる。

設　例　17－2

退職給付引当金の当期繰入額は，本社事務員について1,300円，現場作業員について1,230円である。なお，月次計算において現場作業員については月額100円の予定計算を実施している。

決算整理前残高試算表（一部）

	退職給付引当金	15,000

【解答】

（販売費及び一般管理費）	1,300	（退職給付引当金）	1,330
（未成工事支出金）＊	30		

＊　1,230円－100円×12カ月＝30円

【解答への道】

現場技術者の退職給付引当金は工事原価に算入するため，減価償却費と同様に各月に予定計上する。

(1)　**各月の仕訳**

（未成工事支出金）	100	（退職給付引当金）	100

(2)　**タイムテーブル**

100円×12カ月＝1,200円 ――→ 1,230円＝△30円（計上不足）

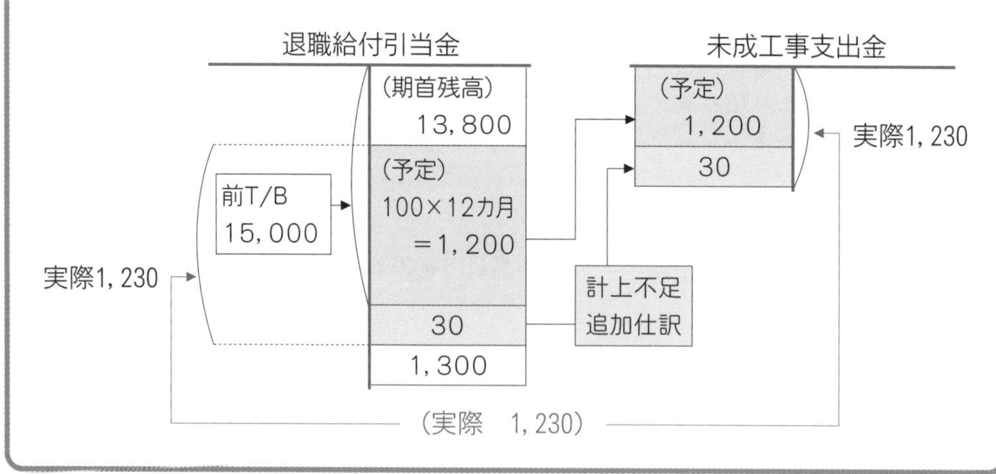

⑺経過勘定項目の整理

当期に負担すべき未払費用や当期に計上すべき未収収益などの**経過勘定項目**を整理する。

費用の見越し	⇨（費 用 の 勘 定）	××	（未 払 費 用）	××
費用の繰延べ	⇨（前 払 費 用）	××	（費 用 の 勘 定）	××
収益の見越し	⇨（未 収 収 益）	××	（収 益 の 勘 定）	××
収益の繰延べ	⇨（収 益 の 勘 定）	××	（前 受 収 益）	××

仕訳例 5

経過勘定を次のとおり整理する。

保険料の未経過分（管理部門）	300円
事務所の賃借料の未払分（管理部門）	400円
定期預金利息の未収分	200円

借方	金額	貸方	金額
（前 払 保 険 料）	300	（販売費及び一般管理費）支払保険料	300
（販売費及び一般管理費）賃借料	400	（未 払 賃 借 料）	400
（未 収 利 息）	200	（受 取 利 息）	200

⑻完成工事原価の振り替え

当期に発生した工事原価は，要素別・部門別・工事別に捕捉されたうえで，未成工事支出金勘定に集計される。

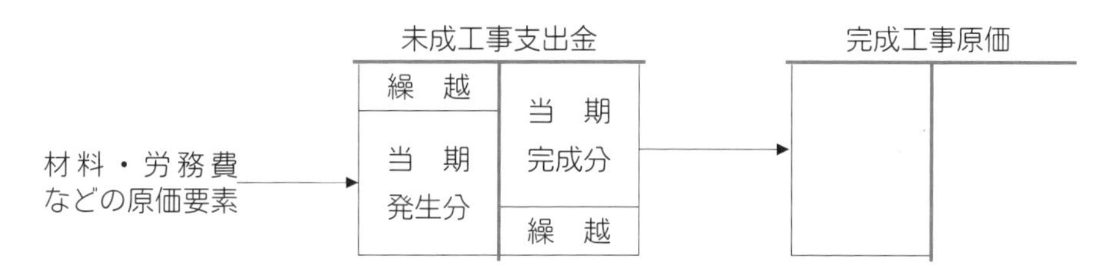

そして，その期末残高のうち，当期の完成引渡工事に相当する部分は当期の費用（完成工事原価）として損益計算書に記載され，また未成工事に相当する部分は資産（未成工事支出金）として次期に繰り越される。

6

未成工事支出金勘定の残高54,080円のうち，次期繰越額は52,600円である。

借方	金額	貸方	金額
（完 成 工 事 原 価）＊	1,480	（未成工事支出金）	1,480

＊　54,080円－52,600円＝1,480円

(9)法人税等の計上

税引前当期純利益に対して未払法人税等を計上する。このとき中間納付額である仮払法人税等があるときは，これと相殺する。

仕訳例 7

税引前当期純利益20,000円に対して40%の法人税，住民税及び事業税を計上する。ただし，その未払額は仮払法人税4,100円と相殺して計算する。

(法人税,住民税及び事業税)＊1	8,000	(仮払法人税等)	4,100
		(未払法人税等)＊2	3,900

＊1　20,000円×40%＝8,000円
＊2　8,000円－4,100円＝3,900円

ここがPOINT!

決算整理仕訳をまとめると次のとおりである。

(1)貸倒引当金の計上	(貸倒引当金繰入額)	××	(貸倒引当金)	××
(2)有価証券の評価替え	(有価証券評価損)	××	(有価証券)	××
(3)棚卸減耗損の計上	(未成工事支出金)	××	(材料貯蔵品)	××
	(棚卸減耗損)	××		
(4)減価償却費の計上 ①	(販売費及び一般管理費)	××	(減価償却累計額)	××
②	(未成工事支出金)	××	(減価償却累計額)	××
	(減価償却累計額)	××	(未成工事支出金)	××
(5)完成工事補償引当金の計上	(未成工事支出金)	××	(完成工事補償引当金)	××
	(完成工事補償引当金)	××	(未成工事支出金)	××
(6)退職給付引当金の計上 ①	(販売費及び一般管理費)	××	(退職給付引当金)	××
②	(未成工事支出金)	××	(退職給付引当金)	××
	(退職給付引当金)	××	(未成工事支出金)	××
(7)完成工事原価の振り替え	(完成工事原価)	××	(未成工事支出金)	××
(8)法人税等の計上	(法人税,住民税及び事業税)	××	(仮払法人税等)	××
			(未払法人税等)	××

なお，このほかに経過勘定項目の整理がある。

(注) 上記(4)②および(6)②は，予定計算を実施している場合である。

これまでに示した［仕訳例］および［設例］により精算表の記入例を示すと，次のとおりである。

精　算　表

（単位：円）

勘定科目	試算表		整理記入		損益計算書		貸借対照表	
	借方	貸方	借方	貸方	借方	貸方	借方	貸方
現金預金	22,900						22,900	
受取手形	58,000						58,000	
完成工事未収入金	32,000						32,000	
有価証券	66,000			600			65,400	
材料貯蔵品	9,200			400			8,800	
未成工事支出金	53,100		300	150			52,600	
			390	1,480				
			410					
			30					
仮払法人税等	4,100			4,100				
機械	300,000						300,000	
車両	200,000						200,000	
建物	500,000						500,000	
土地	109,000						109,000	
支払手形		48,000						48,000
工事未払金		26,000						26,000
未成工事受入金		30,000						30,000
貸倒引当金		2,000		700				2,700
機械減価償却累計額		101,000	150					100,850
車両減価償却累計額		104,960		390				105,350
建物減価償却累計額		135,000		11,250				146,250
退職給付引当金		15,000		1,330				16,330
資本金		800,000						800,000
利益準備金		38,000						38,000
任意積立金		17,000						17,000
繰越利益剰余金		2,010						2,010
完成工事高		410,000				410,000		
受取利息		3,030		200		3,230		
完成工事原価	326,000		1,480		327,480			
販売費及び一般管理費	51,500		11,250	300	64,150			
			1,300					
			400					
支払利息	1,200				1,200			
固定資産売却益		1,000				1,000		
	1,733,000	1,733,000						
貸倒引当金繰入額			700		700			
有価証券評価損			600		600			
棚卸減耗損			100		100			
完成工事補償引当金				410				410
前払保険料			300				300	
未収利息			200				200	
未払賃借料				400				400
法人税，住民税及び事業税			8,000		8,000			
未払法人税等				3,900				3,900
			25,610	25,610	402,230	414,230	1,349,200	1,337,200
当期純利益					12,000			12,000
					414,230	414,230	1,349,200	1,349,200

基本例題28

次の決算整理事項および付記事項にもとづいて，精算表を完成しなさい。なお，工事原価は未成工事支出金を経由して処理する方法による（会計期間は1年)。

（決算整理事項）

⑴ 貸倒引当金は，差額補充法で売上債権に対して2％設定する。

⑵ 有価証券の期末時価は6,700円であり，評価替えを行う。

⑶ 期限の到来した公社債の利札40円が，金庫の中に保管されていた。

⑷ 仮払金1,200円は従業員の安全靴購入代金の立替分である。

⑸ 減価償却費

工事現場用機械装置…760円（付記事項参照）

一般管理部門用備品…定額法，耐用年数8年，残存価額は取得原価の10％とする。

⑹ 建設仮勘定1,820円のうち1,500円は工事用機械の購入に係るもので，本勘定へ振り替える。ただし，同機械は翌期首から使用するものである。

⑺ 退職給付引当金の当期繰入額は，本社事務員について350円，現場作業員について400円である（付記事項参照)。

⑻ 完成工事に係る仮設撤去費の未払分380円を計上する。

⑼ 完成工事高に対して0.1％の完成工事補償引当金を計上する（差額補充法)。

⑽ 未成工事支出金の次期繰越額は2,040円である。

⑾ 販売費及び一般管理費の中には，保険料の前払分60円が含まれており，ほかに本社事務所の家賃の未払分180円がある。

（付記事項）

同社の月次原価計算において，機械装置の減価償却費については月額65円，現場作業員の退職給付引当金については月額30円の予定計算を実施している。これらの2項目については，当期の予定計上額と実際発生額（決算整理事項の⑸および⑺参照）との差額は，当期の工事原価（未成工事支出金）に加減するものとする。

精　　算　　表

(単位：円)

勘定科目	残高試算表		整理記入		損益計算書		貸借対照表	
	借　方	貸　方	借　方	貸　方	借　方	貸　方	借　方	貸　方
現金預金	9,830							
受取手形	4,200							
完成工事未収入金	5,800							
貸倒引当金		120						
有価証券	7,000							
未成工事支出金	2,520							
材料貯蔵品	1,170							
仮払金	1,200							
機械装置	6,000							
機械装置減価償却累計額		2,160						
備品	1,600							
備品減価償却累計額		540						
建設仮勘定	1,820							
支払手形		1,000						
工事未払金		1,720						
借入金		4,200						
未成工事受入金		1,300						
完成工事補償引当金		30						
退職給付引当金		3,000						
資本金		12,000						
利益準備金		500						
繰越利益剰余金		320						
完成工事高		70,000						
完成工事原価	46,050							
販売費及び一般管理費	10,900							
有価証券利息		360						
受取手数料		1,450						
支払利息	610							
	98,700	98,700						
従業員立替金								
有価証券評価損								
前払保険料								
未払家賃								
当期純利益								

3 建設業の財務諸表

1. 財務諸表とは

財務諸表とは，企業の経営活動の成果を明らかにし，経営活動を通じて増減した財産変動の結果を明らかにするために作成される。これは，企業を取り巻くさまざまな人たちが，企業の経営内容を適正に判断しようとするときに必要なものであり，公表することを目的として作成する外部報告用の計算書類である。

2. 建設業の財務諸表

財務諸表の種類および作成様式などは，会社法ならびに金融商品取引法などに定められているが，建設業の場合は，「建設業法施行規則」に作成すべき財務諸表の種類およびその様式が定められている。

法人が作成する財務諸表
1. 貸借対照表
2. 損益計算書 （完成工事原価報告書を含む）
3. 株主資本等変動計算書

3. 損益計算書の作成

損益計算書は，一定期間における企業の経営成績を明らかにするために作成されるものである。この形式には，勘定式の損益計算書と，報告式の損益計算書の２つがある。

(1)具体例

このテキストでは「報告式」を示しておく（販売費及び一般管理費は適宜，細分して示してある）。なお，金額は原則として前記の［ここがPOINT！］による。

損益計算書

自　令和×年4月1日　至　令和×年3月31日

○○建設株式会社

（単位：円）

Ⅰ	完成工事高		410,000
Ⅱ	完成工事原価		327,580
	完成工事総利益		82,420
Ⅲ	販売費及び一般管理費		
	役員報酬	××××	
	従業員給料手当	×××	
	退職給付引当金繰入額	×××	
	法定福利費	×××	
	修繕維持費	×××	
	事務用品費	×××	
	通信交通費	×××	
	水道光熱費	×××	
	広告宣伝費	×××	
	貸倒引当金繰入額＊	×××	
	地代家賃	×××	
	減価償却費	×××	
	雑費	×××	65,950
	営業利益		16,470
Ⅳ	営業外収益		
	受取利息	××	
	仕入割引	××	3,230
Ⅴ	営業外費用		
	支払利息	××	
	売上割引	××	
	有価証券評価損	××	1,800
	経常利益		17,900
Ⅵ	特別利益		
	貸倒引当金戻入＊	××	
	固定資産売却益	××	3,000
Ⅶ	特別損失		
	投資有価証券売却損		××
	税引前当期純利益		20,900
	法人税,住民税及び事業税		8,360
	当期純利益		12,540

＊　貸倒引当金繰入額と貸倒引当金戻入は相殺し，いずれか一方を表示する。

＊「法人税，住民税及び事業税」は，40％として計算している。

⑵作成上の留意点

① 損益計算書では，まず完成工事高とその直接の費用である完成工事原価を表示して，完成工事総利益を計算する。

② 販売費及び一般管理費は，その企業の主たる営業活動によって発生した費用であり，それを完成工事総利益から控除した営業利益は，主たる営業活動から得た利益である。

③ 営業利益が主たる営業活動そのものによってあげた利益であるのに対し，営業外損益は資産の運用益や支払利息などの営業活動に付随して発生する損益である。このため，経常利益は企業の期間利益を総体的に示す数字として収益力を判断するのに使われている。

④ 特別損益は，事故による損失や固定資産売却損益などの臨時的な損益項目や前期損益修正項目からなり，これらを加減した結果の税引前当期純利益はその企業のすべての収益と費用を集計して計算した利益となる。

4. 貸借対照表の作成

貸借対照表は，一定時点における企業の財政状態を明らかにするために作成されるものである。この形式には，勘定式と報告式の2種類がある。ここでは，「勘定式」について示しておく。

⑴作成上の留意点

① 主たる営業取引から発生した受取手形，支払手形，工事未収入金，工事未払金などは流動資産，流動負債とする。

② その他の債権，債務は貸借対照表日の翌日から起算して1年以内に決済の期限が到来するものは流動，そうでないものは固定とする。

③ 貸倒引当金，減価償却累計額の表示は，次ページのように控除形式で表示するのが原則である。

④ 投資または支配の目的で長期にわたり保有する有価証券，出資金などの「投資」と1年以内に返済期限の到来しない長期貸付金，長期前払費用，敷金，差入保証金などの「その他の資産」は「投資その他の資産」とする。

具体的には次のようなものがある。

(a)投資有価証券
(b)関係会社株式（子会社株式，関連会社株式）
(c)出資金
(d)長期貸付金
(e)長期前払費用
(f)長期営業外受取手形
(g)長期性預金

（注）投資有価証券には，有価証券および関係会社株式以外の有価証券を記載する。なお，関係会社株式に含まれる子会社株式とは，他の会社を支配する目的で発行済（議決権）株式総数の50％超を保有している場合の，その他の会社の株式をいう。

(2)具体例

「勘定式」による例を示しておくが，金額は原則として前記の［ここがPOINT！］による。

貸借対照表

○○建設株式会社　　令和×年3月31日現在　　（単位：円）

資産の部			負債の部	
Ⅰ 流動資産			Ⅰ 流動負債	
現金預金		21,900	支払手形	48,000
受取手形		58,000	工事未払金	26,000
工事未収入金		32,000	未払法人税等	5,350
有価証券		25,400	未払費用	400
未成工事支出金		52,600	未成工事受入金	30,000
材料貯蔵品		8,800	工事補償引当金	410
前払費用		300	流動負債合計	110,160
未収収益		200	Ⅱ 固定負債	
貸倒引当金		△1,800	退職給付引当金	16,330
流動資産合計		197,400	固定負債合計	16,330
Ⅱ 固定資産			負債合計	126,490
(1)有形固定資産			純資産の部	
建物	500,000		Ⅰ 株主資本	
減価償却累計額	△146,250	353,750	1.資本金	800,000
機械運搬具	500,000		2.資本剰余金	
減価償却累計額	△206,200	293,800	(1) 資本準備金	20,000
土地		109,000	資本剰余金合計	20,000
有形固定資産計		756,550	3.利益剰余金	
(2)投資その他の資産			(1) 利益準備金	18,000
投資有価証券		40,000	(2) その他利益剰余金	
投資その他の資産計		40,000	別途積立金	17,000
固定資産合計		796,550	繰越利益剰余金	12,460
			利益剰余金合計	47,460
			純資産合計	867,460
資産合計		993,950	負債純資産合計	993,950

テーマ18 本支店会計・帳簿組織

ここでは，本支店の合併財務諸表の作成方法と，特殊仕訳帳，伝票式会計について学習する。

1 本支店会計とは

企業の規模が大きくなり販売地域が広がると，各地に支店を設けるようになる。その結果，本支店間あるいは支店相互間の取引が必然的に生じることから，これらの取引を処理する会計制度が必要になる。さらには，本店独自の業績や支店独自の業績を調べたり，これらを合算して会社全体の経営成績や財政状態を明らかにすることも必要になる。これにこたえる会計制度が**本支店会計**である。

本支店会計では，支店独自の業績を把握するため，本店だけでなく支店にも独立した帳簿組織（仕訳帳や総勘定元帳など）を備えて取引を記帳することとなる。

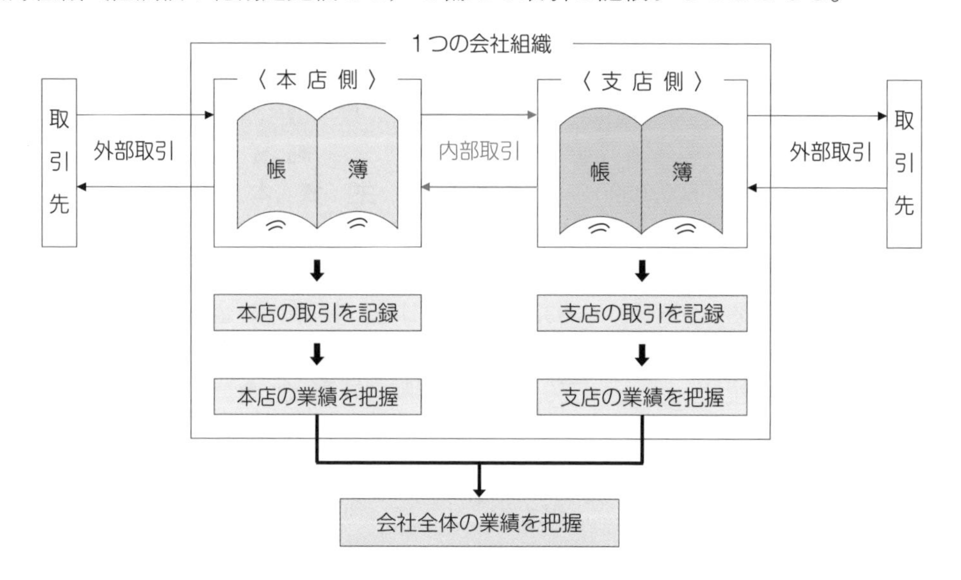

2 本支店間取引（内部取引）

1. 支店勘定と本店勘定

本支店会計においては，本支店間で生じる取引（本支店間取引）は企業内部における貸借関係，つまり債権・債務の関係とみなされ，本店側では**支店勘定**を，また支店側では**本店勘定**を設けて処理する。**支店勘定**と**本店勘定**は，それぞれ独立した会計単位を構成する本店と支店の帳簿を結びつける役割を果たしているため，**照合勘定**といわれる。

この照合勘定は，本支店間の貸借関係を処理するためのものであるから，その残高は貸借逆で必ず一致する。支店勘定は通常，借方残高となり支店に対する債権（貸し）を示すが，その本質は投資額を意味する。また，本店勘定は通常，貸方残高となり本店に対する債務（借り）を示すが，その本質は支店の純資産額を表すため支店の資本に相当する。

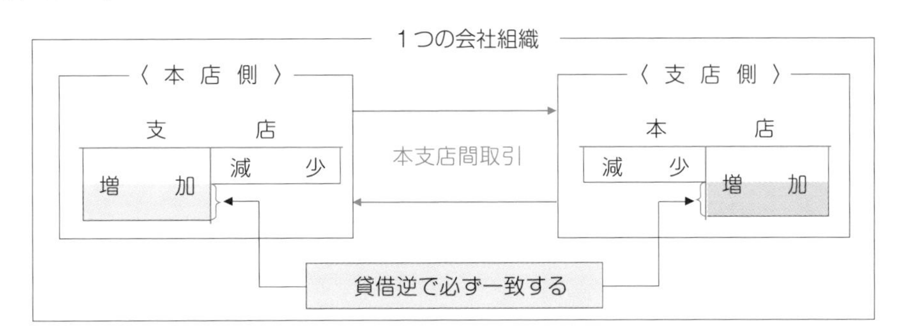

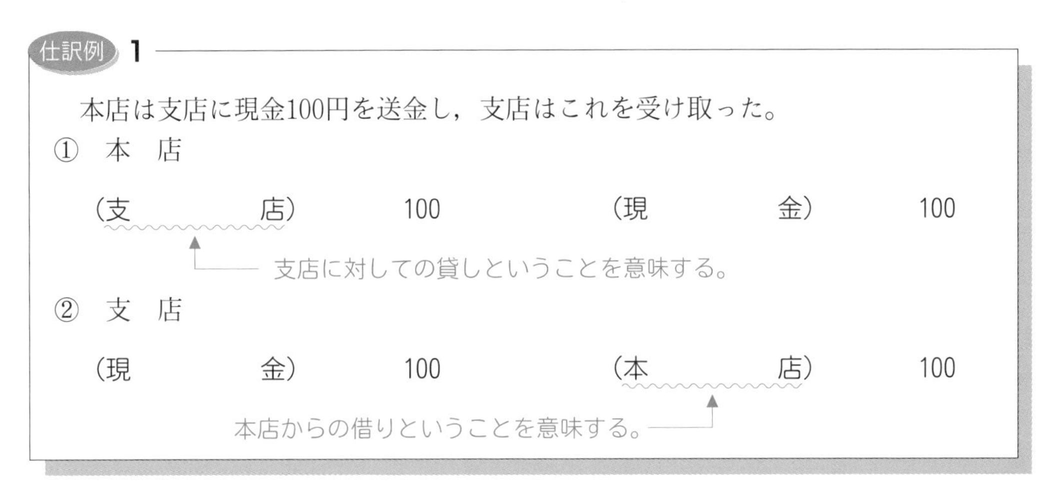

仕訳例 1

本店は支店に現金100円を送金し，支店はこれを受け取った。

① 本　店

（支　　店）	100	（現　　金）	100

支店に対しての貸しということを意味する。

② 支　店

（現　　金）	100	（本　　店）	100

本店からの借りということを意味する。

基本例題29

次の取引を，本店，支店とで仕訳しなさい。また，本店勘定，支店勘定にも記入しなさい。

(1) 本店は支店へ200,000円を送金し，支店はこれを受け取った。

(2) 支店は本店の取引先であるA商店へ，工事未払金80,000円を現金で立替払いした。本店はこの連絡を受けた。

(3) 本店は支店の取引先である甲商店より完成工事未収入金120,000円を現金で回収し，支店はこの連絡を受けた。

(4) 本店は支店の営業費60,000円を小切手を振り出して支払い，支店はこの連絡を受けた。

⑴材料の搬送取引

本店が購入した材料を支店に発送し，これを支店が消費する，あるいはこの逆のことが行われる場合，この材料の処理は以下のような方法で行われる。

①原価を振替価格とする方法

材料の**振替価格**が原価である場合には，材料そのものの移動とみられ，受入側は材料勘定（または未成工事支出金勘定）で処理し，発送側は材料勘定で処理する。

仕訳例 2

本店は支店の倉庫に材料100円を原価で搬入し，支店はこれを受け取った。

① 本　店

（支　　　　店）	100	（材　　　　料）	100

② 支　店

（材　　　　料）	100	（本　　　　店）	100

②原価に一定の利益を加算した価格を振替価格とする方法

支店を独立した１つの会計単位とした場合，本店および支店の能率または経営成績を把握するために，本支店間における材料の受け払いについては材料の購入原価に一定割合の利益を加算した価格をもって振り替えることがある。

このときの処理方法は，発送側は，材料売上・材料売上原価勘定で処理をし，また受入側は材料勘定（または未成工事支出金勘定）で処理する。

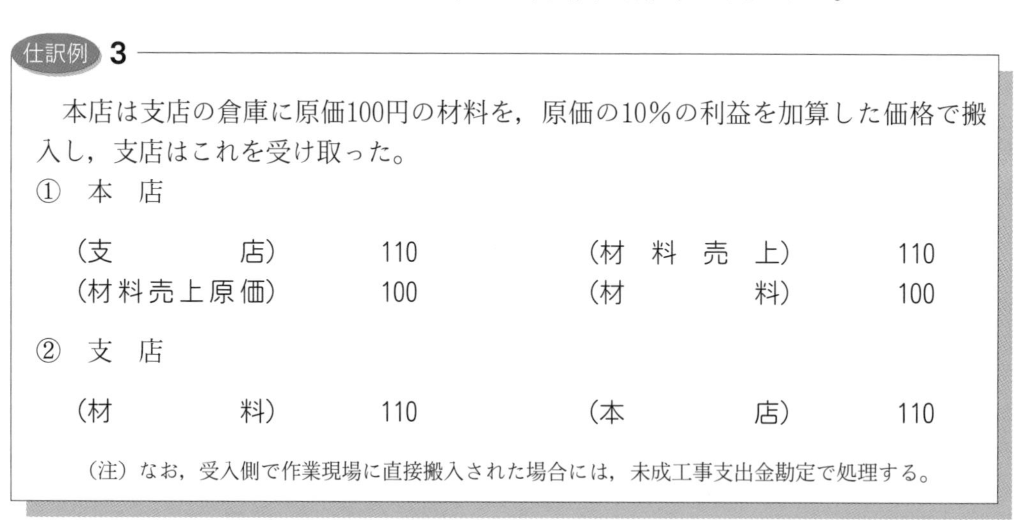

仕訳例 3

本店は支店の倉庫に原価100円の材料を，原価の10％の利益を加算した価格で搬入し，支店はこれを受け取った。

① 本　店

（支　　　　店）	110	（材　料　売　上）	110
（材料売上原価）	100	（材　　　　料）	100

② 支　店

（材　　　　料）	110	（本　　　　店）	110

（注）なお，受入側で作業現場に直接搬入された場合には，未成工事支出金勘定で処理する。

基本例題30

次の取引を，本店，支店とで仕訳しなさい。
(1) 本店は支店の倉庫へ材料1,500円（原価）を搬入し，支店はこれを受け取った。
(2) 支店は本店の倉庫へ材料800円（原価）を搬入し，本店はこれを受け取った。
(3) 本店は支店の作業現場に材料1,200円（原価1,000円）を搬入し，支店はこれを受け取った。
(4) 本店は支店の倉庫に原価1,200円の材料を，原価の10%の利益を加算した価格で搬入し，支店はこれを受け取った。
(5) 支店は本店の作業現場に原価900円の材料を，原価の20%の利益を加算した価格で搬入し，本店はこれを受け取った。

3. 支店相互間取引

支店相互間取引とは，支店が２つ以上ある場合に，支店間で行われる企業内部取引をいう。支店相互間取引の会計処理方法には，**支店分散計算制度**と**本店集中計算制度**がある。

⑴支店分散計算制度

支店分散計算制度とは，それぞれの支店で取引相手の支店勘定を用いて処理する方法をいう。したがって，各支店には本店勘定と各支店勘定を設ける。

⑵本店集中計算制度

本店集中計算制度とは，支店相互間の取引を本店と支店の取引とみなして処理する方法をいう。各支店には本店勘定のみを設け，本店には各支店勘定を設ける。

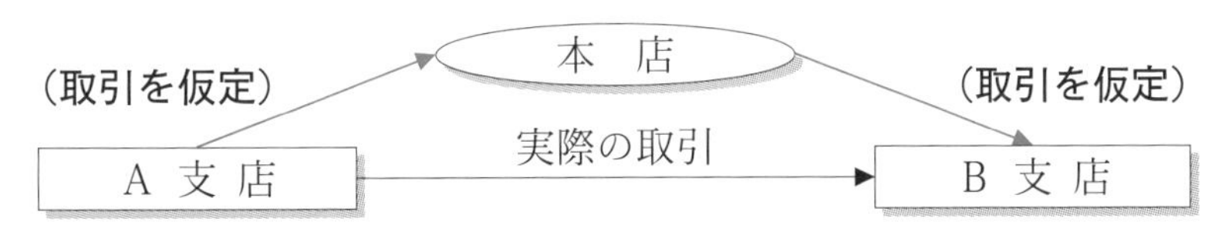

仕訳例 4

青森支店は，長崎支店に現金10,000円を送金し，長崎支店はこれを受け取った。このときの本店，青森支店および長崎支店の仕訳を，(1)支店分散計算制度および(2)本店集中計算制度により示しなさい。

(1) 支店分散計算制度

① 本　　店

仕訳なし

② 青森支店

借方	金額	貸方	金額
(長　崎　支　店)	10,000	(現　　　　金)	10,000

③ 長崎支店

借方	金額	貸方	金額
(現　　　　金)	10,000	(青　森　支　店)	10,000

この方法によると処理は簡単だが，支店相互間の取引は本店の帳簿には全く記録されないため，本店が支店の統制管理をするうえで不都合が生じやすいという欠点をもっている。

(2) 本店集中計算制度

① 本　　店

借方	金額	貸方	金額
(長　崎　支　店)	10,000	(青　森　支　店)	10,000

② 青森支店

借方	金額	貸方	金額
(本　　　　店)	10,000	(現　　　　金)	10,000

③ 長崎支店

借方	金額	貸方	金額
(現　　　　金)	10,000	(本　　　　店)	10,000

~~(現　　金)　10,000~~　(青森支店)　10,000
(長崎支店)　10,000　~~(現　　金)　10,000~~

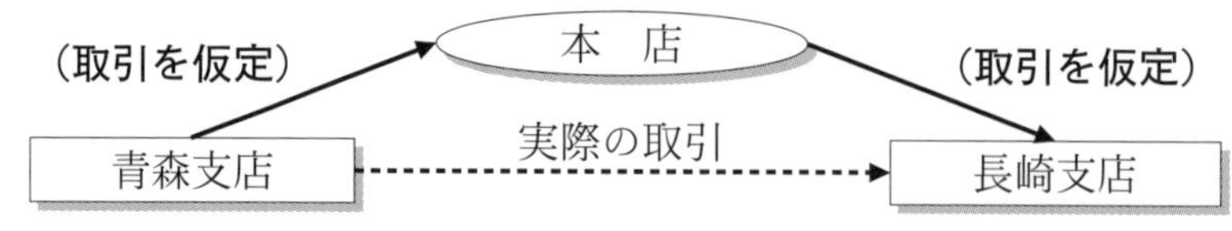

(本　店) 10,000　(現　金) 10,000　　　　(現　金) 10,000　(本　店) 10,000

この方法による場合，すべての取引は本店を経由して行われるため，本店が支店の統制管理をするうえで合理的である。

基本例題31

次の取引について，(1)支店分散計算制度による場合と(2)本店集中計算制度による場合の本店，新潟支店および石川支店のそれぞれの仕訳を示しなさい。

① 新潟支店は石川支店へ原価3,000円の材料を，原価の10％の利益を加算した価格で搬入し，石川支店はこれを受け取った。本店へは連絡済みである。

② 石川支店は新潟支店の工事未払金500円を小切手を振り出して支払った。新潟支店，本店へは連絡済みである。

③ 新潟支店は石川支店の営業費1,000円を現金で支払った。石川支店，本店へは連絡済みである。

4. 合併財務諸表

支店が独立会計を行っているということは単に，内部計算としての制度であって，企業における**本店，支店は法的，経済的一体として存在**している。したがって，企業は本店，支店の個々の業績を把握するだけでなく，最終的には企業全体としての業績の把握が必要となる。そこで企業は，外部利害関係者への報告用の財務諸表を作成する必要がある。この財務諸表を，**本支店合併財務諸表**という。

5. 合併財務諸表の作成

本支店合併財務諸表の作成にあたり，通常の決算手続を実施するほか，本支店会計固有の決算手続を実施しなければならない。この固有の手続きとして次のような流れがある。

(1)未達取引の整理
(2)内部利益の控除
(3)内部取引の相殺消去
(4)本店勘定および支店勘定の相殺消去
(5)支店の当期純利益の付け替え
(6)本支店合併精算表の作成
(7)本支店合併財務諸表の作成

なお，本書では，検定試験において出題が見られる(2)内部利益の控除について詳しく説明しているが，ほかの(1)，(3)～(5)については，SUPPLEMENTとして掲載しているので，参考にしてほしい。

未達取引の整理

⑴未達取引とは

本店勘定と支店勘定は照合勘定であるため，決算日において記帳に誤りがないかぎり，その残高は一致する。しかし，本支店間または支店間の取引の**当事者の一方が処理済み**であるにもかかわらず，決算日までに他方への連絡の遅れがあった場合には，**他方において未処理**となるため，本店勘定および支店勘定の残高は一致しない。このような，連絡の遅れている取引を**未達取引**（みたつとりひき）という。

たとえば，本店が支店に材料を発送したとする。本店では材料を発送したときに処理するが，支店では材料を受け取ったときに処理するので，材料の引き取りまでに時間を要する場合，その間この取引は未達となる。

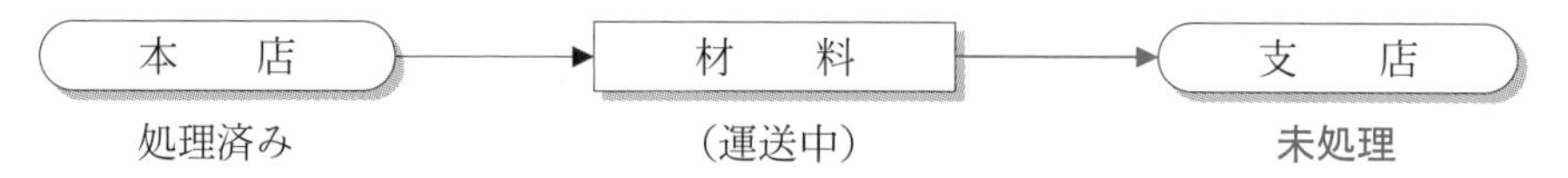

このような未達取引は，時間が経過すれば未達ではなくなるので，期中のものは処理する必要はないが，決算日現在における未達取引は適正な損益計算を行うため，特別に処理する必要がある。

⑵処　理

決算日現在の未達取引は，それらが到着または連絡があったものとして処理する。当然のことながら，この処理は，**未達側だけが行う**。未達取引を処理すると，本店勘定と支店勘定の残高は貸借逆で一致する。

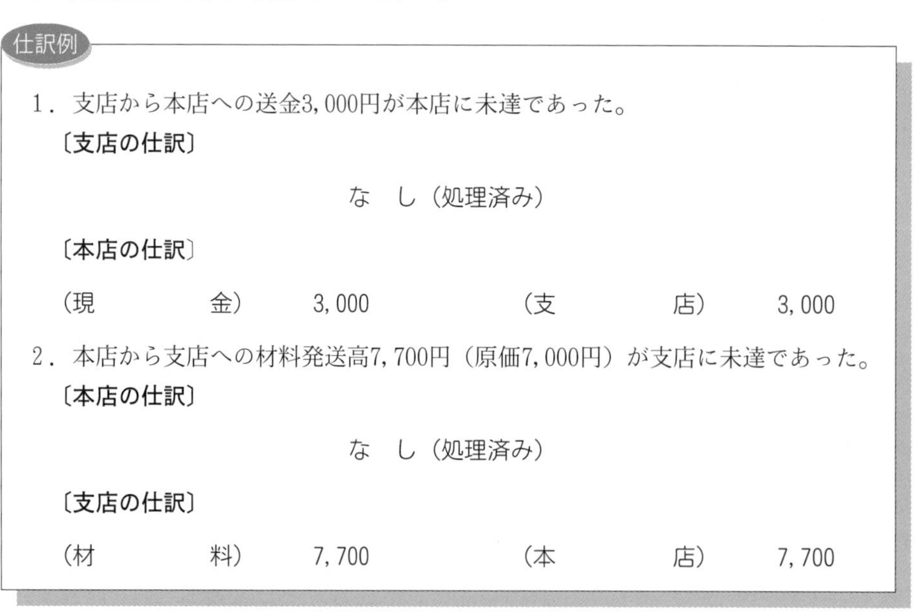

仕訳例

1．支店から本店への送金3,000円が本店に未達であった。

〔支店の仕訳〕

な　し（処理済み）

〔本店の仕訳〕

（現　　　金）	3,000	（支　　　店）	3,000

2．本店から支店への材料発送高7,700円（原価7,000円）が支店に未達であった。

〔本店の仕訳〕

な　し（処理済み）

〔支店の仕訳〕

（材　　　料）	7,700	（本　　　店）	7,700

なお，すでに手許に届いている現金，材料と区別するために，未達現金勘定，未達材料勘定を用いて処理する場合もある。

⑴内部利益の控除

本店が外部から材料を仕入れ，これに利益を加えて支店に搬送し，支店ではこの材料に加工を加え建物などの建築工事を行う場合，これらの棚卸資産が期末に残っているときには**内部利益**（未実現利益）が含まれていることになる。

この内部利益（未実現利益）が含まれたままの状態で合併財務諸表を作成すると，企業の経営成績や財政状態を適正に示すことができない。

そこで，内部利益を控除することが必要になる。

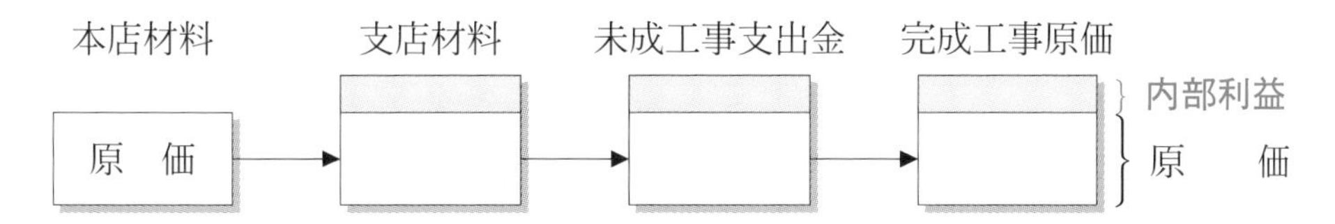

5

本店は，支店に材料を搬入するにあたり，原価に10％の利益を加算した価格によっている。なお，支店における材料はすべて本店より仕入れている。

本店：本店材料売上高　16,500円　材料売上原価　15,000円
支店：材料貯蔵品　1,100円
　　　未成工事支出金　15,000円（うち材料費　4,400円）
　　　完成工事原価　38,000円（うち材料費　11,000円）

（内部利益控除）	1,500	（材料貯蔵品）	100
		（未成工事支出金）	400
		（完成工事原価）	1,000

〈内部利益の計算〉

材料貯蔵品：$1,100円\times\frac{10\%}{110\%}=100円$　未成工事支出金：$4,400円\times\frac{10\%}{110\%}=400円$

完成工事原価：$11,000円\times\frac{10\%}{110\%}=1,000円$

	材料貯蔵品	未成工事支出金	完成工事原価
帳簿価額	1,100	15,000	38,000
（うち材料費）	—	(4,400)	(11,000)
内部利益	△　100	△　400	△ 1,000
外部報告の金額	1,000	14,600	37,000

材料貯蔵品・未成工事支出金 → 本支店合併貸借対照表
完成工事原価 → 本支店合併損益計算書

なお，処理の便宜上，「内部利益控除引当金」勘定を用いて処理する場合もある。

（内部利益控除）	1,500	（内部利益控除引当金）	1,500

SUPPLEMENT

内部取引の相殺消去

本支店間取引または支店相互間取引における材料売上高と材料売上原価は合併精算表上で相殺する。これは，本店と支店の損益計算書をそのまま合算すると，内部取引による収益・費用が計上され，単一企業として経営成績が適正に示されなくなるからである。

仕訳例

［仕訳例５］において内部取引を相殺消去した。

（材　料　売　上）	16,500	（材料売上原価）	15,000
		（内部利益控除）	1,500

本店勘定および支店勘定の相殺消去

本来，本店勘定，支店勘定は，企業内部における貸借を示すものであり，企業外部に対するものではないため，外部報告用である本支店合併財務諸表には記載されない。なお，この処理も合併精算表上で行われる。

仕訳例

本店における支店勘定と，支店における本店勘定の残高2,000円を相殺消去した。

（本　　　　店）	2,000	（支　　　　店）	2,000

支店の当期純利益の付け替え

本店と支店では別々の帳簿を用いているため，支店の当期純利益を直接，本店の損益勘定に付け替えることはできない。

そこで，支店は当期純利益をまず本店勘定に付け替える。本店では，それに対応して支店の当期純利益を支店勘定に記入するとともに，損益勘定へ付け替え，全社的な純損益を計算する。

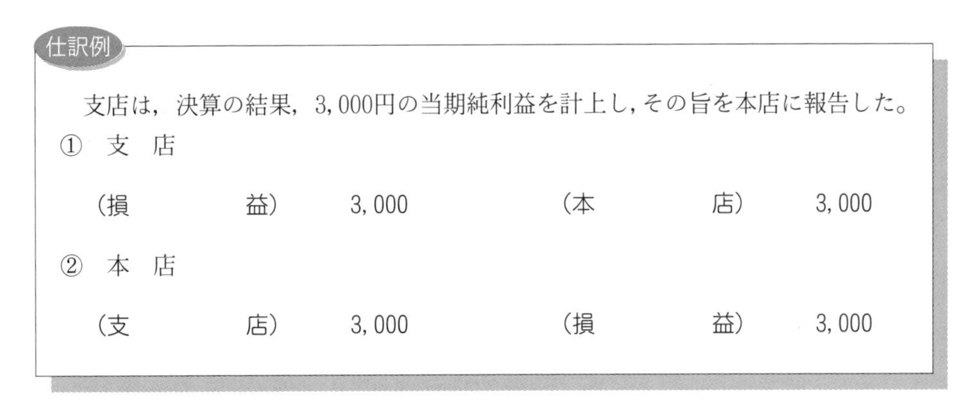

仕訳例

支店は，決算の結果，3,000円の当期純利益を計上し，その旨を本店に報告した。

① 支 店

（損 益）	3,000	（本 店）	3,000

② 本 店

（支 店）	3,000	（損 益）	3,000

この仕訳によって，支店の当期純利益が本店勘定および支店勘定を経由して本店の損益勘定に振り替えられる。

なお，本店側では損益勘定に代えて，総合損益勘定とすることもある。

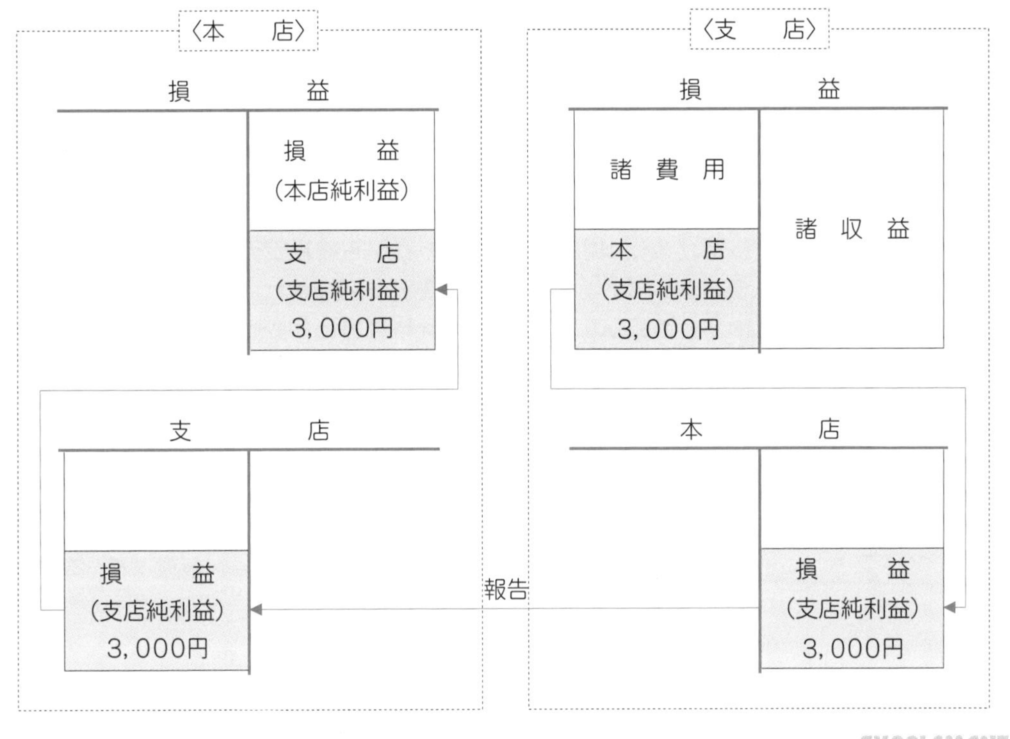

SUPPLEMENT

ここが POINT!

本店における各支店勘定と，各支店における本店勘定は，必ず貸借反対に記入する点に注意すること。

3 分割仕訳帳

1. 帳簿組織とは

帳簿組織とは，企業の経営活動により生じる諸取引を分類，集計するために，その企業の目的および形態に応じて帳簿が選定され，一定の体系のもとに編成された組織をいう。

主要簿	仕訳帳	総勘定元帳
補助簿	補助記入帳 〈例〉小口現金出納帳 当座預金出納帳 工事原価記入帳 受取手形記入帳 支払手形記入帳	補助元帳 〈例〉得意先元帳 工事未払金台帳 材料元帳 固定資産台帳

なお，主要簿とは取引全体を組織的に記録する帳簿をいい，補助簿とは特定の取引または勘定についてその詳細を記録して，主要簿を補う帳簿をいう。

2. 単一仕訳帳制

すべての取引を1つだけの仕訳帳に仕訳し，それから**総勘定元帳**へ転記するしくみを**単一仕訳帳制**という。そして，そのすべての取引が記録される仕訳帳と総勘定元帳を**主要簿**といい，この2つの帳簿にもとづいて財務諸表は作成される。

また，ある取引の一覧のために**補助記入帳**，ある勘定の明細のために**補助元帳**がある。これらは**補助簿**といい，必要に応じて必要な帳簿だけ用意される。

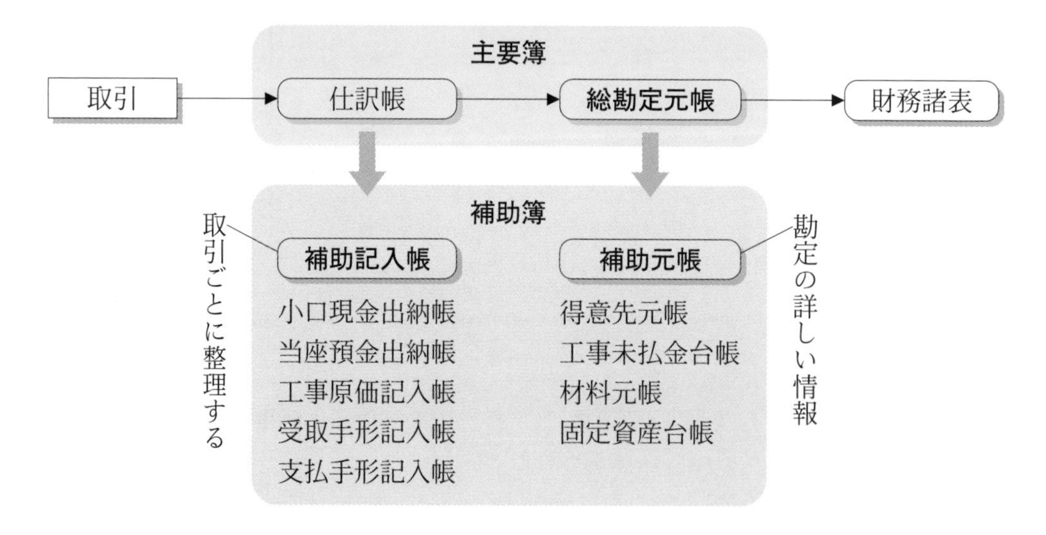

この単一仕訳帳制は，次のような問題点がある。
①仕訳帳から総勘定元帳へは取引のあった日にすべて転記されるので，現金などの頻繁に取引される勘定は転記回数が多く，誤記入が発生しやすくなる。
②補助記入帳は仕訳帳のある取引ごとに整理し直すために用いるので，補助記入帳に記入する取引は，仕訳帳に記入してある取引であり，二度手間になっている。
このように，単一仕訳帳制のもとでは，事業規模が大きくなり，取引量が増大してきたときは記帳が煩雑となる。そこで，いろいろな記帳の合理化が考えられてきた。

SUPPLEMENT

複数仕訳帳制

1.複数仕訳帳制とは

複数仕訳帳制とは，仕訳帳と補助記入帳への記帳で二度手間になる取引については，補助記入帳だけに（仕訳として）記入を行い，そこから総勘定元帳に転記できるようにした帳簿組織である。このとき仕訳帳として用いる補助記入帳のことを**特殊仕訳帳**といい，従来の仕訳帳のことを**普通仕訳帳**とよぶ。

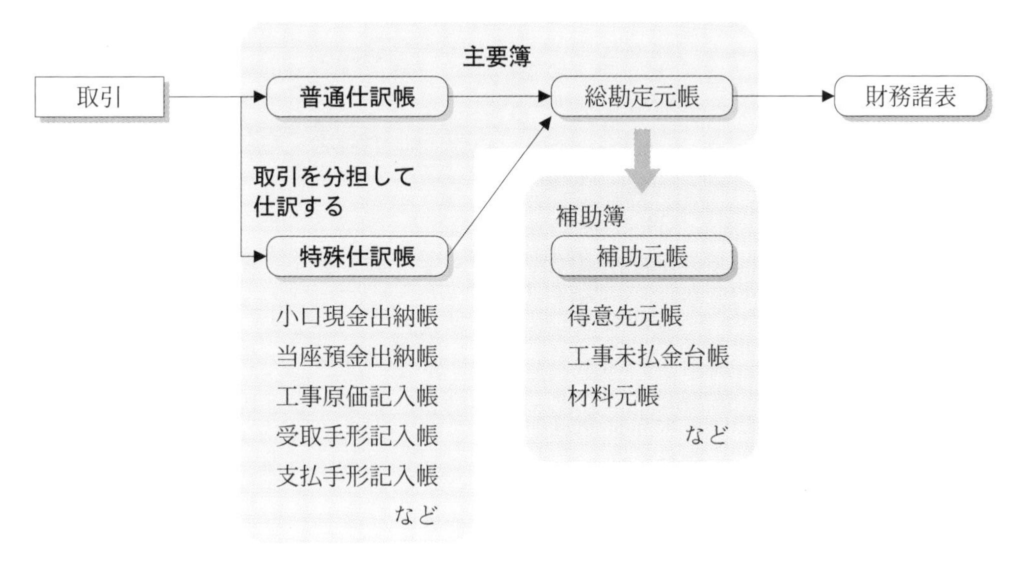

具体的には，発生した取引のうち現金取引は現金出納帳に，売上取引は売上帳にと分担して仕訳し，特殊仕訳帳に記入しない取引だけを普通仕訳帳に仕訳する。このような帳簿組織を**複数仕訳帳制（分割仕訳帳制）**という。

2.記帳と転記

⑴月中（期中）の処理

① **特別欄**があるものは，**後で合計金額により転記（合計転記）**する。その取引の記帳のときは**元丁欄**に**チェックマーク（✓）**を付けて総勘定元帳には転記しない。

② 特別欄がないものは，**諸口欄**に記帳し，**そのつど総勘定元帳に転記（個別転記）**する。特殊仕訳帳の設定状況によっては，諸口欄に記帳するが例外的に個別転記

はしないこともある。

（注）特別欄とは，特定の勘定科目が取引において発生したときに，その勘定科目の金額だけを記入する専用の金額欄をいう。諸口欄とは，特別欄を設けなかった勘定科目が取引において発生したときに記入する金額欄をいう。

⑵月末（期末）の処理

① 月間（期間）の合計金額で特殊仕訳帳から総勘定元帳に転記するが，これを合計転記をするといい，次の点に注意すること。

⒜諸口欄に記入されたものはすでにその転記がされているので，このときは転記についての処理は何もしない。

⒝特別欄があるものは，その合計金額で総勘定元帳に転記する。

⒞諸口欄と特別欄との合計額がその特殊仕訳帳自身の総勘定元帳（これを，**親勘定**ということもある）への転記すべき金額となる。

② ①⒝の転記について，特殊仕訳帳の設定状況によっては二重仕訳・二重転記の問題が起こるが，特殊仕訳帳の元丁欄にチェックマーク（✓）を付けて転記しないようにする。

⑶転記の方法

特殊仕訳帳から総勘定元帳に合計転記する方法は，次の２つがある。

①特殊仕訳帳から直接，総勘定元帳に転記

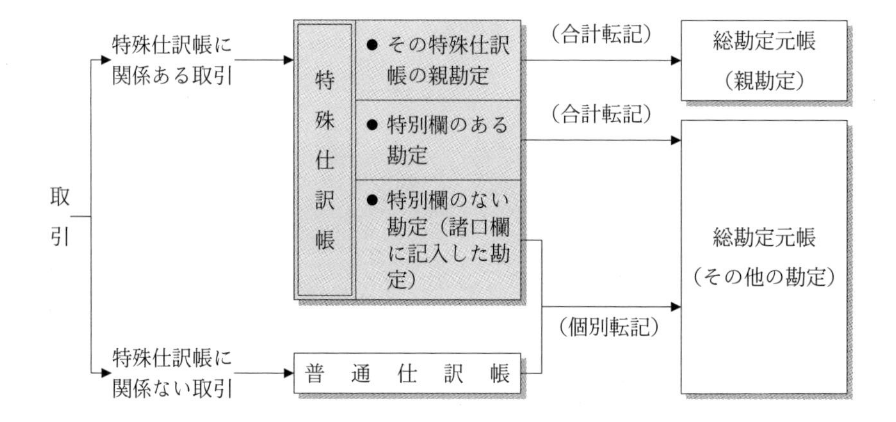

②普通仕訳帳を経由して総勘定元帳に転記

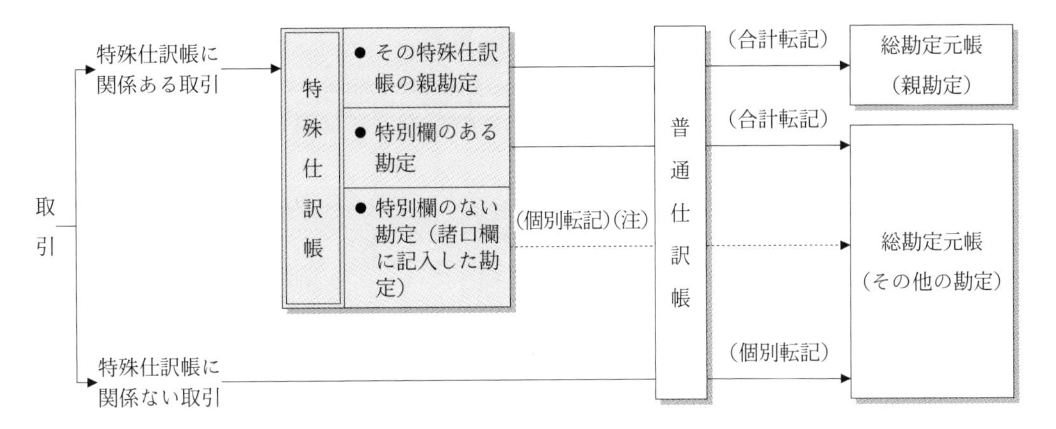

(注) 特殊仕訳帳に記入した時点で総勘定元帳へ転記される。

⑷総勘定元帳の相手科目

個別転記，合計転記に関係なく，転記された仕訳帳の名称を相手科目とする。また，その名称を略記することもある。

①原　則

貸　付　金

日付		摘　要	仕丁	借　方
5	31	当座預金出納帳	1	100,000

②略記する場合

貸　付　金

日付		摘　要	仕丁	借　方
5	31		当1	100,000

以下，このテキストでは①で記入することにする。

⑸記入例（特殊仕訳帳から直接，総勘定元帳へ合計転記する場合）

当座預金出納帳　1

令和×年		相手科目	摘要	元丁	借方勘定		貸方勘定		当座預金		
					諸口	工事未払金	諸口	未成工事受入金	預入	引出	残高
5	1		前月繰越	✓							200,000
	5		大阪産業	✓				150,000	150,000		350,000
	10	小口現金	10号現場	3	5,000					5,000	345,000
	15		京都商事	✓				100,000	100,000		445,000
	20		九州建材	✓		130,000				130,000	315,000
	25		現場従業員(10号)	✓		65,000				65,000	250,000
	〃	一般管理費	本社事務員	40	20,000					20,000	230,000
	26		青森燃料	✓		10,000				10,000	220,000
	28	支払手形	手形No.20	31	120,000					120,000	100,000
	30	受取手形	手形No.15	10			80,000		80,000		180,000
	31		合計		145,000	205,000	80,000	250,000	330,000	350,000	
			前月繰越						200,000		
			次月繰越							180,000	
									530,000	530,000	

当座預金　1

令和×年		摘要	仕丁	借方	貸方
5	1	前月繰越	✓	200,000	
	31	当座預金出納帳	1	330,000	
	〃	当座預金出納帳	1		350,000

小口現金　3

令和×年		摘要	仕丁	借方	貸方
5	10	当座預金出納帳	1	5,000	

受取手形　10

令和×年		摘要	仕丁	借方	貸方
5	1	前月繰越	✓	150,000	
	30	当座預金出納帳	1		80,000

工事未払金　20

令和×年		摘要	仕丁	借方	貸方
5	1	前月繰越	✓		300,000
	31	当座預金出納帳	1	205,000	

支払手形　31

令和×年		摘要	仕丁	借方	貸方
5	1	前月繰越	✓		300,000
	28	当座預金出納帳	1	120,000	

未成工事受入金　25

令和×年		摘要	仕丁	借方	貸方
5	1	前月繰越	✓		150,000
	31	当座預金出納帳	1		250,000

一般管理費　40

令和×年		摘要	仕丁	借方	貸方
5	25	当座預金出納帳	1	20,000	

〈記入上の注意〉

（注１）複数仕訳帳制を採用しているときの転記は，総勘定元帳には相手科目ではなく，転記してきた仕訳帳の名称を記入する（当座預金出納帳など)。

（注２）相手勘定について特別欄が設定してある場合は，金額を特別欄に記入しておき，あとで合計額を求めてから月末に合計転記する。

（注３）特殊仕訳帳の親勘定へは月末に合計額を計算し，親勘定である総勘定元帳に合計転記を行う。

(6)補助元帳への記入

工事未払金の明細を記録するために，補助元帳が設けられる場合がある。これは，工事未払金勘定を仕入先別に記録する帳簿であり，その性格から常に発生状況を把握しなければならない。よって，これらへの転記は個別転記である。

工事原価記入帳　　1

令和×年		摘要	元丁	材料費	労務費	外注費	経費	累計
6	3	京都建材(10号工事)	未1	50,000				50,000
	5	同　返品	未1	3,000				47,000
	10	山口建材(15号工事)	未2	40,000				87,000
	12	同　値引	未2	1,000				86,000
	15	盛岡建材(10号工事)	未3			25,000		111,000
	18	仙台建材(15号工事)	未4			15,000		126,000
	20	現場従業員(10号工事)	未5		38,000			164,000
	25	岡山設計(20号工事)	未6				23,000	187,000
		総計		90,000	38,000	40,000	23,000	
		返品・値引		4,000	—	—	—	
		合計		86,000	38,000	40,000	23,000	187,000

(注) なお，材料費，労務費，外注費，経費はすべて掛け購入されたもの（擬制法）とみなし，そのうえで，当座預金や支払手形等で決済が行われるものと仮定して処理する方法による。

総勘定元帳

未成工事支出金　10

令和×年		摘要	仕丁	借方	貸方
6	1	前月繰越	✓	500,000	
	30	工事原価記入帳	1	187,000	

工事未払金　15

令和×年		摘要	仕丁	借方	貸方
6	1	前月繰越	✓		264,000
	30	工事原価記入帳	1		187,000

工事未払金台帳（一部）

京都建材　1

令和×年		摘要	仕丁	借方	貸方
6	1	前月繰越	✓		30,000
	3	工事原価記入帳	1		50,000
	5	〃	1	3,000	

山口建材　2

令和×年		摘要	仕丁	借方	貸方
6	1	前月繰越	✓		50,000
	10	工事原価記入帳	1		40,000
	12	〃	1	1,000	

盛岡建材　3

令和×年		摘要	仕丁	借方	貸方
6	1	前月繰越	✓		45,000
	15	工事原価記入帳	1		25,000

仙台建材　4

令和×年		摘要	仕丁	借方	貸方
6	1	前月繰越	✓		20,000
	18	工事原価記入帳	1		15,000

〈記入上の注意〉

補助元帳へは個別転記するので，転記した補助元帳の丁数を記入する。そのとき，総勘定元帳の丁数と区別するために，どの補助元帳への記入かがわかる文字も併せて付す（工事未払金台帳）。

SUPPLEMENT

SUPPLEMENT

伝票式会計とコンピュータ会計

1. 伝票式会計

(1)伝票式会計とは

伝票にもとづいて仕訳と勘定記入を行う会計を**伝票式会計**といい，一般に，入金伝票，出金伝票，振替伝票の3種類の伝票を用いて処理される（**三伝票制**）。

〈実際の記入例：入金伝票〉

入　金　伝　票						
						No.12
令和×年3月5日			転記		起票	印
科目	完成工事未収入金	入金先	甲　　社			
摘　　要				金　　額		
完成工事物件，No.25				10,000		
合　　計				10,000		

〈略　式〉

入　金　伝　票	
完成工事未収入金	10,000

〈実際の記入例：出金伝票〉

出　金　伝　票						
						No.35
令和×年6月10日			転記		起票	印
科目	借　入　金	支払先	Y　　社			
摘　　要				金　　額		
3月10日借入分の返済				10,000		
合　　計				10,000		

〈略　式〉

出　金　伝　票	
借　入　金	10,000

〈実際の記入例：振替伝票〉

振　替　伝　票					
					No.64
令和×年9月13日		転記		起票	印
借　方	金　額	貸　方	金　額		
備　　品	2,500	未　払　金	2,500		
(応接セット)					
合　計	2,500	合　計	2,500		

〈略　式〉

振　替　伝　票			
備　　品	2,500		
		未　払　金	2,500

なお，元帳への転記については，種々の形式があるが，その形式のいくつかを示すと次のようになる。

①伝票を仕訳帳の代わりに用い，伝票から直接，総勘定元帳に転記

②伝票を仕訳日計表に集計し，その合計金額で総勘定元帳の各勘定に転記

③伝票を仕訳日計表と総勘定元帳とを兼ねた元帳兼用試算表に集計

このうち，②について学習する。

(2)四伝票制とは

取引の処理に入金伝票，出金伝票，振替伝票の 3 種類の伝票を用いるのを**三伝票制**，これに工事伝票を加えて 4 種類の伝票を用いるのを**四伝票制**という。

工　事　伝　票　　　　No.××

令和×年×月×日

工 事 名	○○号現場	工 種 名	△△工事
支 払 先	△△建材株式会社	支払条件	月　日手形払い
内訳項目	○　○　費	金　　額	¥×××
摘　　要	△△建材より…		

この工事伝票は，工事に関する取引について起票される。その対価が現金や手形などで決済される場合でも，いったん未払いとして（擬制法）処理が行われる。

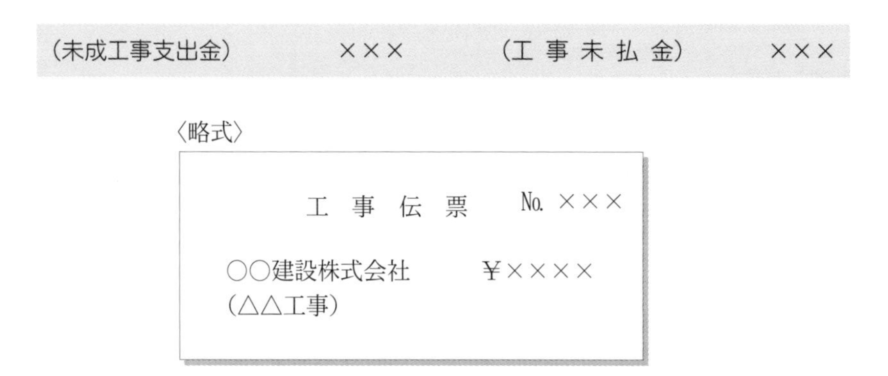
（未成工事支出金）　×××　（工 事 未 払 金）　×××

〈略式〉

工　事　伝　票　　No. ×××

○○建設株式会社　　¥××××
（△△工事）

(3)仕訳日計表の作成

仕訳日計表とは，1 日分の伝票による各勘定の借方と貸方の金額を集計する表で，試算表の一種である。これにより，日計表の借方合計，貸方合計が一致することを確認することによって，記帳と集計の誤りをチェックでき，また，合計金額で総勘定元帳に転記することにより元帳転記の手間が省けることになる。

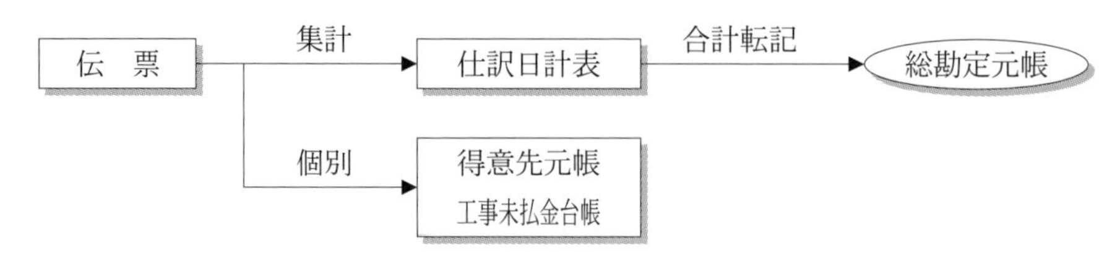

設 例

福岡建設株式会社は，日々の取引を入金伝票，出金伝票，振替伝票，工事伝票の４種類に記入し，これを１日分ずつ集計して仕訳日計表から各関係元帳に転記している。同店の６月１日の取引について作成された下掲の伝票にもとづいて，(1)仕訳日計表を作成し，(2)総勘定元帳と工事未払金台帳に転記しなさい。

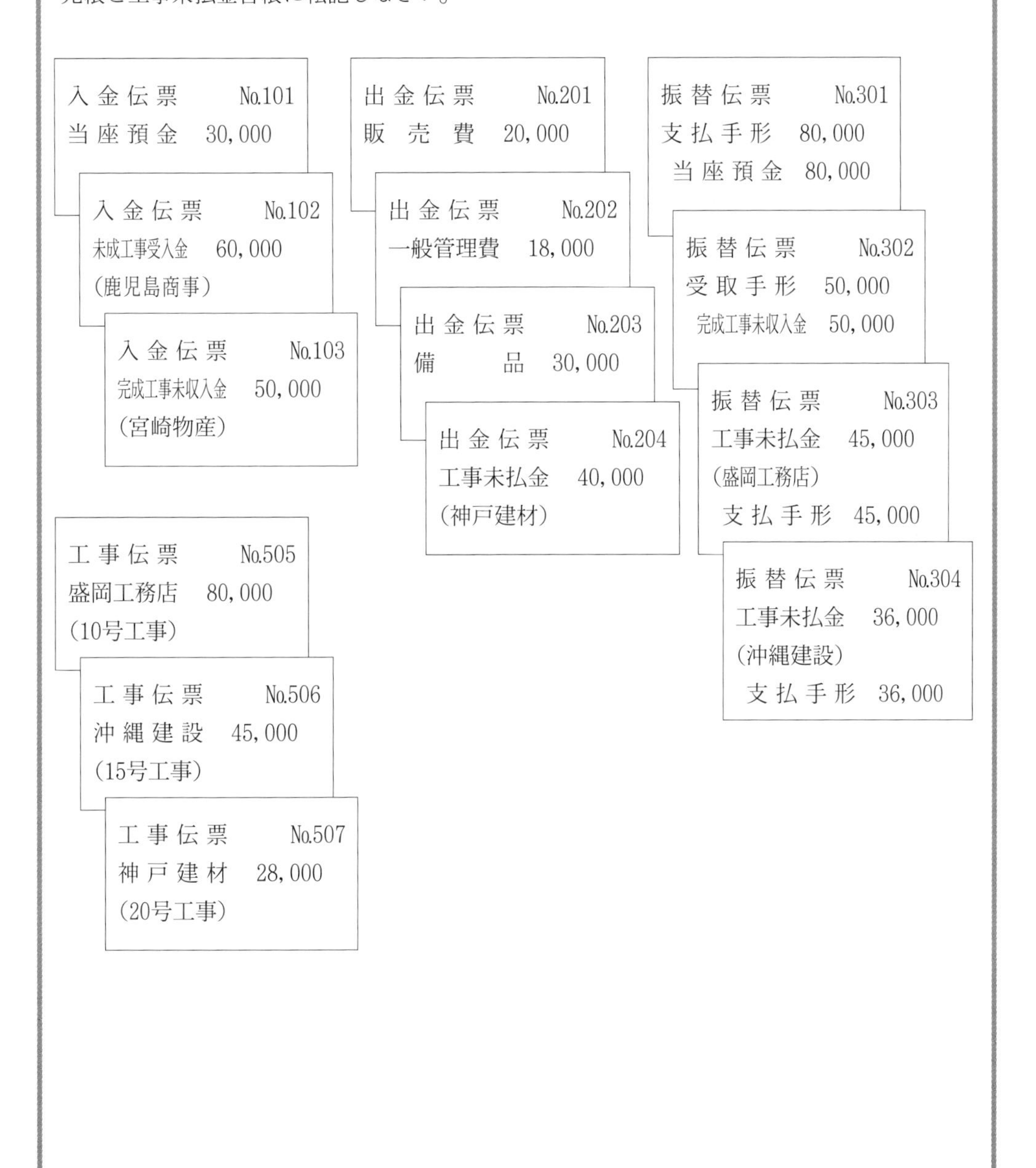

入金伝票 No.101
当座預金 30,000

入金伝票 No.102
未成工事受入金 60,000
(鹿児島商事)

入金伝票 No.103
完成工事未収入金 50,000
(宮崎物産)

出金伝票 No.201
販売費 20,000

出金伝票 No.202
一般管理費 18,000

出金伝票 No.203
備品 30,000

出金伝票 No.204
工事未払金 40,000
(神戸建材)

振替伝票 No.301
支払手形 80,000
当座預金 80,000

振替伝票 No.302
受取手形 50,000
完成工事未収入金 50,000

振替伝票 No.303
工事未払金 45,000
(盛岡工務店)
支払手形 45,000

振替伝票 No.304
工事未払金 36,000
(沖縄建設)
支払手形 36,000

工事伝票 No.505
盛岡工務店 80,000
(10号工事)

工事伝票 No.506
沖縄建設 45,000
(15号工事)

工事伝票 No.507
神戸建材 28,000
(20号工事)

仕訳日計表

令和×年6月1日　1

借　　方	元丁	勘定科目	元丁	貸　　方
140,000	1	現金	1	108,000
		当座預金		110,000
50,000		受取手形		
		完成工事未収入金		100,000
153,000		未成工事支出金		
30,000		備品		
80,000		支払手形		81,000
121,000		工事未払金		153,000
		未成工事受入金		60,000
		完成工事高		
20,000		販売費		
18,000		一般管理費		
612,000				612,000

総勘定元帳（一部）

現　　金　1

令和×年		摘　要	仕丁	借　方	貸　方	残　高
6	1	前月繰越	✓	120,000		120,000
	〃	仕訳日計表	1	140,000		260,000
	〃	〃	1		108,000	152,000

工事未払金台帳（一部）

盛岡工務店　1

令和×年		摘　要	仕丁	借　方	貸　方	残　高
6	1	前月繰越	✓		30,000	30,000
	〃	工事伝票	505		80,000	110,000
	〃	振替伝票	303	45,000		65,000

〈作成方法〉

① 伝票から仕訳を示すと次のようになる。

［入金伝票］

No.101	（現　　　　金）	30,000	（当　座　預　金）	30,000
No.102	（現　　　　金）	60,000	（未成工事受入金）	60,000
No.103	（現　　　　金）	50,000	（完成工事未収入金）	50,000

［出金伝票］

No.201	（販　売　費）	20,000	（現　　　　金）	20,000
No.202	（一 般 管 理 費）	18,000	（現　　　　金）	18,000
No.203	（備　　　　品）	30,000	（現　　　　金）	30,000
No.204	（工 事 未 払 金）	40,000	（現　　　　金）	40,000

［工事伝票］

No.505	（未成工事支出金）	80,000	（工 事 未 払 金）	80,000
No.506	（未成工事支出金）	45,000	（工 事 未 払 金）	45,000
No.507	（未成工事支出金）	28,000	（工 事 未 払 金）	28,000

［振替伝票］

No.301	（支　払　手　形）	80,000	（当　座　預　金）	80,000
No.302	（受　取　手　形）	50,000	（完成工事未収入金）	50,000
No.303	（工 事 未 払 金）	45,000	（支　払　手　形）	45,000
No.304	（工 事 未 払 金）	36,000	（支　払　手　形）	36,000

② ①の仕訳をもとに，各勘定科目ごとに集計した合計金額を仕訳日計表に記入して仕訳日計表を完成させる。以下，主な計算過程を示しておく。

現金：No.101＋No.102＋No.103＝140,000円（借方）

No.201＋No.202＋No.203＋No.204＝108,000円（貸方）

工事未払金：No.505＋No.506＋No.507＝153,000円（貸方）

：No.204＋No.303＋No.304＝121,000円（借方）

未成工事支出金：No.505＋No.506＋No.507＝153,000円（借方）

ほかの科目も同様に，借方と貸方の合計金額を計算して仕訳日計表に記入する。最後に，仕訳日計表の貸借が一致することを確認する。

③ 補助元帳の記入（本問では工事未払金台帳）は伝票から個別転記する。このとき，摘要欄に伝票名，仕丁欄に伝票番号を記入する。

盛岡工務店：工事伝票No.505

振替伝票No.303

2.コンピュータ会計

近年はコンピュータによる会計処理が多くなり，パソコンの導入によって，会計処理から原価計算および原価管理まで処理できるようになった。コンピュータによる場合，仕訳や総勘定元帳・補助簿への転記といった作業は省略することができるが，その設計にあたっては，必要なデータを効率よく分散入力できるようなシステムに設計しておく必要がある。

特に工事原価記入帳の応用が，建設業のコンピュータ会計システムのポイントであり，直接工事現場からの入力や出力をする場合も考慮しなければならない。

SUPPLEMENT

SUPPLEMENT

複写伝票と補助伝票

実務では複写式の伝票による方法も広く用いられている。この方法は，一般にワン・ライティング・システムとよばれ，一伝票制度の場合には，3枚複写のうち1枚目を仕訳伝票とし，2枚目を総勘定元帳の借方伝票，3枚目をその貸方伝票として用いる。

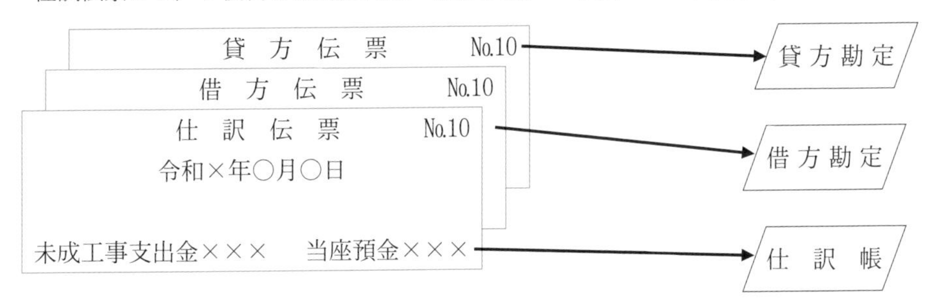

また補助伝票を設けて，補助簿の役割を果たさせることもある。これら5枚を一度に複写するのであるから，5つの作業を同時に処理するので効率的である。

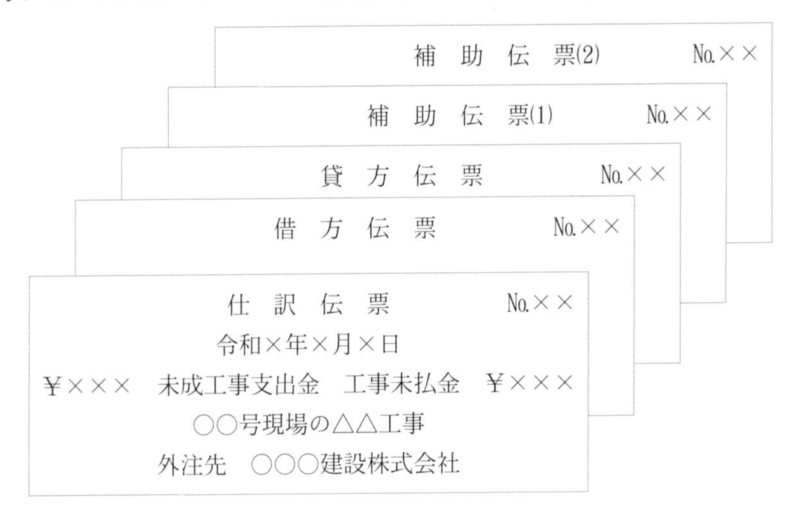

補助伝票(1)…現場ごとに綴り，工事台帳として用いる。
補助伝票(2)…発注先ごとに綴り，工事未払金台帳として用いる。

SUPPLEMENT

基本例題
解答・解説

基本例題 1

(1) 先入先出法　156,000円

材　料　元　帳（数量：個, 単価及び金額：円）

日付		摘要	受入高			払出高			残高		
			数量	単価	金額	数量	単価	金額	数量	単価	金額
8	1	繰越	200	200	40,000				200	200	40,000
	6	仕入	500	210	105,000				{ 200	200	40,000
									500	210	105,000
	12	払出				{ 200	200	40,000			
						100	210	21,000	400	210	84,000
	18	仕入	300	220	66,000				{ 400	210	84,000
									300	220	66,000
	24	払出				{ 400	210	84,000			
						50	220	11,000	250	220	55,000

(2) 総平均法　158,250円

解説

(2) $\dfrac{40,000円+105,000円+66,000円}{200個+500個+300個}=\dfrac{211,000円}{1,000個}=211円/個$

211円/個×（300個+450個）=158,250円

基本例題 2

	借方科目	金額	貸方科目	金額
(1)	（工事未払金）	320,000	（賃　　金）	320,000
(2)	（賃　　金）	3,200,000	（当座預金）	2,815,000
			（源泉所得税預り金）	300,000
			（社会保険料預り金）	85,000
(3)	（未成工事支出金）	3,190,000	（賃　　金）	3,550,000
	（工事間接費）	360,000		
(4)	（賃　　金）	670,000	（工事未払金）	670,000

賃　　金

借方	金額	貸方	金額
諸　口	3,200,000	工事未払金	320,000
工事未払金	670,000	諸　口	3,550,000
	3,870,000		3,870,000

工事未払金

賃金	320,000	前月繰越	320,000
次月繰越	670,000	賃金	670,000
	990,000		990,000
		前月繰越	670,000

基本例題 3

	借方科目	金額	貸方科目	金額
(1)	(工事未払金)	250,000	(賃金)	250,000
(2)	(未成工事支出金)	2,550,000	(賃金)	2,650,000
	(工事間接費)	100,000		
(3)	(賃金)	2,500,000	(当座預金)	2,264,000
			(源泉所得税預り金)	180,000
			(社会保険料預り金)	56,000
(4)	(賃金)	380,000	(工事未払金)	380,000
(5)	(賃金)	20,000	(賃率差異)	20,000

賃金

諸口	2,500,000	工事未払金	250,000
工事未払金	380,000	諸口	2,650,000
賃率差異	20,000		
	2,900,000		2,900,000

賃率差異

前月繰越	85,000	賃金	20,000
		次月繰越	65,000
	85,000		85,000
前月繰越	65,000		

基本例題 4

(1)	21,100円	(2)	72,600円
(3)	8,900円	(4)	64,700円
(5)	6,100円		

解説

(1) 21,600円＋1,800円－2,300円＝21,100円

(2) 72,000円－4,800円＋5,400円＝72,600円

(3)　65,000円－5,300円－(3)＝50,800円
65,000円－5,300円－50,800円＝8,900円
(4)　(4)＋15,000円－7,500円＋12,000円＝84,200円
84,200円－15,000円＋7,500円－12,000円＝64,700円
(5)　78,000円＋4,800円－(5)－7,900円＋4,500円＝73,300円
78,000円＋4,800円－7,900円＋4,500円－73,300円＝6,100円

基本例題 5

経費仕訳帳

（単位：円）

令和×年		摘要	費目	借方			貸方
				未成工事支出金	工事間接費	販売費及び一般管理費	金額
4	30	月割経費	減価償却費		(3,750)	1,250	(5,000)
	〃	測定経費	動力用水光熱費		(12,500)		(12,500)
	〃	支払経費	設計費	(45,000)			(45,000)
	〃	〃	修繕費	12,500	(37,500)		(50,000)
				(57,500)	(53,750)	1,250	112,500

解説

① 減価償却費　60,000円÷12カ月＝5,000円
② 動力用水光熱費　測定高12,500円となる。
なお，動力用水光熱費については，工事現場ごとに発生することが多く，工事直接費として処理される場合がほとんどであるが，工種については工事間接費の場合あり。
③ 設計費　50,000円－25,000円＋20,000円＝45,000円
④ 修繕費　125,000円－50,000円－25,000円＝50,000円

基本例題 6

(1)　当月の工事間接費実際配賦率　1,500円/時間
(2)　当月の各工事への工事間接費の実際配賦額
A工事：525,000円
B工事：825,000円
C工事：150,000円
(3)　実際配賦の仕訳
（未成工事支出金）　1,500,000　　（工事間接費）　1,500,000

解説

(1)　実際配賦率：$\frac{1,500,000円}{1,000時間}$＝1,500円/時間

(2)　各工事への実際配賦額

A工事：1,500円/時間×350時間＝　525,000円
B工事：1,500円/時間×550時間＝　825,000円
C工事：1,500円/時間×100時間＝　150,000円
　　　　　　　　　　　　　　　1,500,000円

基本例題 7

〔設問1〕1,400円/時間

〔設問2〕

No.801工事：214,200円
No.802工事：226,800円
No.803工事：217,000円

(未成工事支出金)	658,000	(工　事　間　接　費)	658,000

〔設問3〕工事間接費配賦差異：2,000円（借方差異）

(工事間接費配賦差異)	2,000	(工　事　間　接　費)	2,000

解　説

〔設問1〕$\frac{8,400,000円}{6,000時間}$＝1,400円/時間

〔設問2〕

No.801工事：1,400円/時間×153時間＝214,200円
No.802工事：1,400円/時間×162時間＝226,800円
No.803工事：1,400円/時間×155時間＝217,000円
　　　　　　　　　　　　　　　　　658,000円

〔設問3〕658,000円－660,000円＝△2,000円（借方差異）

《参考》

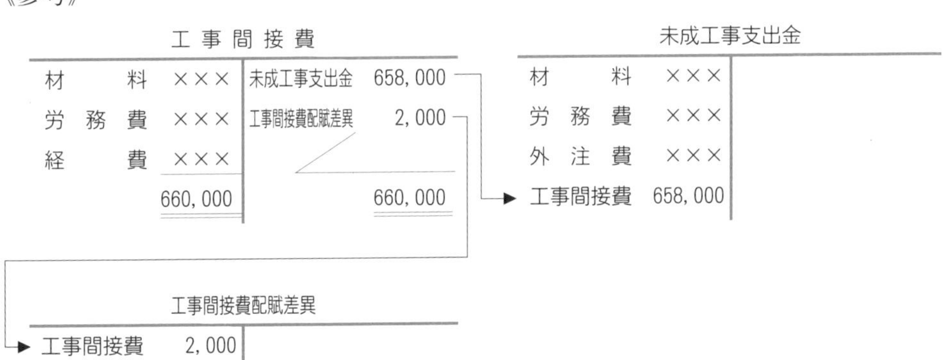

基本例題 8

(1) 実際可能最大操業度　2,099.9円/時間
(2) 長期正常操業度　2,739円/時間
(3) 次期予定操業度　2,519.88円/時間

解説

(1) $\frac{6,299,700円}{3,000時間}=2,099.9円/時間$

(2) $\frac{6,299,700円}{(2,500時間+2,100時間+2,300時間)\div 3}=2,739円/時間$

(3) $\frac{6,299,700円}{2,500時間}=2,519.88円/時間$

基本例題 9

部門費配分表

(単位：円)

費目	配賦基準	合計	施工部門		補助部門		
			第1部門	第2部門	機械部門	車両部門	仮設部門
部門個別費		341,000	74,000	127,000	58,000	49,000	33,000
部門共通費							
建物管理費	占有面積	98,400	41,000	24,600	12,300	16,400	4,100
電力料	電力消費量	54,000	16,200	12,600	10,350	9,900	4,950
部門共通費合計		152,400	57,200	37,200	22,650	26,300	9,050
部門費合計		493,400	131,200	164,200	80,650	75,300	42,050

解説

(1) 建物管理費

$500m^2+300m^2+150m^2+200m^2+50m^2=1,200m^2$

第1施工部門：$98,400円\times\frac{500m^2}{1,200m^2}=41,000円$

第2施工部門：$98,400円\times\frac{300m^2}{1,200m^2}=24,600円$

機械部門：$98,400円\times\frac{150m^2}{1,200m^2}=12,300円$

車両部門：$98,400円\times\frac{200m^2}{1,200m^2}=16,400円$

仮設部門：$98,400円\times\frac{50m^2}{1,200m^2}=4,100円$

(2)　電力料

180kw＋140kw＋115kw＋110kw＋55kw＝600kw

第１施工部門：54,000円×$\frac{180kw}{600kw}$＝16,200円

第２施工部門：54,000円×$\frac{140kw}{600kw}$＝12,600円

機　械　部　門：54,000円×$\frac{115kw}{600kw}$＝10,350円

車　両　部　門：54,000円×$\frac{110kw}{600kw}$＝9,900円

仮　設　部　門：54,000円×$\frac{55kw}{600kw}$＝4,950円

基本例題 10

(1)　直接配賦法

部　門　費　振　替　表

（単位：円）

費　　目	合　計	施工部門		補助部門		
		第１部門	第２部門	機械部門	車両部門	仮設部門
部門費合計	800,000	200,000	300,000	120,000	100,000	80,000
機械部門費		80,000	40,000			
車両部門費		60,000	40,000			
仮設部門費		35,000	45,000			
合　　計	800,000	375,000	425,000			

(2)　合計仕訳

（第１施工部門費）	175,000	（機械部門費）	120,000
（第２施工部門費）	125,000	（車両部門費）	100,000
		（仮設部門費）	80,000

解　説

(1)　①機械部門費の配賦：第１　120,000円×$\frac{40\%}{40\%+20\%}$＝80,000円

第２　120,000円×$\frac{20\%}{40\%+20\%}$＝40,000円

②車両部門費の配賦：第１　100,000円×$\frac{45\%}{45\%+30\%}$＝60,000円

第２　100,000円×$\frac{30\%}{45\%+30\%}$＝40,000円

③仮設部門費の配賦：第１　80,000円×$\frac{35\%}{35\%+45\%}$＝35,000円

第２　80,000円×$\frac{45\%}{35\%+45\%}$＝45,000円

基本例題 11

（未成工事支出金）	370,000	（第１施工部門費）＊１	240,000
		（第２施工部門費）＊２	130,000

＊１　800円/時間×300時間＝240,000円

＊２　650円/時間×200時間＝130,000円

《参考》

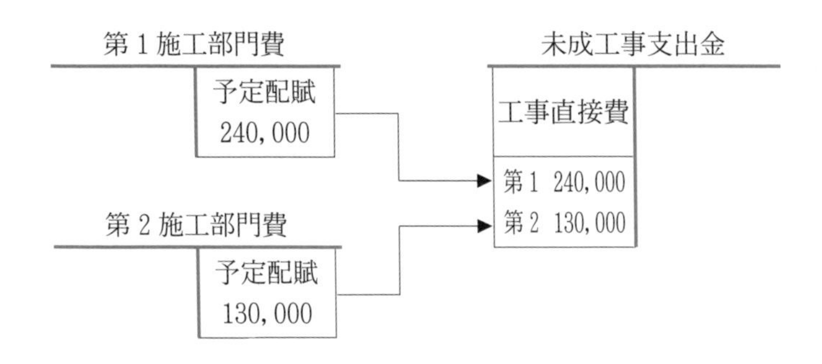

基本例題 12

〔設問１〕各施工部門の予定配賦額
　第１施工部門　276,000円
　第２施工部門　240,000円

〔設問２〕各施工部門の実際発生額
　第１施工部門　294,000円
　第２施工部門　236,000円

〔設問３〕各施工部門の配賦差異
　第１施工部門　18,000円（借方差異）
　第２施工部門　4,000円（貸方差異）

解　説

〔設問１〕第１施工部門　1,200円/時間×230時間＝276,000円
　第２施工部門　600円/時間×400時間＝240,000円

〔設問２〕第１施工部門
　200,000円＋80,000円×45％＋50,000円×60％＋40,000円×70％＝294,000円
　第２施工部門
　160,000円＋80,000円×55％＋50,000円×40％＋40,000円×30％＝236,000円

《参考》

部門費振替表

(単位：円)

費目	合計	施工部門		補助部門		
		第1部門	第2部門	機械部門	車両部門	仮設部門
部門費合計	530,000	200,000	160,000	80,000	50,000	40,000
機械部門費		36,000	44,000			
車両部門費		30,000	20,000			
仮設部門費		28,000	12,000			
合計	530,000	294,000	236,000			

〔設問3〕第1施工部門　276,000円－294,000円＝△18,000円（借方差異）
　　　　第2施工部門　240,000円－236,000円＝4,000円（貸方差異）

基本例題13

未成工事支出金

前月繰越	210,000	完成工事原価	(⑪ 1,647,000)
材料	(② 440,000)	次月繰越	(⑦ 633,000)
賃金	320,000		
外注費	620,000		
経費	180,000		
工事間接費	510,000		
	(③ 2,280,000)		(③ 2,280,000)

原価計算表

(単位：円)

工事台帳 / 費目	No.101	No.102	No.103	合計
月初未成工事原価	(① 110,000)	—	100,000	(210,000)
直接材料費	125,000	170,000	145,000	(② 440,000)
直接労務費	84,000	(④ 140,000)	96,000	(320,000)
直接外注費	(⑤ 243,000)	163,000	214,000	(620,000)
直接経費	(⑨ 113,000)	(⑧ 67,000)	—	(180,000)
工事間接費	(⑥ 192,000)	(⑥ 240,000)	(⑥ 78,000)	(510,000)
合計	(⑩ 867,000)	780,000	(⑦ 633,000)	(③2,280,000)

解説

各数値は次のとおり求められる。

① 210,000円－100,000円＝110,000円

② 125,000円＋170,000円＋145,000円＝440,000円

③ 210,000円＋440,000円＋320,000円＋620,000円＋180,000円＋510,000円
＝2,280,000円

④ 320,000円－84,000円－96,000円＝140,000円

⑤ 620,000円－163,000円－214,000円＝243,000円

⑥ No.101：$510,000円 \times \dfrac{320時間}{320時間+400時間+130時間}=192,000円$

No.102：$510,000円 \times \dfrac{400時間}{320時間+400時間+130時間}=240,000円$

No.103：$510,000円 \times \dfrac{130時間}{320時間+400時間+130時間}=78,000円$

⑦ 100,000円＋145,000円＋96,000円＋214,000円＋78,000円＝633,000円

⑧ 780,000円－170,000円－140,000円－163,000円－240,000円＝67,000円

⑨ 180,000円－67,000円＝113,000円

⑩ 110,000円＋125,000円＋84,000円＋243,000円＋113,000円＋192,000円
＝867,000円

⑪ 867,000円＋780,000円＝1,647,000円

基本例題14

完成工事原価報告書

自令和×2年4月1日　至令和×3年3月31日（単位：円）

1．材料費	（ 2,263,000 ）
2．労務費	（ 2,226,000 ）
3．外注費	（ 4,355,000 ）
4．経費	（ 2,060,000 ）
（うち人件費　801,000）	
完成工事原価	（ 10,904,000 ）

解　説

(1)　当期材料費の計算

2,437,000円（総仕入高）－125,000円（値引・返品高）＝2,312,000円

497,000円（期首棚卸高）＋2,312,000円（純仕入高）－512,000円（期末棚卸高）＝2,297,000円

(2)　当期労務費の計算

2,174,000円（支払高）－84,000円（期首未払高）＋123,000円（期末未払高）＝2,213,000円

(3)　当期外注費の計算

4,371,000円（支払高）－182,000円（期首未払高）＋132,000円（期末未払高）＝4,321,000円

(4)　当期経費の計算

1,976,000円（支払高）＋67,000円（期首前払高）－69,000円（期末前払高）＝1,974,000円

(5)　完成工事原価報告書の作成

①　材料費　250,000円（期首繰越額）＋2,297,000円（当期消費額）－284,000円（期末繰越額）＝2,263,000円

②　労務費　182,000円（期首繰越額）＋2,213,000円（当期消費額）－169,000円（期末繰越額）＝2,226,000円

③　外注費　432,000円（期首繰越額）＋4,321,000円（当期消費額）－398,000円（期末繰越額）＝4,355,000円

④　経　費　763,000円（期首繰越額）＋1,974,000円（当期消費額）－677,000円（期末消費額）＝2,060,000円

⑤　うち人件費　241,000円（期首繰越額）＋813,000円（当期消費額）－253,000円（期末繰越額）＝801,000円

基本例題15

	借方	金額	貸方	金額
(1)	仕訳なし			
(2)	(当座預金)	90,000	(未成工事受入金)	90,000
(3)	(未成工事受入金)	90,000	(完成工事高)	450,000
	(完成工事未収入金)	360,000		
	(完成工事原価)	320,000	(未成工事支出金)	320,000
(4)	(受取手形)	360,000	(完成工事未収入金)	360,000

基本例題16

	借方科目	金額	貸方科目	金額
(1)	(当座預金)	160,000	(未成工事受入金)	160,000
(2)	(未成工事受入金)	160,000	(完成工事高)	360,000
	(完成工事未収入金)	200,000		
	(完成工事原価)	252,000	(未成工事支出金)	252,000
(3)	(完成工事未収入金)	280,000	(完成工事高)	280,000
	(完成工事原価)	228,000	(未成工事支出金)	228,000
(4)	(完成工事未収入金)	160,000	(完成工事高)	160,000
	(完成工事原価)	120,000	(未成工事支出金)	120,000
(5)	(受取手形)	640,000	(完成工事未収入金)	640,000

解説

(2) 工事収益：$800,000\text{円} \times \frac{252,000\text{円}}{560,000\text{円}}$（＝0.45）＝360,000円

(3) 工事収益：$800,000\text{円} \times \frac{480,000\text{円}}{600,000\text{円}}$（＝0.8）＝640,000円

640,000円－360,000円＝280,000円

工事原価：480,000円－252,000円＝228,000円

(4) 工事収益：800,000円－（360,000円＋280,000円）＝160,000円

工事原価：600,000円－480,000円＝120,000円

基本例題17

銀行勘定調整表

令和×年3月31日　（単位：円）

当社の帳簿残高	(1,951,800)	銀行の残高証明書残高	(2,110,000)
(加算)		(加算)	
((1) 入金連絡未通知)	(150,000)	((3) 時間外預入)	(120,000)
((4) 未渡小切手)	(40,000)		
(減算)		(減算)	
((2) 引落連絡未通知)	(1,800)	((5) 未取付小切手)	(90,000)
修正後残高	(2,140,000)	修正後残高	(2,140,000)

〔修正仕訳〕

	借方科目	金額	貸方科目	金額
(1)	(当座預金)	150,000	(完成工事未収入金)	150,000
(2)	(支払手数料)	1,800	(当座預金)	1,800
(3)		仕訳なし		
(4)	(当座預金)	40,000	(工事未払金)	40,000
(5)		仕訳なし		

基本例題18

①　A社株式

借方	金額	貸方	金額
(有価証券評価損)	200,000	(有　価　証　券)	200,000

②　B社株式

借方	金額	貸方	金額
(有価証券評価損)	500,000	(有　価　証　券)	500,000

③　C社株式

仕　訳　な　し

④　D社株式

借方	金額	貸方	金額
(投資有価証券評価損)	360,000	(投資有価証券)	360,000

基本例題19

	借方	金額	貸方	金額
(1)	(保証債務見返)	2,500,000	(保　証　債　務)	2,500,000
(2)	(保　証　債　務)	2,000,000	(保証債務見返)	2,000,000
(3)	(保証債務見返)	200,000	(保　証　債　務)	200,000
(4)	(未　収　入　金)	515,000	(当　座　預　金)	515,000
	(保　証　債　務)	500,000	(保証債務見返)	500,000
(5)	(未　収　入　金)	200,000	(当　座　預　金)	200,000
	(保　証　債　務)	200,000	(保証債務見返)	200,000
(6)	(貸　倒　損　失)	200,000	(未　収　入　金)	200,000

基本例題20

	借方	金額	貸方	金額
(1)	(工事未払金)	400,000	(受　取　手　形)	400,000
	(手形裏書義務見返)	400,000	(手形裏書義務)	400,000
(2)	(手形裏書義務)	400,000	(手形裏書義務見返)	400,000
(3)	(当　座　預　金)	295,000	(割　引　手　形)	300,000
	(手形売却損)	5,000		
(4)	(割　引　手　形)	300,000	(受　取　手　形)	300,000

基本例題21

	借方	金額	貸方	金額
(1)	(不　渡　手　形)	400,000	(受　取　手　形)	400,000
(2)	(不　渡　手　形)	350,000	(当　座　預　金)	350,000
	(手形割引義務)	350,000	(手形割引義務見返)	350,000

基本例題22

	借方科目	借方金額	貸方科目	貸方金額
⑴	（建　　　　物）	5,000,000	（当　座　預　金）	600,000
			（営業外支払手形）	4,400,000
⑵	（営業外受取手形）	2,750,000	（土　　　　地）	2,300,000
			（土 地 売 却 益）	450,000

基本例題23

〔設問１〕

	借方科目	借方金額	貸方科目	貸方金額
⑴	（機　械　装　置）	50,500,000	（営業外支払手形）	50,000,000
			（当　座　預　金）	500,000
⑵	（建　　　　物）	10,000,000	（材　　　　料）	3,000,000
			（賃　　　　金）	4,500,000
			（経　　　　費）	2,300,000
			（当　座　預　金）	200,000
⑶	（建　　　　物）	4,800,000	（建　　　　物）	4,800,000

〔設問２〕減価償却費の金額

⑴　定　　額　　法　11,250,000円＊1

⑵　定　　率　　法　14,062,500円＊2

⑶　生産高比例法　20,250,000円＊3

＊1　100,000,000円×0.9÷８年＝11,250,000円

＊2　第８期の減価償却費：100,000,000円×0.25＝25,000,000円

第９期の減価償却費：(100,000,000円－25,000,000円)×0.25＝18,750,000円

第10期の減価償却費：(100,000,000円－25,000,000円－18,750,000円)×0.25＝14,062,500円

＊3　100,000,000円×0.9×2,250時間/10,000時間＝20,250,000円

〔設問３〕

借方科目	借方金額	貸方科目	貸方金額
（建　　　　物）	10,000,000	（当　座　預　金）	12,000,000
（修　繕　費）	2,000,000		

基本例題24

	借方科目	借方金額	貸方科目	貸方金額
①	（特 許 権 償 却）	170,000＊1	（特　許　権）	170,000
②	仕 訳 な し			
③	（の れ ん 償 却）	50,000＊2	（の　れ　ん）	50,000

＊1　$1,360,000円\times\frac{12カ月}{96カ月}=170,000円$

＊2　$1,000,000円\times\frac{12カ月}{240カ月}=50,000円$

基本例題 25

	借方	金額	貸方	金額
(1)	(当座預金)＊1	95,000	(社債)	95,000
	(社債発行費)	1,500	(現金)	1,500
(2)	(社債利息)＊2	1,500	(当座預金)	1,500
(3)	(社債利息)＊2	1,500	(当座預金)	1,500
(4)	(社債利息)＊3	1,000	(社債)	1,000
	(社債発行費償却)＊4	300	(社債発行費)	300
(5)	(社債利息)＊3	1,000	(社債)	1,000
	(社債)	100,000	(当座預金)	101,500
	(社債利息)	1,500		
	(社債発行費償却)＊4	300	(社債発行費)	300

＊1　$95円 \times \frac{100,000円}{100円}$（1,000口）＝95,000円

＊2　額面総額$100,000円 \times 3\% \times \frac{6カ月}{12カ月} = 1,500円$

＊3　（額面総額100,000円－払込金額95,000円）$\times \frac{12カ月}{60カ月} = 1,000円$

＊4　社債発行費$1,500円 \times \frac{12カ月}{60カ月} = 300円$

《タイムテーブル》

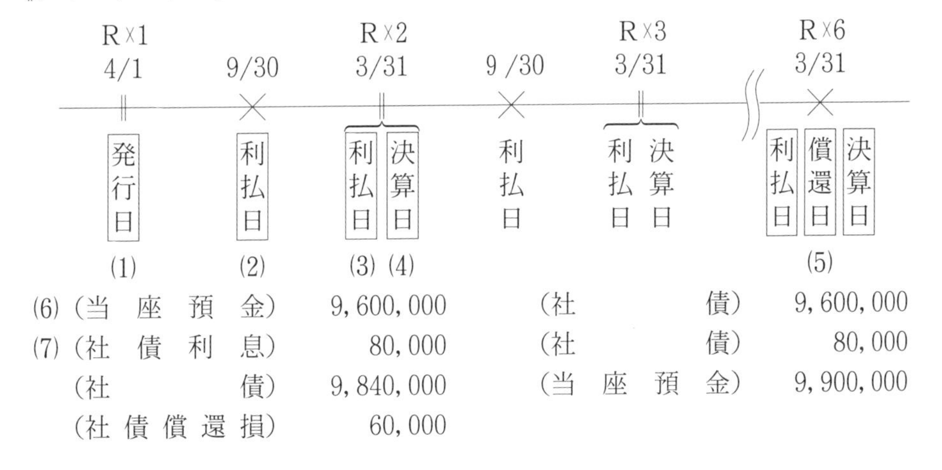

	借方	金額	貸方	金額
(6)	(当座預金)	9,600,000	(社債)	9,600,000
(7)	(社債利息)	80,000	(社債)	80,000
	(社債)	9,840,000	(当座預金)	9,900,000
	(社債償還損)	60,000		

解　説

(6)　発　行　価　額：$96円 \times \frac{10,000,000円}{100円}(100,000口) = 9,600,000円$

(7)　期末に償還しています。まず，当期分の償却額を計上し，そのあとに償還の処理を行います。

①買入償還する社債の帳簿価額

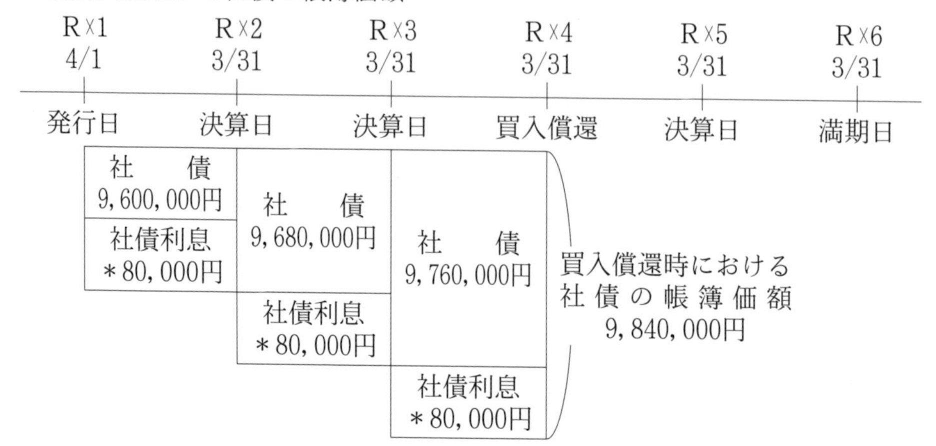

＊　$(10,000,000円 - 9,600,000円) \times \frac{12カ月}{60カ月} = 80,000円$

②社債償還損益

9,840,000円（帳簿価額）－9,900,000円（買入価額＊）＝△60,000円（社債償還損）

＊　$99円 \times \frac{10,000,000円}{100円}(100,000口) = 9,900,000円$

基本例題26

	借方科目	金額	貸方科目	金額
1	(貸倒引当金繰入額)＊1	60,500	(貸倒引当金)	60,500
2 (1)	(未成工事支出金)	50,000	(完成工事補償引当金)	50,000
(2)	(完成工事補償引当金)	80,000	(材　料)	80,000
(3)	(租税公課)	180,000	(現　金)	45,000
			(未払税金)	135,000
(4)	(未払税金)	45,000	(現　金)	45,000
(5)	(仮払法人税等)	418,000	(当座預金)	418,000
(6)	(法人税,住民税及び事業税)	963,000	(仮払法人税等)	418,000
			(未払法人税等)＊2	545,000

＊1　(3,200,000円＋5,150,000円)×2％－106,500円＝60,500円

＊2　963,000円－418,000円＝545,000円

基本例題 27

	借方科目	金額	貸方科目	金額
(1)	(材　　　料)	50,000	(現　　　金)	55,000
	(仮払消費税)	5,000		
(2)	(現　　　金)	297,000	(完成工事高)	270,000
			(仮受消費税)	27,000
	(完成工事原価)	212,000	(未成工事支出金)	212,000
(3)	(仮受消費税)	27,000	(仮払消費税)	5,000
			(未払消費税)	22,000
(4)	(未払消費税)	22,000	(現　　　金)	22,000

基本例題28

精　算　表

（単位：円）

勘定科目	残高試算表		整理記入		損益計算書		貸借対照表	
	借方	貸方	借方	貸方	借方	貸方	借方	貸方
現金預金	9,830		(3) 40				9,870	
受取手形	4,200						4,200	
完成工事未収入金	5,800						5,800	
貸倒引当金		120		(1) 80				200
有価証券	7,000			(2) 300			6,700	
未成工事支出金	2,520		(7) 40 (8) 380 (9) 40	(5) 20 (10) 920			2,040	
材料貯蔵品	1,170						1,170	
仮払金	1,200			(4)1,200				
機械装置	6,000		(6)1,500				7,500	
機械装置減価償却累計額		2,160	(5) 20					2,140
備品	1,600						1,600	
備品減価償却累計額		540		(5) 180				720
建設仮勘定	1,820			(6)1,500			320	
支払手形		1,000						1,000
工事未払金		1,720		(8) 380				2,100
借入金		4,200						4,200
未成工事受入金		1,300						1,300
完成工事補償引当金		30		(9) 40				70
退職給付引当金		3,000		(7) 390				3,390
資本金		12,000						12,000
利益準備金		500						500
繰越利益剰余金		320						320
完成工事高		70,000				70,000		
完成工事原価	46,050		(10) 920		46,970			
販売費及び一般管理費	10,900		(1) 80 (5) 180 (7) 350 (11) 180	(11) 60	11,630			
有価証券利息		360		(3) 40		400		
受取手数料		1,450				1,450		
支払利息	610				610			
	98,700	98,700						
従業員立替金			(4)1,200				1,200	
有価証券評価損			(2) 300		300			
前払保険料			(11) 60				60	
未払家賃				(11) 180				180
			5,290	5,290	59,510	71,850	40,460	28,120
当期純利益					12,340			12,340
					71,850	71,850	40,460	40,460

解　説

（決算整理事項）

⑴　貸倒引当金の設定は，売上債権に対して２％の額を差額補充法で設定する。

（販売費及び一般管理費）　80　（貸倒引当金）　80

（4,200円＋5,800円）×２％－120円＝80円

⑵　有価証券について，期末の評価替えを行う。

（有価証券評価損）　300　（有価証券）　300

7,000円－6,700円＝300円

⑶　期限の到来した公社債の利札を所有している場合は，現金の増加として処理する。

（現金預金）　40　（有価証券利息）　40

⑷　仮払金は，従業員の個人的用途に対する立替分であり，従業員立替金勘定で処理する。

（従業員立替金）　1,200　（仮払金）　1,200

⑸イ．機械の減価償却費については，月額65円が予定計上されており，決算時の実際計算額との差額を，未成工事支出金の算入額を調整する方法で処理する。

（機械装置減価償却累計額）　20　（未成工事支出金）　20

760円－65円×12カ月＝△20円（超過計上額）

ロ．備品の減価償却費は，定額法で計算して計上する。

（販売費及び一般管理費）　180　（備品減価償却累計額）　180

1,600円×0.9÷８年＝180円

⑹　建設仮勘定から1,500円を本勘定である機械装置勘定へ振り替る。

（機械装置）　1,500　（建設仮勘定）　1,500

⑺　退職給付引当金の当期繰入額については，次のように考える。

イ．本社事務員についての繰入額350円は，全額を販売費及び一般管理費として計上する。

ロ．現場作業員についての繰入額は，月額30円が予定計上されており，決算時の実際計算額との差額を，未成工事支出金の算入額を調整する方法で処理する。

（販売費及び一般管理費）　350　（退職給付引当金）　390
（未成工事支出金）　40

400円－30円×12カ月＝40円（計上不足額）

⑻　仮設撤去費は工事原価となるため，未成工事支出金に算入する。

（未成工事支出金）　380　（工事未払金）　380

⑼　完成工事高に対して0.1％の完成工事補償引当金を差額補充法により計上する。完成工事補償引当金繰入額は未成工事支出金に算入する。

（未成工事支出金）　40　（完成工事補償引当金）　40

70,000円×0.1％－30円＝40円

⑽　未成工事支出金の次期繰越額2,040円から，完成工事原価への振替額を推定する。

（完成工事原価）　920　（未成工事支出金）　920

T/B2,520円＋(⑺40円＋⑻380円＋⑼40円－⑸20円)－次繰2,040円＝920円

⑾ 保険料60円を繰延経理するとともに，家賃の未払分180円を計上する。

借方		貸方	
（前払保険料）	60	（販売費及び一般管理費）	60
（販売費及び一般管理費）	180	（未払家賃）	180

基本例題29

〈本店〉

	借方		貸方	
⑴	（支店）	200,000	（現金）	200,000
⑵	（工事未払金）	80,000	（支店）	80,000
⑶	（現金）	120,000	（支店）	120,000
⑷	（支店）	60,000	（当座預金）	60,000

〈支店〉

	借方		貸方	
⑴	（現金）	200,000	（本店）	200,000
⑵	（本店）	80,000	（現金）	80,000
⑶	（本店）	120,000	（完成工事未収入金）	120,000
⑷	（営業費）	60,000	（本店）	60,000

支　店

借方		貸方	
⑴現金	200,000	⑵工事未払金	80,000
⑷当座預金	60,000	⑶現金	120,000

本　店

借方		貸方	
⑵現金	80,000	⑴現金	200,000
⑶完成工事未収入金	120,000	⑷営業費	60,000

基本例題30

〈本店〉

	借方		貸方	
⑴	（支店）	1,500	（材料）	1,500
⑵	（材料）	800	（支店）	800
⑶	（支店）	1,200	（材料売上）	1,200
	（材料売上原価）	1,000	（材料）	1,000
⑷	（支店）	1,320	（材料売上）	1,320
	（材料売上原価）	1,200	（材料）	1,200
⑸	（未成工事支出金）	1,080	（支店）	1,080

〈支店〉

	借方		貸方	
⑴	（材料）	1,500	（本店）	1,500
⑵	（本店）	800	（材料）	800
⑶	（未成工事支出金）	1,200	（本店）	1,200
⑷	（材料）	1,320	（本店）	1,320
⑸	（本店）	1,080	（材料売上）	1,080
	（材料売上原価）	900	（材料）	900

基本例題31

(1)　支店分散計算制度

①・本店

仕　訳　な　し

・新潟支店

借方科目	金額	貸方科目	金額
(石　川　支　店)	3,300	(材　料　売　上)	3,300
(材料売上原価)	3,000	(材　　　　料)	3,000

・石川支店

借方科目	金額	貸方科目	金額
(材　　　　料)	3,300	(新　潟　支　店)	3,300

②・本店

仕　訳　な　し

・新潟支店

借方科目	金額	貸方科目	金額
(工　事　未　払　金)	500	(石　川　支　店)	500

・石川支店

借方科目	金額	貸方科目	金額
(新　潟　支　店)	500	(当　座　預　金)	500

③・本店

仕　訳　な　し

・新潟支店

借方科目	金額	貸方科目	金額
(石　川　支　店)	1,000	(現　　　　金)	1,000

・石川支店

借方科目	金額	貸方科目	金額
(営　　業　　費)	1,000	(新　潟　支　店)	1,000

(2)　本店集中計算制度

①・本店

借方科目	金額	貸方科目	金額
(石　川　支　店)	3,300	(新　潟　支　店)	3,300

・新潟支店

借方科目	金額	貸方科目	金額
(本　　　　店)	3,300	(材　料　売　上)	3,300
(材料売上原価)	3,000	(材　　　　料)	3,000

・石川支店

借方科目	金額	貸方科目	金額
(材　　　　料)	3,300	(本　　　　店)	3,300

②・本店

借方科目	金額	貸方科目	金額
(新　潟　支　店)	500	(石　川　支　店)	500

・新潟支店

借方科目	金額	貸方科目	金額
(工　事　未　払　金)	500	(本　　　　店)	500

・石川支店

借方科目	金額	貸方科目	金額
(本　　　　店)	500	(当　座　預　金)	500

③・本店

借方科目	金額	貸方科目	金額
(石　川　支　店)	1,000	(新　潟　支　店)	1,000

・新潟支店

（本　　　　店）	1,000	（現　　　　金）	1,000

・石川支店

（営　業　費）	1,000	（本　　　　店）	1,000

MEMO

さくいん

【さ】

【た】

【な】

【は】

【ま】

【や】

【ら】

【わ】

MEMO

よくわかる簿記シリーズ

合格テキスト　建設業経理士2級　Ver.6.0

2006年12月15日　初　版　第1刷発行
2020年9月20日　第7版　第1刷発行
2024年3月25日　　　　　第5刷発行

編著者　ＴＡＣ株式会社
（建設業経理士検定講座）
発行者　多田敏男
発行所　ＴＡＣ株式会社　出版事業部
〒101-8383
東京都千代田区神田三崎町3-2-18
電話 03（5276）9492（営業）
FAX 03（5276）9674
https://shuppan.tac-school.co.jp
印刷　株式会社　ワコー
製本　株式会社　常川製本

ISBN 978-4-8132-7997-6
N.D.C. 336

(2024年2月現在)

書籍のご購入は

1 全国の書店、大学生協、ネット書店で

2 TAC各校の書籍コーナーで

資格の学校TACの校舎は全国に展開!
校舎のご確認はホームページにて

資格の学校TAC ホームページ
https://www.tac-school.co.jp

3 TAC出版書籍販売サイトで

24時間
ご注文
受付中

TAC 出版 で 検索

https://bookstore.tac-school.co.jp/

新刊情報を
いち早くチェック!

たっぷり読める
立ち読み機能

学習お役立ちの
特設ページも充実!

TAC出版書籍販売サイト「サイバーブックストア」では、TAC出版および早稲田経営出版から刊行されている、すべての最新書籍をお取り扱いしています。
また、会員登録(無料)をしていただくことで、会員様限定キャンペーンのほか、送料無料サービス、メールマガジン配信サービス、マイページのご利用など、うれしい特典がたくさん受けられます。

サイバーブックストア会員は、特典がいっぱい!(一部抜粋)

通常、1万円(税込)未満のご注文につきましては、送料・手数料として500円(全国一律・税込)頂戴しておりますが、1冊から無料となります。

専用の「マイページ」は、「購入履歴・配送状況の確認」のほか、「ほしいものリスト」や「マイフォルダ」など、便利な機能が満載です。

メールマガジンでは、キャンペーンやおすすめ書籍、新刊情報のほか、「電子ブック版TACNEWS(ダイジェスト版)」をお届けします。

書籍の発売を、販売開始当日にメールにてお知らせします。これなら買い忘れの心配もありません。

書籍の正誤に関するご確認とお問合せについて

書籍の記載内容に誤りではないかと思われる箇所がございましたら、以下の手順にてご確認とお問合せをしてくださいますよう、お願い申し上げます。

なお、正誤のお問合せ以外の**書籍内容に関する解説および受験指導などは、一切行っておりません。**

そのようなお問合せにつきましては、お答えいたしかねますので、あらかじめご了承ください。

「Cyber Book Store」にて正誤表を確認する

TAC出版書籍販売サイト「Cyber Book Store」のトップページ内「正誤表」コーナーにて、正誤表をご確認ください。

URL:https://bookstore.tac-school.co.jp/

2 1の正誤表がない、あるいは正誤表に該当箇所の記載がない ⇒ 下記①、②のどちらかの方法で文書にて問合せをする

★ご注意ください★

お電話でのお問合せは、お受けいたしません。

①、②のどちらの方法でも、お問合せの際には、「お名前」とともに、

「対象の書籍名(○級・第○回対策も含む)およびその版数(第○版・○○年度版など)」

「お問合せ該当箇所の頁数と行数」

「誤りと思われる記載」

「正しいとお考えになる記載とその根拠」

を明記してください。

なお、回答までに1週間前後を要する場合もございます。あらかじめご了承ください。

① ウェブページ「Cyber Book Store」内の「お問合せフォーム」より問合せをする

【お問合せフォームアドレス】

https://bookstore.tac-school.co.jp/inquiry/

② メールにより問合せをする

【メール宛先　TAC出版】

syuppan-h@tac-school.co.jp

※土日祝日はお問合せ対応をおこなっておりません。

※正誤のお問合せ対応は、該当書籍の改訂版刊行月末日までといたします。

乱丁・落丁による交換は、該当書籍の改訂版刊行月末日までといたします。なお、書籍の在庫状況等により、お受けできない場合もございます。

また、各種本試験の実施の延期、中止を理由とした本書の返品はお受けいたしません。返金もいたしかねますので、あらかじめご了承くださいますようお願い申し上げます。

TACにおける個人情報の取り扱いについて

■お預かりした個人情報は、TAC(株)で管理させていただき、お問合せへの対応、当社の記録保管にのみ利用いたします。お客様の同意なしに業務委託先以外の第三者に開示、提供することはございません(法令等により開示を求められた場合を除く)。その他、個人情報保護管理者、お預かりした個人情報の開示等及びTAC(株)への個人情報の提供の任意性については、当社ホームページ(https://www.tac-school.co.jp)をご覧いただくか、個人情報に関するお問い合わせ窓口(E-mail:privacy@tac-school.co.jp)までお問合せください。

(2022年7月現在)